INTO THE
PHILOSOPHY

走 进 哲 学 丛 书

生活美学

现代性批判与重构审美精神

刘悦笛　著

北京师范大学出版集团
BEIJING NORMAL UNIVERSITY PUBLISHING GROUP
北京师范大学出版社

序

成中英

（美国夏威夷大学终身教授）

遥记 20 世纪 90 年代初，我和老友李泽厚在马来西亚的寡妇山山巅，泡着温泉仰望星空，他总有一种“壮志未酬”的大才书生气质。李泽厚去世后，我先把挽联初稿发给刘悦笛拟准备发布，后经过修订，定稿为：“初见杭州西湖、风采正盛、天才无碍、批判批判力；再逢白马山头、气势略衰、幽思不尽、美感美感性”！

刘悦笛作为李泽厚的同事，早年提出了“生活美学”思想，中年主做“情本哲学”拓展，如今《生活美学》出版“二十周年纪念版”，邀我写序，我欣然应许。应该说，刘悦笛的“生活美学”是李泽厚“实践美学”的发展，都可以归属于一种“有人美学”的中国学派。我本人也做美学研究，在拙著《美的深入：本体美学》当中，从“本体诠释学”出发，提出了一种新的美学主张，并在本人主编的《中国哲学季刊》上发表了相关论文。

2021年12月25日，我获得“国际诠释学研究院”(International Institute for Hermeneutics Agora Hermeneutica)院士的荣誉教授奖，此后，刘悦笛就发文指出：我的学术历程实现了从哲学的“中国大家”到诠释学“国际大家”的重要嬗变，诠释学的中国化之路，也是中国哲学家在国际上得以登场的重要通途之一。对这个评价我是基本赞同的。中国哲学就是要在世界舞台上发声，“生活美学”恰恰顺应了新世纪以来国际上的回归日常生活的美学主潮，并在国际学界获得了赞同的声音。

确实，中国人要在国际上发出自己的哲学声音。我认为，其实在《中国哲学季刊》创办之初，“中国哲学就已经登场了”，而不必等到李泽厚所谈的登场得那么晚。后来，我还邀请刘悦笛和乔清举两位教授，来协助我共编《布鲁姆斯伯里哲学家百科全书》(*Bloomsbury Encyclopedia of Philosophers*)的中国哲学家部分。布鲁姆斯伯里出版社的各种百科全书都享誉全球，这本哲学家百科的总主编是约翰·舒克(John Shook)。

我应邀担任中国哲学家部分的主编，他们两位任副主编，而后我们开始了工作，组织了国内百余名学人来共同完成，包括其中的中译英的工作。在筹划与运作过程中，我始终强调：话语权不能被汉学家们剥夺，还是要“中国人写中国人”。

就以这个中国人的想法，来作为《生活美学》的新序吧！

成中英

2024年5月23日于美国夏威夷大学

目　录

导　论

艺术的理想世界和客体的现实世界都是同一活动的产物;(有意识的活动和无意识的活动)两者的会合无意识地创造着现实世界，而有意识地创造着美感世界。

——谢林《先验唯心论体系》

一、缘起:“现代性”的启蒙裂变

启蒙时代以来，随着文化领域的“理性结构”分化，“认知-工具”(cognitive-instrumental)、“道德-实践”(moral-practical)与“审美-表现”(asethetic-expressive)的理性活动相互绝缘发展，对应的“真”“善”“美”的基本范畴被“现代性”割裂开来。

众所周知，自伊曼努尔·康德(Immanuel Kant)

《判断力批判》(*Kritik der Urteilskraft*, 1790)这座连通“知识规范”与“道德本体”的理论桥梁被架成之后，这三者便更明确地对应着人类“知”“情”“意”的不同领域，同时，在思维范式上深刻地影响了其后两百余载的欧洲乃至西方的整个思想。从马克斯·韦伯(Max Weber)的古典社会学到尤尔根·哈贝马斯(Jürgen Habermas)的现代社会批判理论，也在一脉相承地阐述着这种历史性的断裂。他们都试图证明，在社会发展事实的维度上，“客观的科学”“普遍的道德和法律”“自律性的艺术”的分裂发展确实存在而且愈演愈烈。这也就是当代社会哲学家哈贝马斯所警惕的“整个生活系统”所陷入的分裂状态。

的确，直到18世纪末期，从“制度化”的角度看，随着曾“一统天下”的宗教与形而上学的世界观在欧洲的崩溃，科学、道德和艺术都自立门户，从而分化为不同的“自主性”活动领域，各自探讨自身所独有的——“知识性(knowledge)问题”“正义性(justice)问题”与“趣味性(taste)问题”，它们分别对应着“真理”(truth)、“规范性的正当”(normative rightness)和“本真性或美”(authenticity or beauty)的方面。①

“在文化活动领域中，随着科学话语、道德和法律的理论研究、艺术生产和批评的发展，它们都在专家的指导下得以制度化。这样，在认知-工具、道德-实践和审美-表现的综合知识的内在逻辑下，文化传统被加以专业化的对待，它只能在其中某一种有效性的抽象方面之下得以显

① Jürgen Habermas, “Modernity: An Incomplete Project”, in *The Anti-Aesthetics: Essays on Postmodern Culture*, edited by Hal Forster, Washington: Bay Press, 1983.

现。"[①]在"整个生活系统"的理性分化过程中，科学技术与"合理性"相互结合而固化为现代社会的组织形式，它将手段与目的相互倒置、事实与价值严格分裂，并造成了人的现实生活的"异化""物化"或"单向度"的状态。因而，对这种(以科学精神为主导的)"工具理性"的批判，就一直成为近代以来人文科学所激进批判的标靶，从马克斯·韦伯、格奥尔格·卢卡奇(György Lukács)到早期法兰克福学派的尖锐批判中都可见一斑。

相应地，除了来自社会层面和道德意义的批判之外，"审美精神"也开辟出一条重要的自由救赎之途，以拯救这种失衡的现实文化的境遇。这就是所谓的"诗化哲学"传统在康德以后的欧洲一直自成系统、绵延至今的根本动因之一，从德国早期浪漫派再到马丁·海德格尔(Martin Heidegger)及其追随者莫不如此；[②] 或者说，这也是"审美主义"(Aestheticism)思潮之所以在从弗里德里希·威廉·尼采(Friedrich Wilhelm Nietzsche)到米歇尔·福柯(Michel Foucault)等后现代主义者的思想谱系

① Jürgen Habermas, *The Theory of Communication Action*, *Vol*. 2, Cambridge: Polity Press, 1989, p. 326.

② Kai Hammermeister, *The German Aesthetic Tradition*, Cambridge: Cambridge University Press, 2002. 关于这一德国美学传统，汉语学界似乎具有更"恢宏"的视野，刘小枫在其20世纪80年代影响颇大的《诗化哲学》里，就将从早期浪漫派(耶拿浪漫派)的施莱格尔兄弟、诺瓦利斯，到德国古典主义美学的谢林，再到荷尔德林的诗哲，都归之为"诗的本体论"思想；从叔本华和尼采才开始的"本体论的诗"的思想，不仅包括新浪漫诗群的作家们，而且也包括狄尔泰的生命哲学、海德格尔的存在哲学，乃至将阿多诺、马尔库塞这样的早期法兰克福学派的代表人物都一网打尽。最终，作者试图从中提升出一种宗教般的"体验本体论"："体验是一种意指向意义的生活"，而"审美体验是一种精神的、总体的情感体验"，由此出发，"艺术总是从一个更高的存在出发来发出呼唤，召唤人们进入审美的境界，规范现实向纯存在转变"，参见刘小枫：《诗化哲学》，268页，济南，山东文艺出版社，1986。

里，如幽灵般地在欧洲思想界时隐时现的社会根源之一。①

然而，启蒙时代以来的本有理想，却是真、善、美的和谐统一。

有趣的是，这种统一最早就是在美学领域内提出的，而且在美学中得到了较为完善和充分的表达。早在从 1669 到 1674 年写成的《诗的艺术》(*Art Poétique*，1674)中，集法国古典主义美学于大成的布瓦洛(Nicolas Boileau-Despréaux)就提出要“处处能把真和善与趣味融成一片”，这里的“趣味”其实就专指审美的范畴。法国启蒙运动的巨擘狄德罗(Denis Diderot)从“美在关系”的基本理念出发，明确规定了对真、善、美三位一体的自然王国的追求，“在真或善之上加上某种罕见的、令人注目的情景，真就变成美了，善也变成美了”②。

在法国启蒙运动之后，关于真、善、美统一的论述更是不胜枚举。但在德国古典哲学家谢林(Friedrich von Schelling)那里，这种相互统一才被上升到“本体”的高度。哲学，被认为翱翔在真、善、美这三个理念的连接点之上，“在真善美，即科学、道德和艺术相互渗透的意义上讲，哲学就是科学；但因此也可以说它不是科学，而是科学、道德、艺术共有的东西”③。然而，这种论述往往出现在谢林这种将“艺术哲学”作为

① “审美主义”(Aestheticism)是一种以审美活动取代其他生命活动的价值取向，是种“泛感性论”的生命哲学。从比较美学的影响研究看，这种美学思潮对 20 世纪中国美学产生了重要的影响，参见刘悦笛：《存在主义东渐与中国生命论美学建构》，载《山西师大学报》，2005(4)；刘悦笛：《实践与生命的张力——从 20 世纪中国审美主义思潮着眼》，载《人文杂志》，2004(6)。

② [法]狄德罗：《狄德罗美学论文选》，张冠尧、桂裕芳译，429 页，北京，人民文学出版社，1984。

③ [德]谢林：《康德哲学》，转引自[意]贝尼季托·克罗齐：《作为表现的科学和一般语言学的美学的历史》，王天清译，136 页，北京，中国社会科学出版社，1984。

“哲学的工具总论和整个大厦的拱顶石”[1]的思想家那里，谢林的先验哲学以“美感的直观”为追求的巅峰，将“艺术里的自由与必然的最高统一”，作为“有意识地进行创造活动的自然界自成一体”这种臻于完善的最高境地，这种思想的影响甚为深远。

可以说，启蒙时代以来的美学理想始终寄托着真、善、美范畴相互统合的终极目标，始终坚持着对科学、道德、艺术兼容并蓄的美好生活的终极追求。同时，这种寻求统一性的冲动在审美视角看来理由更为充分，它以美的（祛除功利性的）完整和谐为标度，在根本上拒斥了“工具理性”的枝蔓，这种拒绝在现代理性化社会中显得越发重要。难怪德国艺术家约瑟夫·波依斯（Joseph Beuys）由此得出了“美学＝人”（aesthetics = human being）这样的结论。[2] 这也似乎要从审美的角度回答康德的“人是什么”这个根本性的命题。它不同于“我能认识什么”（形而上学问题）、“我应该做什么”（道德问题）和“我可以期待什么”（宗教问题），而又要为这些命题提供共同的“人类学”根基，这种归并的取向也正是康德《实用人类学》（*Anthropologie in Pragmatischer Hinsicht*，1798）思想中的应有之义，作者晚年在这部专著里提出了“什么是人”的这个极具挑战性的难题。[3] 尽管康德从未将之诉诸一种审美化的解答，但无疑，这种解答方式还要肇源于他的《判断力批判》中的开拓性思想。

---

① ［德］谢林：《先验唯心论体系》，梁志学、石泉译，17页，北京，商务印书馆，1976。

② *Joseph Beuys in American*，p. 30，转引自郑宇硕：《香港社会科学学报》，第18期，香港，香港城市大学出版社2000年冬季号。

③ 参见［德］康德：《实用人类学》，邓晓芒译，重庆，重庆出版社，1987。

如是观之，在真、善、美的“理性结构分化”与和谐一体的“启蒙时代理想”之间，就形成了一种现实与理想、割裂与合一的错位。那么，如何来解决这种矛盾呢？退一步来讲，这种内在的矛盾能够解决吗？如果能解决，那么，在“应然”的维度上，真、善、美究竟该如何统一？三者又究竟统一于何处呢？①

于是，我们就力图来重建一种活生生的“生活美学”(Performing Living Aesthetics)，② 由此出发，才能将“本然未分”的真、善、美统一于现实的生活，而非蹈于玄虚的欧洲传统形而上学。而且，在这种“生活世界”的基石上，重新探寻真理、道德、审美三者相互统合的理路，从而在“后现代”的泛化语境中，重构起一种“现代审美精神”。

二、审美精神作为“应当如此”生活之象征

人是这样的一种存在物，他生存于“天”“地”之间：向“下”看，是人类所源出的“大地”即自然世界；向“上”看，是人类所向往的“天”即理想

---

① 还是说，本来就不应该用这类的传统哲学用语，因为只要用了这样的话语来言说，就又会立即陷入传统思维范式的藩篱里去了。但毕竟，这些话语还是“得鱼而忘筌”的“筌”，也只有获取真正的“鱼”后，才能扔掉那些捕鱼的器具。

② 参见刘悦笛：《日常生活审美化与审美日常生活化——试论“生活美学”何以可能》，载《哲学研究》，2005(1)。在英译目录中，“生活美学”被翻译成“Life Aesthetics”，这种译法就将“生活”与“生命”混淆了。显然，我们所说的“生活”与后实践美学所力主的“生命”是不同的，也与具有存在论色彩的实践美学所主张的“生存”亦不同，如果一定要翻译的话，翻译为“Performing Living Aesthetics”则更为准确。

世界。人类世界就是存在于这“天”“地”之间，“立地顶天”而“与天地参”①。由此看来，如何在现实世界与理想世界之间，或者说，在“实然”(is)与“应然”(ought)之间保持一种“必要的张力”，就成了问题的枢纽，人类精神生活的重要功用也在此凸显出来。

人类精神生活的自由独立性，是基于可能世界对于现实世界的相对独立性。这样，精神生活与物质生活之间的作用就是“交互性”的：一方面，精神生活以物质生活为基础，受制于物质生活。“人们取得的自由的程度是每次都由他们关于人类理想的相应观念来决定”的通常想法，就是认定观念决定自由，但现实却往往走向了反面，“作为过去取得的一切自由的基础的是有限的生产力”。② 另一方面，在为物质生活所限定的范围内，精神生活反过来也在某种程度上决定着物质生活存在的形式。精神生活对于物质生活在一定范围内的决定作用，从根本上说，就是借助它在可能世界中选择出的各种理想世界模型去“范导”人的行为、人的物质生活，使之趋于理想世界。精神生活通过理想世界的“悬设”，使得人们的生活不仅自觉化而且意义化，即从所指向的意义世界中获得意义。

人凭借语言符号由现实世界突入可能世界，并与可能世界相关联而使人的现实活动获得意义或意义化的过程，也就是人的“理想生活世界”的构建过程。

人在可能世界中所选择的世界，就是人的理想世界。人生活的意义

---

① 《中庸》第二十一章，106页，北京，中华书局，2006。

② 《马克思恩格斯全集》第3卷，507页，北京，人民出版社，1960。

就在于为他所选择的理想世界的实现而努力劳作，而现实世界和人的现实活动的意义就在于它指向一个理想的世界，是走向理想世界的基础或可供改造为理想世界的对象。如果失去了这种和理想世界相关联的意义，现实世界和人的现实生活就完全成了单纯的直接存在，即无意义的自然存在，人本身也就无异于动物。用德国古典哲学家黑格尔(Geroge Wilhelm Friedrich Hegel)的话来说，“精神生活在其素朴的本能的阶段，表现为无邪的天真和淳朴的信赖。但精神的本质在于扬弃这种自然素朴的状态，因为精神生活之所以异于自然生活，特别是异于禽兽的生活，即在其不停留在它的自在存在的阶段，而力求达到自为存在”①。因此，归根结底，人类精神生活的本质可以规定为通过语言符号的象征作用，而打开了一个可能的世界，并在其中选择了一个理想世界作为现实生活所趋向的目标，使现实世界意义化的过程，只有这样才能接近或达到“自为存在”。

根据历史的经验，不同的“世界观”可以产生出或表达为各异的人类精神生活形态。“哲学精神”“宗教精神”和“审美精神”正是其中的凸显形态，② 它们共铸为人类最主要的终极关怀系统。

按照德国古典思想的理解，“‘精神’是一个个性，在它的本质上表

---

① [德]黑格尔：《小逻辑》，贺麟译，89页，北京，商务印书馆，1980。

② 英国历史学家、哲学家罗宾·乔治·科林伍德将人类的精神生活区分为艺术、宗教、科学、历史、哲学五个类别或阶段。其中，每一类活动都是以那些逻辑上居先的活动为先决条件，并在它自身中包含前者，如宗教以艺术为条件并包含艺术。同时，每一类活动都在某种意义上又都是追随它的一切活动，正如掌握宗教也就是掌握了某种哲学，从而共同构成了所谓的“精神生活的统一体”。但在终极关怀意义上来看，科学和历史生活能否成为其系统中的主要成员，亦是值得怀疑的，尽管不能排除科学家们对某种“自然神”的敬畏和普通人对历史传统的膜拜(如祖先崇拜)。

现为'上帝'，所以在宗教里才得到尊敬而为人所乐意接受；在艺术里表现为图画和观察，而在哲学里则被看作一个被认识和了解的思想。因为这几种不同的形式具有原来相同的实体、内容和对象"[①]。虽然，这里黑格尔将"精神"理解为一种"个性化"的心性理念，但他仍把这种"精神"分化地显现在哲学、宗教和艺术三个领域内。最终，黑格尔"横向"地视哲学为艺术与宗教二者的统一，使作为知识活动的哲学成为艺术和宗教的思维的共同概念(哲学将艺术的所谓"客体性相"转化为思维的形式，又将宗教的所谓"主体性"净化为思维的主体性)；"纵向"地把绝对精神的发展安排为从艺术、宗教到哲学发展的"三段论"，不仅艺术和宗教在哲学中才发展为最高形式，而且，艺术和宗教的真理也被哲学"凝结与合并"在自身之内。

针对于此，费尔巴哈(Ludwig Andreas Feuerbach)可谓一语中的，黑格尔的"艺术、宗教、哲学的精神就是绝对精神"[②]，就是他的绝对精神或"绝对理念"在不同方面的实现。但费尔巴哈却继续要求不能把绝对精神与人的本质(抽象的"感性自然人"的本质)分离开来，正如艺术与宗教不能分离于"人的感觉、幻想和直观"、哲学不能分离于"思维"一样。但是，他没有看到人的"社会本质"并非"单个人所固有的抽象物"，又只将人看作"感性对象"而不是"感性的活动"，从而陷入了理论与现实的双重困境。

---

① [德]黑格尔：《历史哲学》，王造时译，95页，北京，生活·读书·新知三联书店，1956。

② [德]费尔巴哈：《费尔巴哈哲学著作选集》(上卷)，104页，北京，商务印书馆，1959。

在转折的意义上，马克思却实现了传统思维范式的根本置换。他最终将“感性世界”理解为构成这一世界的个人的“共同的、活生生的、感性的活动”[①]。就此而言，马克思就是一位具有“现代性”思维的哲学先知。

他正是从这种“现实存在着的、活动的人”出发，来看待建立在物质生活基础上的不同的精神生活形态的。然而，与黑格尔的那种从艺术直至哲学的“向上”的诉求迥异，马克思则更为关注不同精神类型的“向下”的现实根基，从而将“头足倒置”的黑格尔式的那类理念世界彻底翻转过来，并赋予了看似个性的精神生活以人的“类”的本质。

他亦将人类“思维”的“掌握世界”的方式区别于对世界的宗教的、艺术的把握，只不过，“审美精神”被马克思称为——对世界的“艺术的掌握”的方式——“整体，当它在头脑中作为思想整体而出现时，是思维着的头脑的产物，这个头脑用它所专有的方式掌握世界，而这种方式是不同于对世界的艺术精神的、宗教精神的、实践精神的掌握的”。[②]

由此可见，马克思还特别提出了“实践精神”这种现实实践中掌握世界的精神形式，以区分于我们通常所说的“哲学精神”“宗教精神”和“审美精神”。但更为重要的是，他将人类的实践活动作为这三种掌握世界方式的现实基础，从而为各种人类精神生活的形态奠定了稳固的基石。

一般而言，“哲学精神”要通过理性思辨这一途径来追求“终极知识”，“宗教精神”则通过设定“终极实在”来实现这一点，“审美精神”却

---

① 《马克思恩格斯全集》第3卷，50页，北京，人民出版社，1960。

② 《马克思恩格斯选集》第2卷，19页，北京，人民出版社，1995。

可以通过其审美化的形式直接安顿“终极存在”。无论是佛教的苦行僧还是基督教的传教士，都要献身于伟大宗教所特许的拯救之路，世界三大宗教由始至终都以为教徒解除苦难、指点迷津和获得超升为鹄的。宗教是为大众扩张自身的，然而，哲学之门却是对多数人关闭的、相对内敛的。这种浸于沉思生活的拯救之途，早在古希腊时代就被崇尚为“最值得过的生活”，但由于理论要求放弃对于世界的自然态度，而只能为少数智慧之士所“垄断”。审美生活虽然表面看是个体性的，无怪乎“趣味无争辩”早已成为欧洲的古谚，但它却可能为几乎所有的人所掌握，任何一个民族的人们都经历过审美生活而未必都是宗教徒。可见，“哲学虽然可以企及最崇高的事物，但仿佛仅仅是引导一少部分人达到这一点；艺术则按照人的本来面貌引导全部的人到达这一境地，即认识最崇高的事物。艺术与哲学的永恒差别、艺术的神奇奥妙就是以此为基础的”①。

无论怎样，“哲学精神”“宗教精神”和“审美精神”，这三者最终都可以归结为“世界观”的差异，只有这样，“作为宗教、哲学，以及诗歌的共同对象，世界之谜和生命之谜所具有的意义，现在就得到了阐明。任何一种 Weltanschauung（世界观）都始终包含着处于内在关系之中的生命体验和世界观——从这种关系出发，我们总是可以把某种生活理想推导出来……任何一种 Weltanschauung 都是一个具有系统的整体”②。在

① ［德］谢林：《先验唯心论体系》，梁志学、石泉译，278 页，北京，商务印书馆，1976。

② ［德］威廉·狄尔泰：《历史中的意义》，艾彦译，196 页，南京，译林出版社，2014。

《哲学的本质》(1907)的深层思考中，狄尔泰(Wilhelm Dilthey)把诗歌等同于对“世界观”进行表达的艺术，即泛义上的“审美精神”，它已成了一个自洽的整体系统，从而表征为一种迥异于“哲学精神”和“宗教精神”的“生活理想”。

由此可见，“哲学精神”“宗教精神”和“审美精神”构成了表达“世界观”的三种基本类型，它们都关乎人们生活的内在意义，都是在以不同的“生活理想”形态来安顿人们现实的生存。

质言之，从生活理想的角度观之，“审美精神”就是“应当如此”生活的象征。

通过一种审美化的形式，“审美精神”表达出的是“应当如此”的生活理想，并且对现实生活形成一种“范导功能”，这是由人类的自觉活动本身所决定的。这便涉及现实与理想、“实然”与“应然”之间的深层关联问题。可以说，真正的理想尽管并不是“现实的必需”，但却是现实需要的折射，而且更要表现为“理想的应当”。换言之，通过审美理想的形式，不仅能反映实存着的东西，而且更要表现应存着的东西，“审美精神”正置身于“实然”与“应然”存在的张力之间。如此一来，审美理想的主观的必然性，就必定以它的客观必然性为基础。具有特殊性质的是，这种理想的展现并非通过(“哲学精神”的)抽象的思辨或(“宗教精神”的)神圣的崇拜来完成的，而是采取了感性具体的审美形式，这就使“审美精神”获得了独立的存在价值。

黑格尔就曾赞赏过“审美精神”之“伟大”，并使它承载了太多的本属于理性思辨的功能，尽管它与“用思想的方式规定真理”的“反思的方式”迥然不同——“伟大的精神，譬如像歌德这类的精神，静观自然，透视历史，能创造伟大的经验，能洞见理性原则，并把它发抒出来。”①

“审美精神”虽然并不能直接构筑生活本身，并未对现实生活实施直接的“构成功用”，但却能对之形成“范导功能”。“观念的东西转化为实在的东西，这个思想是深刻的：对于历史是很重要的。并且从个人生活中也可看到，那里有许多真理。”②可以说，这种理想始终是一种两极的存在：一方面，“审美精神”具有“未来性”，它始终在未来的某个地方“悬设”着，以启明星般的形象来牵引着现实生活，从而成为度量人们美好生活的客观标准；但另一方面，它还具有一定的“雏形”意义，即“审美精神”对构筑现实具有某种范本价值，它可以成为个人与社会和谐完美的具体原型形态，并在人类实践活动中得以一定程度的实现。这样，“审美精神”的实现也就成为一个动态过程。当审美理想在一定程度上被实现时，也就是“雏形”得到部分意义的实现之时，更新的理想精神便萌生出来，成为新的未来“悬临”者，“审美精神”就是如此层递变迁的。

每个时代都有每个时代的“审美精神”，它是与整个历史发展的“时代精神”(Zeitgeist)相匹配和契合的。自古希腊时代开始，“审美精神”与“哲学精神”便已经初现端倪和颉颃发展了，它们分别表现为“审美的观照”和“沉思的静观”，都以将外物置于自我之外的“凝视”为特质。

富有“诗意”的柏拉图(Plato)在直面“美本身”的理念世界的时候，称颂“这种美本身的观照是一个人最值得过的生活境界，比其他一切都强……朝这境界看，以适当的方法凝视它，和它契合无间，浑然一体，

① [德]黑格尔：《小逻辑》，贺麟译，87页，北京，商务印书馆，1980。

② 《列宁全集》第38卷，117页，北京，人民出版社，1959，“观念的东西”(*ИДЕАЛЬНОЕ*)又译为“理想的东西”。

你想，这对于一个凡人是一种可怜的生活么？只有循这条路径，一个人才能通过可由视觉见到的东西窥见美本身，所产生的不是幻相而是真实本体，因为他所接触的不是幻相而是真实本体”①。比较而言，带有“学究气”的亚里士多德(Aristotélēs)则认定“理性比任何其他的东西更加是人”，因而，他决定以“思辨的、静观的生活”作为最大的幸福(eudaimonestatos)，只有理智沉思才能构成生活的最高范本。“我们的思辨比任何行为都更能持续不断。我们认为幸福应伴随着快乐，而德性活动的最大快乐也就是合乎智慧的活动。所以，哲学以其纯洁和经久而具有惊人的快乐……任何本己的东西，自然就越是强大、最可喜的东西。对人来说就是合于理智的生活，而归根到底这是人。所以，这种生活就是最大的幸福。”②尽管柏拉图最终也倾向于理智活动，最终仍以“至善”作为理念世界的塔尖，但他们却分别开启了对生活理想的两种阐释的先河。实际上，这两种生活理想的路向分叉使得西方“审美精神”与“哲学精神”得到了雏形意义上的规范。直到“罗马敕令”的颁布，基督教在欧洲世界获得了合法化的地位，一种在西方占主导的“宗教精神”才逐渐得以成型，并在托马斯·阿奎那(Thomas Aquinas)的中世纪末期神学那里达及顶峰。

然而，西方“审美精神”真正开始成熟却是在基督教式微和人性露出曙光的近代，并贯穿在卢梭(Jean-Jacques Rousseau)、莱辛(Gotthold

① [古希腊]柏拉图：《文艺对话集》，朱光潜译，248～249页，南京，译林出版社，2020。

② [古希腊]亚里士多德：《尼各马科伦理学》，苗力田译，1177a125～1178a10，北京，中国社会科学出版社，1999。

Ephraim Lessing)、席勒(Johann von Schiller)、歌德(Johann Wolfgang von Goethe)、谢林、弗·施莱格尔(Friedrich von Schlegel)及其兄弟威廉、诺瓦利斯(Novalis)、荷尔德林(Hölderlin)、叔本华(Arthur Schopenhauer)、尼采、狄尔泰、齐美尔(Georg Simmel)、海德格尔、阿多诺(Theodor Wiesengrund Adorno)、马尔库塞(Herbert Marcuse)的"审美主义"思潮谱系中，而且，福柯、利奥塔(Jean-François Loytard)、德里达(Jacques Derrida)等人的后现代主义思想也是深深植根于这种审美主义当中的。

尼采是站在转折点上的重要人物，在他用古希腊狄奥尼索斯的悲剧精神(主人道德)颠覆了基督教精神(奴隶道德)之后，认定"迄今为止的全部哲学缺乏艺术家"[①]，"我们的宗教、道德和哲学乃是人的颓废形式。——反运动：艺术"[②]，因为从理想的角度观之，只有"从'美学的'状态出发，在这里，世界显得更丰富，更圆满，更完美"[③]。这种以"美学标准"作为"所倚重的唯一标准"的思维方式，深刻地影响了 20 世纪西

---

① [德]尼采：《权力意志：重估一切价值的尝试》〈811〉，张念东、凌素心译，468 页，北京，商务印书馆，1991。尼采这一段语录中对传统美学的微词是："我们的美学，由于艺术接受者一味地叙述自己关于'何者为美'的经验，所以是女人的美学。"这可以视为对欧洲传统占据主流的"趣味美学"的批判，究其实质，也是对"主体性美学"的深层反驳。特别是在 19 世纪末叶那个时期，"英国的美学作家往往不是凭着'美'所固有的性质，而是凭着趣味来判定'美'的，而且这样的情形越来越常见，于是'美'的问题就被'趣味'的问题所代替了"。见[俄]列夫·托尔斯泰《艺术论》，丰陈宝译，33 页，北京，人民文学出版社，1958。

② 同上书，468 页。

③ 同上书，415 页。

方的现代诗化哲学和审美主义的发展。① 与此同时，随着科学技术在现代社会中日益占统治地位，西方的“审美精神”却迎来了它的更大的对手，即尼采洞见到的所谓“科学世界观”，它“向往理解一切事物；向往一切事物都变得实际、有用、可资剥削——它是反美学的”②，而与之背道而驰的恰恰是“面对生命”的“艺术世界观”。

由此看来，在宗教信仰与科学理性双重压力下，西方“审美精神”都具有一种以人类审美活动取代其他生命活动的价值取向，并要借“感性化生活”的方式来安顿此岸的生存。在康德之“第三批判”中得以定性的“审美非功利”思想，成了他们共同的理论的基本假设。

这种西方式的“审美精神”的基本内涵包括：③

①在“本体论”基础上，寻求“生命艺术化”，即日常生活的诗意化。这种取向的思想内核，就在于以“感性本体论”或“此岸生存论”来取代“超感性”(尼采所极力翻转的“真实界”“物自体”“天国”等)曾霸占的本

---

① 尼采最终将生命自救与艺术最高地贯通了，他盛赞艺术为“生命的兴奋剂，生命的陶醉感，要生命的意志”。([德]尼采：《权力意志：重估一切价值的尝试》〈851〉，张念东、凌素心译，594页，北京，商务印书馆，1991。)进而，把艺术作为“形而上的美化目的”的最根本实现。同时，海德格尔称尼采所谓权利意志思想是对“柏拉图主义的反转”(overturning of Platonism)。这种颠倒将可感知的存在者，生命的世界与变异的(柏拉图所谓“不真”)世界上升到真正的存在者之列，而把“真实界”“物自体”“天国”等超感性观念翻踏于地。尼采极力涤清自身美学中的残留传统因素，其后期美学向酒神一元论的转变，对瓦格纳“颓废”文化的深入批判，艺术与真的更为激进的对峙，对形而上慰藉艺术的全盘否定，悲剧感明确成为道德感的对抗物，这诸多转变，均源自尼采这种巨大的思想反转力。在广泛意义上，尼采思想为整个20世纪人本系列的哲学和美学提供了某些思想氛围和建基源泉，并潜在熔铸成了泛美学化的哲学精神的暗流。

② [德]尼采：《权力意志：重估一切价值的尝试》〈677〉，张念东、凌素心译，639页，北京，商务印书馆，1991。

③ 刘小枫：《现代性社会理论绪论》，1页，上海，上海三联书店，1998。

体的位置。

②在“功能论”层面上，将宗教式的解救功能转移为艺术和审美的基本责任。在这个意义上，可以说，艺术代替了宗教，审美经验代替了宗教体验。

③在“宇宙论”的高度上，用“泛审美”的目光来观照世界。如英国哲学家怀特海(Alfred North Whitehead)所指出的，“人类活动中如科学、美学、伦理学和宗教等都可能产生宇宙观，而又受宇宙观的影响”[①]，“审美的宇宙观”正是其中的重要一维。

在传统渊源深厚的东方，人们拥有另外一种植根于生活安顿的“审美精神”，它显然不同于古典欧洲那种由“凝视”而来的(隐含着看与被看的对象的)主客两分，而形成了一种倾向于内心体悟的“民胞物与”的独特品格。华夏古典的“审美精神”在先秦时代就已显露出最早的辉光，它特别表现在儒道两家的思想之中，并且形成了一种互动的思想系统。“儒道两家的基本动机，虽然同是出于忧患意识；不过儒家是面对忧患而要求加以救济，道家则是面对忧患而要求得到解脱。”[②]由此而来，儒道两家的“审美精神”都由个体生存意识生发，都是源于对“礼崩乐坏”或“人为物役”现世的深切忧患。

儒家忧患天下国家，关注的起点仍是人的生命价值，“成仁”的伦理境界正是生命的理想归宿。儒家的审美精神就在“社会性”内展开，审美的“乐”不仅是实现“礼”的途径，而且更是“仁”境的内在品质。这样，

---

① [英]怀特海：《科学与近代世界》，何钦译，序言，北京，商务印书馆，1997。

② 徐复观：《中国艺术精神》，133页，北京，商务印书馆，2010。

“美善一体”的境地就成为儒学孔门的旨归。道家忧患的是宇宙人生，天道的运行必然落归于人道，与“道”冥一的境界正是存在的终极归依。道家的审美精神就在“自然性”中展现，在道化生万物、人复归天道的圜圆运动内，主体的自由飞升指向绝美的极境。这样，“美道同一”就成为老庄哲人的终极指向。

在绝对人格美的建构上，儒家以积极进取的“圣人”“君子”“贤人”为极致，道家则以清静无为的“至人”“真人”“神人”为极致，从而表现出不同的风貌。由于同一系统内的差异，华夏儒道传统逐渐从“对立的自觉”转向“同体的互补”，形成华夏古典“审美精神”的主要构架，儒道两家都以现世生存为起点，虽然取向分别为入世和遁世，但他们的终极旨归都在审美化的人生境界，在人生与艺术之间采取了一种“妙处唯在不即不离”的基本态度。

实质上，从东方文化和美学的视角来审视，西方传统的审美精神的确呈现出脱离生活的倾向。相反，在本土的思想和文化传承中，历来就有“生活美学化”与“美学生活化”的传统。在中国古典文化看来，艺术与生活、美与生活、创造与欣赏、欣赏与批评，都是内在融通的，从而构成了一种没有隔膜的亲密关系。在一定意义上说，华夏古典的审美精神就是一种“活生生”的“生活精神”，浸渍在这种精神里的人生就是一种“有情的人生”而非“有法的人生”。人们在其中往往能体悟到生活本身的美感，并能在适当的地方上升到美学的高度。从庄子的“美的哲思”再到明清的小说批评，那种生活见识与审美之思的融合，皆浸染着中国传统原生的审美精神智慧。如此说来，我们自身的理论资源亦能为“审美精神”的现代建构提供本土化的重要启示。[①]

三、立论的三重障碍

本书的宗旨，就在于重建一种“生活美学”，并以真、善、美之统一来重构“现代审美精神”。但是，这一新构却面临着诸多理论上的障碍，只有在清理了这些难题的基础上才能继续理论的建构。

首先，“主体性”哲学及美学，成为本书立论的传统性的障碍，这一障碍是最为“根本性”的，也是我们寻求突破所直面的“最稳固的防线”。

在随后的诸章中，都能看到对濒临黄昏的“主体性”的激进批判，正如当代德国哲学家汉斯-格奥尔格·伽达默尔（Hans-Georg Gadamer）在《真理与方法》（*Wahrheit und Methode*，1960）里，把康德同主体性美学绑在一起进行批判，进而指向“艺术真理”的问题一样，康德思想也将是我们重点批驳的对象，但由此而导出的却是另一整套“生活美学”。当然，首当其冲的还是在欧洲具有悠久传统的“艺术否定生活”论。按照这一西方主流传统，艺术与生活是相互绝缘的，前者对后者形成否定性的关系。显然，这样的观念无视于“美的活动”同现实生活的本然关联，从

---

① 这还要到中国传统文化那里寻求本土资源，中国传统文化自身就具有一种“审美精神”（也就是吴经熊先生所说的“悦乐精神”），中国传统审美本然就注重一种“生命意蕴”（也就是方东美先生所说的“生命之美”），中国审美文化本身就是一种“美感文化”（也就是李泽厚先生所说的“乐感文化”），参见刘悦笛：《试论中国传统审美文化的内在结构》，载《社会科学战线》，2004(5)。

而根本阻断了“美的活动”回归现实生活的道路，找到真、善、美相统一的共同基石更无从谈起。更深层地看，“艺术否定生活”论乃是“主体性”哲学及美学的必然结论。这种观念来自近代欧洲“主体性”思想勃兴的时代，并与“艺术自律论”的发展息息相关。从本土的历史上看，20 世纪 50 年代开始，中国的主流观念还是认定艺术是意识形态的组成部分，这是一种庸俗的艺术功利论。但到了 20 世纪 80 年代之后，作为反拨，艺术和审美的“自律性”开始凸显出来，艺术否定生活、美与生活绝缘的观念得以上升，这也是当时中国“主体性”哲学及其美学占据主宰的结果，李泽厚的“主体性实践哲学”及其美学形态就是其中的主导。这种本土化的“主体性”美学，在 20 世纪 80 年代便凸显为“实践美学”的主流思想。在随后的批判中可以看到，显然，这种思想还没有摆脱欧洲传统哲学的主体与客体两分、感性与理性分离的思想传统的深刻影响，这与回归于现实生活的“美的活动”思路基本是背道而驰的。

其次，本书立论的当代性障碍在于：真、善、美的真正融合和统一，在当代中国哲学的“原理论”中的“不在场”，或者说，为“认识论”曾占据统治地位的哲学共同体所拒绝。

在 20 世纪 80 年代的中国，哲学原理界关于“主体性”的讨论更倾向于从“认识论”的角度来加以阐发。从这种认识论的“主体”视角来看，其理论的侧重点在于“真”，在于“认识真理、认识客观实在的辩证途径”[①]。这样的理解，往往就只能将美的问题排除在“真”的视野之外，因为“美的活动”就因其表面上的主观性而被排除在所谓的“客观认识”之

① 《列宁全集》第 55 卷，142 页，北京，人民出版社，1990。

外。如果我们将“真”的视角转换为“美”的，那么，所形成的“视界”便会大为改观。难怪中国“实践美学”的创始者更易于得出“以美启真”和“以美储善”这样的相互融会贯通的结论①，尽管以“美”为中介来统合“真”“善”还带有康德哲学的明显影子。其实，无论从何种意义的“主体性”哲学出发，真、善、美都无法达到真正的统一，因为三者统一的共同基石在于现实生活，而非任何一种标举着“主体性”的理论结构。回归现实生活世界来重审三者统一的问题，或许可能对国内流行的哲学体系之中真、善、美的统一的“阙失”有所补救。况且，关注本土思想传承的论者也洞见到，中国传统哲学在真、善、美问题上亦是综合一体的，它们分别追求“天人合一”“知行合一”和“情景合一”。这是因为，“中国传统哲学的基本精神就是教人如何‘做人’，为此就应有一个‘做人’的要求，即

① 关于“以美启真”和“以美储善”思想的最新阐释，参见李泽厚：《历史本体论》，北京，生活·读书·新知三联书店，2002。这两个命题在此已被上升到了“本体”的高度来加以阐释，只不过这里的“本”属于中国式的本体，更为讲求实实在在的演变过程，是使 being 成为 existence、使得时间性变成历史性的内在的东西。“所谓‘以美启真’也即是认知对偶然性的开放。……‘以美启真”，即自由直观。它包含知性而大于知性，它是大于知性概念的想象力游戏。……个体所具有的意识(包括无意识)的这种偶然性和自发性，正是包含情感、想象在内的合理性，而与审美相通。它可以表现为灵感、顿悟种种形态，而与以概念、范畴为形态的理性认知相区别。‘以美启真’正是这种领悟、感受、体验和把握，而非普遍、抽象的认识和理解。‘以美启真’可以成为对个体独特性的开发，亦即对人的自发性、偶然性的开放，这即是自由。”(40～43 页)在“以美储善”方面，李泽厚又坚持“以审美释‘天地境界’，正由于中国心灵的最高状态并不舍弃感性，此乃中国文化之最大特征之一”“在认识论，理知常常要求排开所有这些情绪—情感性的心理，以达到‘认知’事物；在伦理学，理知要求主宰、控制这些情绪—情感性的心理，以履行其义务和责任的行为活动。只有在审美中，理性无拘无束，感性也无拘无束，二者随意交融，不断积累，从而不断丰富人的心灵——‘情’(情感、情况)”(104 页脚注、107 页)。

要有一个理想的真、善、美的境界”①。同时，这三种“合一”境界之所以是融合的，是因为“知行合一”和“情景合一”都由“天人合一”这一基本规定而出。这说明，中国传统文化和哲学为真、善、美的融会贯通已经累积了一定的思想矿藏。

最后，中国思想界对“生活”这一概念的普遍理解，也构成了本书立论的“语言阻碍”，这也需要事先加以厘清。

谈到“生活”，人们便会想起“艺术反映现实生活”的“现实生活”，这是一种在20世纪50年代后曾在中国占绝对统治地位的现实主义美学观念，究其实质，它是建基在“反映论”的哲学基石上的。“现实主义”(realism)思潮兴起于18世纪并完善于19世纪的欧洲，它植根于欧洲“摹仿论”的深厚传统，将艺术再现世界置于“现象—本质”的两分结构之中。这意味着，现实生活世界仅仅是“现象”，关键是要透过经由艺术处理的社会现实生活，来揭示出隐匿在其背后的深度“本质”，从而才能达到所谓的“客观真实”。这样，他们所谓的“现实生活”(realistic life)就被赋予了一种朴素直观性的理解，作为“被反映”的对象，它仅仅能成为事物纯粹现象的“现象”。这种理解与欧洲“光”的思维传统息息相关。自从柏拉图著名的“洞喻”开始关注“凝视”以来，摹仿论似乎始终都与“所见”的镜子状的反射和折射脱不开干系。这里潜在的话语就是“光”，因为没有光就无

---

① 汤一介：《论中国传统哲学中的真、善、美问题》，载《中国社会科学》，1984(4)。其中指出，“从中国传统哲学的总体上看，可以说‘知行合一’‘情景合一’是从‘天人合一’派生出来的。‘知行合一’无非是要求人们既要知‘天道’‘人道’，又要行‘天道’‘人道’，而‘人道’本于‘天道’，故实知且行‘天道’即可。‘情景合一’无非是要求人们以其思想感情再现天地造化之工，故亦是‘天人合一’之表现”。

法观看，没有光也就无法映射出现实生活。当人们用“镜”与“灯”两个意象来比喻摹仿论与浪漫主义的时候，[①] “镜”由于反映出外在世界的真实影像而自然同光相连，“灯”则将富于发现与组织能力的光投射到黑暗太空中去，其实亦与“光”内在相关。在这个意义上，浪漫主义之类的“表现”理论其实也是模仿，只是模仿的不是外在生活世界，而是内在生活世界而已。

然而，我们所说的此“生活”非彼“现实生活”，并非指英文“reality”或者德文“Wirklichkeit”。本书的“现实生活”正是取自“practical life”，或者翻译成“performing live”似乎更加妥帖，它大致相当于汉语中的“活生生的生活”的意思，后来经过思考，我又将 live 改为 living。这是由于，映射现实意义上“realistic”只倾向于再现出事物真实情况的认知性，“practical”本身则具有“实践性的”人类活动之含义，“performing live”则意指这种实践过程的“活生生”的动态性。这里的“live”在很大程度上取自约翰·杜威(John Dewey)所指“活生生的生物”(live creature)的那种“活生生”的状态，[②] 在此，实用主义的经验论的视野同奠基于“实用理性”的实践论，倒具有诸多的“异曲同工”之妙。它们都强调在人类生活过程中的现实性地“做”，而并非高蹈于形而上之“想”，而且，也未将现实的“本质”超离于“现象”之外，这恰恰不同于通过欧洲主客两分思维方式所看到的那样。在这个意义上，生活美学仍是实践美学的一种当代发展，在“本体论”而非

---

① 参见[美]M. H. 艾布拉姆斯：《镜与灯：浪漫主义文论及批判传统》，郦稚牛等译，北京，北京大学出版社，1989。

② John Dewey，*Art as Experience*，New York：The Berkley Publishing Group，1934，pp. 3-19.

“主体性”上的一种新的发展。换言之，实践美学要在“本体论”上继续拓展，可能的方向之一，就是回归“生活世界”，也就是走向生活美学。

四、方法论：“批判的解释学”

批判与理解的相互融合，或者说一种“批判的解释学”(Critical Hermeneutics)，是本书自觉采取的哲学方法论。

这种方法论是在哈贝马斯与伽达默尔的论争之间形成的，他们在相互的争辩之中逐渐发展了自身的思想，并且吸收了对方的合理成分。实际上，这种方法论的端倪早在阿多诺对海德格尔的批判中就已经出现了，(作为阿多诺学生的)哈贝马斯和(作为海德格尔学生的)伽达默尔的论争可以视为前者批判的一种继承发展。海德格尔的“此在”是一种历史性的筹划，然而，在阿多诺的否定辩证法看来，这种筹划却是建基在消极认同现存之上的，因此海德格尔主客同一的取向显然剔除掉了任何批判的因素。相反，阿多诺却认为历史是从现存中取得意义的，而非海德格尔那种现存从历史中获得意义，只有在现存的“内在历史”不断的自我否定中才能对抗压抑的社会现实。

由是观之，批判的解释学如若要获得解放的潜能，一定要符合如下的原则：“理解和批判是同义的”(understanding is the same as criticism)①。

① T. W. Adorno, *Aesthetic Theory*, London: Routledge & Kengan Paul, 1984, pp. 370-371.

阿多诺在《美学理论》中最早提出和运用了这一方法论原则，说明批判的解释学与审美活动的阐释具有天然的契合性。

但理解与批判的内在结合，却是在哈贝马斯和伽达默尔的争辩里完成的。哈贝马斯的思想核心在“交往”，而伽达默尔思想核心在“理解”。由此出发，哈贝马斯倡导“旨趣”，而伽达默尔则注重“成见”；哈贝马斯对制度采取社会批判的态度，而伽达默尔则关注解释传统的人文科学；哈贝马斯将“误解”看作“交往”的扭曲，伽达默尔则视“误解”为“理解”的内在障碍。① 这样，我们就看到了批判解释学的两面。一方面，批判理论直接来源于马克思的批判理论，认为理论研究必须加入针对研究对象的批判态度，即批判者超然于对象之外(对被批判者)的评判、否定和批驳。这就与韦伯的“价值中立”(value free)原则的虚妄性相背离，因为只要有理解就不可能完全驱除价值判断，尽管在很多情况下是看似隐匿的。另一方面，解释学的主旨就在于强调理解者与被理解者之间的对话和合作，因而，任何一种理解的历史都是双向的对话来达成的，也就是具有一种伽达默尔所谓的“诠释学的谈话”②。虽然，从被理解者的角度去理解是对理解者的“视界”的要求，但理解者却并不能抛弃自身的理解者“视界”，这就为批判与理解的相互融合提供了基础。

然而，在哈贝马斯视角内的“批判”与“解释”却是在语言的基础上实现的，“哲学解释学不是规则指导下的实用技艺，而是一种批判；经过

---

① 参见[法]保罗·利科尔：《解释学与人文科学》，陶远华等译，78页，石家庄，河北人民出版社，1987。

② [德]伽达默尔：《真理与方法》(下卷)，洪汉鼎译，495页，上海，上海译文出版社，1999。

反思式的决定带给意识有关我们语言的体验，这些语言体验是我们在运用我们交往能力的过程中，也就是靠在语言中的运动获得的"[①]。虽然哈贝马斯的"普遍语用学"(universal pragmatist)有将语言加以普遍化和实用化的趋向，认定语言的中介和内在于它的达到理解的符号是相互构成的，实质上，这并未脱离语言决定论的影响，并未看到语言背后的现实基础和生活根基。

但是，这种融合的路向，却是对我们有启发意义的，哈贝马斯所说的"马克思的振奋人心的意识形态批判也与解释学对社会科学中存在的朴素客观主义的批判相一致"，就是在这一融合意义上来说的。这里就显示出解释学与批判理论之间的契合之处，如果"理解"(如解释学所见)是双向对话的过程，那么，理解就必然蕴含着价值判断(如批判理论所见)，这就为理解者采取"批判"的态度廓清了空间。于是，这种批判的解释学便为我们的研究提供了方法论。在本书的研究当中，我们一方面对历史上存在的各种反面的和正向的理论进行阐释，从而历时性地实现着"视界融合"；另一方面在"效果历史"的形成的过程里，更不忘在其中加入理解者的价值判断，主要是贯彻一种回归现实的批判态度。

下面，就让我们来开启回归"生活世界"的美学旅程吧。

---

① [德]哈贝马斯：《评伽达默尔的〈真理与方法〉》，载《哲学译丛》，1986(3)。

第一章 “艺术否定生活论”省思

作为从固有现实的异化，艺术是一种否定性力量。

——马尔库塞《审美之维》

自从艺术成为自律的，它就存续了从宗教中脱胎而来的乌托邦。

——霍克海默《艺术和大众文化》

否定性是忠实于乌托邦的：它在自身中包容了隐秘的和谐。

——阿多诺《新音乐哲学》

一、艺术何以否定生活

“艺术否定生活论”是欧洲美学的一个“大传

统”(Great Tradition)。尤其是在启蒙时代之后，趣味的纯化与艺术的自律进一步发展，艺术更加成为生活的“异在”事物。这样，在艺术与生活的“疏隔”或“对峙”中来理解艺术，恰恰构成了西方思想家阐释艺术的矛盾态度。相应地，这也就造成了这一观念所不可摆脱的理论和现实的困境。

在20世纪的早期法兰克福学派那里，“艺术否定生活论”达到了波峰。法兰克福学派的美学是一种“社会批判美学”，它认为艺术既是社会的产物，又是社会中的独立力量。到了20世纪70年代，该派别的领衔者都“异曲同工”地将美学作为其思想总结，特奥多尔·阿多诺生前留下的最后一本专著就是《美学理论》(*Aesthetic theory*，1970)，而赫伯特·马尔库塞亦以论文集《审美之维》(*The Aesthetic Dimension*，1978)来终其一生。他们都将“艺术否定生活”论激进地坚持到底，认为艺术是对现实生活产生“异在的效应”的“疏隔的世界”。

这样，艺术的基本功能，一方面，对客体而言，就在于使艺术自身与现实他者相互“疏离”，从而艺术成为与现实截然不同的“异在”；另一方面，对主体来说，使人通过审美与艺术的“幻象”来彻底地超越和颠覆现实，从而为人们提供一条虚幻的超越之道。于是乎，在这些同道们看来，“肯定与否定的、安慰与忧伤的辩证法就是美的辩证法”。①

质言之，在早期法兰克福学派看来，艺术就是对现实生活的“颠覆”“拒绝”(refusal)和“否定”(negation)！

---

① [美]赫·马尔库塞等：《现代美学析疑》，绿原译，40页，北京，文化艺术出版社，1987。

无论是起先的艺术是生活之“梦想”(恩斯特·布洛赫，Ernst Bloch)和“赎救”(沃尔特·本雅明，Walter Benjamin)，还是后来的艺术是对生活的“否定”(阿多诺)和“大拒绝”(马尔库塞)，尽管路数各异，但在艺术功能论上都是如出一辙而逻辑贯通的。阿多诺最初是用黑格尔的辩证法术语“反题”来标明艺术与生活关系的，后来在“否定的辩证法”臻于成型之后，终于找到了“否定”的概念来言说这一关系。本雅明也曾对这一“反题”做出诠释，只不过他更形象地将艺术比喻为“感光板”提供的“负片”。然而，在这种社会性的外在论述之外，布洛赫和马尔库塞则更为注重心理解放的基础。布洛赫认为艺术通过“幻想”对现实生活的超越，使他所谓的乌托邦之“尚未”(not yet)得到了超前显现，以这种(属于未来的)完满存在的超前实现使得艺术具有了认知功能。马尔库塞则不仅注重精神分析的本能，把艺术看作消除一切被压抑的“爱欲”的解放；而且，在社会层面上，他还将援引怀特海的“大拒绝”(Grest Refusal)概念来直接界定艺术的首要特性。

总体观之，法兰克福学派的“艺术否定生活论”具有三重意蕴：

首先，艺术所否定的是“异化”的现实，即艺术否定的前提是——现实生活是异化的和非人道的，因此，艺术对现实的批判性救赎可以被视为一种“异化的异化”，是对现实否定性的“二次否定”或“否定之否定”。

显然，所有的“艺术否定生活论”都无法逃避类似的理论前提。法兰克福学派继承了从《巴黎手稿》(*Paris Manuskripte*，1844)的“异化”到《历史与阶级意识》(*Geschichte und Klassenbewusstsein*，1923)的“物化”思想，他们激进地批判这类现实现象，并诉诸艺术的能量来救赎这非人道的现实。可以说，正因为日常生活是异化的，便更凸显出艺术的否定力量，艺术作为反异化的力量，与现实生活的隔断是必然的。实际上，在西方马克思主义的创始者卢卡奇那里，艺术与日常生活还是互动的关系，但早期法兰克福学派却越来越走向了异端。它所谓的艺术与生活的“间离化”，即艺术对生活保持一定的批判性距离，实质上就是对异化现实的再度异化，对否定性生活的再度否定。

其次，“艺术自律”是艺术之所以能获得否定力量的根基，是艺术作为生活“否定之否定”的形式源泉，但是早期法兰克福学派单纯地将解放之途诉诸艺术，却显现出一种面对异化现实的软弱和无奈，尽管它并没有逃避到形式主义者的“想象的生活”当中。

法兰克福学派的特征还在于对“艺术形式”和“审美幻象”的强调，尽管它的代表人物心目中最典范的艺术形态各有不同，有的是古典主义(马尔库塞)，有的则是现代派(阿多诺)。马尔库塞认定，“美学形式显示了从现实被禁止和被压抑的方面：解放的方面”①，从而使得艺术的激进力量才成为可交往的。阿多诺则通过对“幻象”(apparition)与“幻想”(illusion)的区分，反对将艺术作为幻想的欺骗载体，而认定对现实的基于“现象性和幻象的构成”才能展示出真理内涵。但是，早期法兰克福学派不仅扬弃了内容与形式的两分，而且认为艺术性质的辩证法就是“自律实体”(autonomous entity)与“社会事实”(social fact)的辩证统一。② 如此一来，“艺术形式”便成为唯一能联结起美学与社会的中介形式，社会内容不再是独立于形式之外的意义，而是直接显现于形式之

① [美]赫·马尔库塞等：《现代美学析疑》，绿原译，15页，北京，文化艺术出版社，1987。

② T. W. Adorno, *Aesthetic Theory*, London: Routledge & Kengan Paul, 1984, p. 8.

中，并达到了内容和形式的契合。这样，他们的观点就与美学家克里夫·贝尔(Clive Bell)与罗杰·弗莱(Roger Fry)的“双重生活”论不同，[①]后者走向了一种纯粹形式的“想象的生活”，而根本否认了现实生活的实在。

最后，与马克思始终坚持用现实解放替代精神救赎不同，早期法兰克福学派的艺术救赎其实仍是一种“精神的解放”，这种精神的虚幻诉求只会导向一种与生活大地根本绝缘的、以审美化生活为鹄的之“审美乌托邦”。

这种观念最初形成在马克斯·霍克海默(Max Horkheimer)那里。霍克海默开门见山地认定：“自从艺术成为自律的，它就存续了从宗教中脱胎而来的乌托邦。”[②]此后，早期法兰克福学派乌托邦观念明显地可以被区分为两类思想取向。一类是以布洛赫和本雅明为代表，他们主张一种神学化的历史观，本雅明认为神秘的交往体验与犹太教赎救论息息相关[③]，布洛赫则持一种“神秘主义和目的论的宇宙论”。另一类则以阿多诺和马尔库塞为代表，他们主张一种非神学的历史观，但表现出的强

---

① 这种对纯美学形式的推崇，常常与西方美学的所谓“孤立主义”(isolationism)相连，在这种观念看来，艺术是孤立绝缘的，它完全依据自身的术语且不依赖于(诸如在传统内的位置、被设定的社会环境、艺术家的生活或意图)外部因素的参照。与这种“孤立主义”恰恰相反，西方还有另外一种“外缘主义”(contextualism)的传统，认定艺术只能在其历史文本或者文化环境之中、同一艺术家的其他作品或者周遭的传统的照耀下才能被理解。(参见 *Oxford Dictionary of Philosophy*，Oxford University Press，1996)这其实可以看作艺术“自律论”和“他律论”的两种发展形式。

② [德]马克斯·霍克海默：《批判理论》，李小兵等译，260页，重庆，重庆出版社，1989，译文有改动。

③ [德]瓦尔特·本雅明：《历史哲学论纲》，张旭东译，载《文艺理论研究》，1997(4)。

度却有明显差异。马尔库塞的内心虽并不存在宗教的敬畏感，但却激进地要求“本能革命”来替代宗教的位置，因而表现出同宗教一样有较高强度的乌托邦。而阿多诺却没有这类的理想诉求，他将“艺术作品处于与事实之给定世界相对应的某种持续论战张力的状态中”，从而表现为一种所谓的“弱式乌托邦主义”。[①] 可见下表：

<table>
<tr><th colspan="2">代表人物</th><th colspan="2">作为乌托邦根基的历史观</th></tr>
<tr><td rowspan="2">强式乌托邦</td><td>布洛赫</td><td rowspan="2">神学化历史观</td><td>作为“仍未存在的状态”，艺术在未来表现为完美的乌托邦形态</td></tr>
<tr><td>本雅明</td><td>赎救的乌托邦以“一闪而过”的记忆瞬间在艺术中切入历史</td></tr>
<tr><td rowspan="2">弱式乌托邦</td><td>马尔库塞</td><td rowspan="2">非神学历史观</td><td>通向未来的历史进步观，在艺术中达到“新感性”的乌托邦解放</td></tr>
<tr><td>阿多诺</td><td>注重当下的激进历史观，却仍将艺术视为神话般的世俗拯救</td></tr>
</table>

总之，早期法兰克福学派表现出不同的形态：布洛赫之“希冀美学”、本雅明之“赎救美学”、马尔库塞之“解放美学”和阿多诺之“否定美学”。它们几乎涵括了“艺术否定生活论”所能包含的所有形态。这些志同道合者之所以能坚持艺术对生活的超越和疏离，就在于他们都对“审美乌托邦”有终极的追求，并将之化为一种人类超越境界的安顿。一言以蔽之，这种乌托邦观念，就是要求纯粹的艺术最终维护人类对超越现实的“非现实”生活的渴望。

---

① ［美］理查德·沃林：《文化批评的观念：法兰克福学派、存在主义和后结构主义》，张国清译，129页，北京，商务印书馆，2000。

二、“审美乌托邦”缘何衰微?

“审美乌托邦”并不是从肯定性方面来理解的，相反，真正的乌托邦必须在“否定性”中才能获得。按照早期法兰克福的观点，一旦乌托邦被肯定性地付诸实施，或者在艺术中对现实加以肯定，那么，它只能带来一种幻想化的欺骗。因此，只有在否定性的意义上来趋近乌托邦，即让否定性忠实于乌托邦，才能实现艺术的真正功能。

与此同时，对现实生活中的人们而言，这种对生活实施否定性的“审美乌托邦”还是一种“对幸福的允诺”。所谓“幸福的允诺”(promesse du bonheur)最早出自文艺理论家斯丹达尔夫人(Mme Germainede Staël)[①]，后来被马尔库塞他们援引来为自身的思想服务。在早期法兰克福学派看来，西方现实社会状况正不断地打破人们对幸福的追求。这样，艺术就承载着一种审美理想：“因为艺术在提出幸福的允诺的同时……反对生产力的拜物教，反对客观条件(仍然是统治条件)对个人的继续奴役，艺术表现了一切革命的最终目标：个人的自由和幸福。”[②]的确，艺术作为自由的形式，直接指向了“个人的自由和幸福”，这才能使艺术自身承担起人类解放的功能，这是毋庸置疑的。

---

① 法国诗人和美学家波德莱尔(C. Baudelaire)在1863年评价这句美学箴言时说，“这就比许多其他人更接近真理。显然，这个定义超越了目标，它太过分地使美依赖于幸福的无限多样化的理想，过于轻率地剥去了美的贵族性，不过它具有一个巨大的优点，那就是决然地离开了学院派的错误”。[法]波德莱尔：《现代生活的画家》，见《1846年的沙龙：波德莱尔美学论文选》，郭宏安译，416页，桂林，广西师大出版社，2002。

② [美]赫·马尔库塞等：《现代美学析疑》，绿原译，44页，北京，文化艺术出版社，1987。

只可惜，早期法兰克福学派却将这种解放视为一种“否定乌托邦”：有布洛赫和本雅明这样将“解放”途径等同于神学化救赎的；有马尔库塞这样的将美和艺术划归于“爱欲”领域，从而诉诸深度心理的快乐原则的；还有阿多诺这样从“非同一性”出发，要求未来幸福的形式提供历史现实性的。虽然本雅明与阿多诺的那场争论还存在着“拯救式的批评”与“意识形态的批判”的差距，① 但无疑，早期法兰克福学派的“艺术否定生活论”都是一种社会批判的美学。它的代表人物都从现实生活的异化走向对整个社会的批判，都将艺术的否定功能移置为政治功能，从而在审美化的颠覆中走向泛政治化的唯美主义。这是由于，早期法兰克福学派把艺术都看作一种审美意识形态，是对社会现实矛盾的一种乌托邦式的解决方式。

实质上，任何一种审美乌托邦，无论是神学化的还是非神学的，无论表现为强式的还是弱式的，都具有共同的旨归——“人对感性幸福的终极诉求”。这是一种以“艺术否定生活论”为基石、将人们根本拔离出现实生活的“大地”的乌托邦形式，它以超越生活的一种绝对境界作为追求鹄的。

然而，不争的事实是，在早期法兰克福学派的思想一度风靡之后，“审美乌托邦”却无情地衰微了。的确，在霍克海默、阿多诺、马尔库

① ［德］哈贝马斯：《启发性的批判还是拯救性的批判》，参见刘小枫主编：《现代性中的审美精神：经典美学文选》，1090～1092页，上海，学林出版社，1997。哈贝马斯还区分了马尔库塞与本雅明的四个本质差异，其中第一点就是：“马尔库塞肯定理想和现实的矛盾，因此是用意识形态批判的态度来对待资本主义艺术的标准形态的。在这个批判中，独立艺术的扬弃只是作为思维的结论而产生出来的。与此相反，本雅明并没有提出批判性研究来反对一个其实质尚未受到触动的文化。”

塞、弗洛姆(Erich Fromm)等法兰克福学派第一代学者之后，甚至连美的问题的思考亦被摒弃。在马尔库塞的《审美之维》与阿多诺的《美学理论》中所表现出来的那种乌托邦精神和艺术批判力，一时间成为西方思想界的绝响!

20世纪70年代之后，“艺术否定生活论”从思想波峰上迅速坠落，审美批判的动力也日渐衰弱。显然，此时的人们所面临的时代境域早已今非昔比。第一代法兰克福学派一脉相承的“审美乌托邦”，不仅在第二代的哈贝马斯、内格特(Oskar Negt)那里被刻意回避了，到了第三代霍耐特(Axel Honneth)、昂内斯(Axel Honneth)、麦卡瑟(Thomas McCarthy)那里，审美话语也被隐匿为边缘性的问题。这不仅仅是乌托邦的冲动在逐渐枯竭和耗尽的结果，而且，由于“社会结构”的批判研究又成为法兰克福学派的主题，审美的视角当然无可置疑地被扬弃了。“哈贝马斯在他的理论中为何不涉及审美话语？这是因为，在他看来，审美论证不像其他类型的论证那样，具有普遍性要求，这类话语涉及的仅仅是个人的知觉和情趣。相反，实践话语必须以普遍认同的规范为论证基础，这种论证必须是可普遍化的。哈贝马斯认为，审美活动缺乏一种‘有效性要求的可普遍化力量’。”[①]进而言之，逃避美学也是第二代法兰克福学派之后的整体诉求。其实，法兰克福学派的这种逃避只是全景的局部，整个西方主流社会都具有这样的趋向，如影响深远的存在主义美学传统在同一时期也被悬搁，在分析哲学及其美学观念占据了欧美学

---

① [德]得特勒夫·霍尔斯特:《哈贝马斯传》，章国锋译，105、106页，上海，东方出版中心，2000。

界主流之后更是如此。

既然从历史的总体来看，"审美乌托邦"不再为人们所信任，那么，这种衰微到底是来自内在的原因，还是来自外在的理由呢？

实质上，这种式微不仅有"审美乌托邦"自身的虚妄原因，也有历史进程的演变原因。就学术思想的累积来说，虽然不同代表人物的思想来源各异而且参差驳杂，但是，早期法兰克福学派的思想都直接根源于德国古典哲学和马克思的批判理论，并将它们发展到了某种极致。可以说，早期法兰克福学派就是批判理论的一种极端发展，这种批判一旦将自身的思想潜能过分发挥出来，只能走向必然的衰落。而且，这种批判理论由于具有过激的品格，虽然契合于 20 世纪 60 年代到 70 年代欧美社会文化的激进现实，但在社会状况进一步变化后，最终只能成为一种边缘化的"异端理论"。

就社会文化转型而言，早期法兰克福学派所持的精英文化立场，与 20 世纪 70 年代后逐步趋于保守的西方社会状况相悖，特别是在马尔库塞和阿多诺移居美国之后，他们更被置于这种思想和现实的错位之中。众所周知，早期法兰克福学派以激进的精英文化与世俗文化决然割裂，其对"文化工业"的批判成为文化研究中的独特的左派理论。然而，他们所批判的只是刚刚成型的文化工业和大众文化，而未看到审美与生活相互同一的现象，断然采取了一种全然拒绝的态度。比如阿多诺的《音乐的偶像崇拜特性与听力的退化》一文，在忧患"音乐拜物教的对应物是倾听的倒退"的同时，批判道："在高度的资本主义社会中，文化商品那种必须保持纯粹使用价值的幻想，必定为纯粹交换价值所取代……音乐特殊的偶像崇拜就在于这种替代物。”[①]直至20世纪80年代，西方大众文化攀升到新的高度之时，人们仍然采取一种单向批判的“阿多诺模式”，这显然是不合时宜的。“阿多诺模式”取自早期法兰克福学派的咄咄逼人的精英立场，具体是指精英文化过度强调自身的独一无二的精神自由和思想价值，激进地批判大众文化的“平庸性”（雷同浅薄）和大众的“消极主体性”（无个性、无思想），[②] 激进地批驳意识形态对主体意识造成的桎梏和异化，而企图以精英文化立场统治其他文化领域的取向。可见，在欧美学术界和文化领域，这种立场的边缘化亦成为乌托邦的根基逐渐被侵蚀的缘由之一。

然而，我们更为关注的还是“审美乌托邦”衰微的思想根由。乌托邦思想根本上涉及了理想与现实的关系，但只不过是对这种关系的一种虚幻的错置。其实，理想不能脱离现实“大地”，就犹如风筝与大地的关系，即使理想飞升得再高也要植根于坚实的土地，否则只能挣断线后而坠落回地。由此可见，理想与现实关系的摆错，使得乌托邦超绝于现实生活之上，而成为一种无根的“空中楼阁”。真正现实的审美精神却不应是超脱了坚实“大地”的幻想王国，而理应与现实具有一种亲和力和契合性。在黑格尔看来，理想与现实理应是相互统一的，理想不仅是“应当如此”，而且更是“真实如此”：“理想性并不是在实在性之外或在实在性之旁的某种东西，反之理想性的本质即显然在于作为实在性的真理”，[③]

---

① T. W. Adorno，*The Culture Industry*，edited by J. M. Bernstein，London：Routledge，1991，p. 34.

② 徐贲：《走向后现代与后殖民》，295页，北京，中国社会科学出版社，1996。

③ ［德］黑格尔：《小逻辑》，贺麟译，212页，北京，商务印书馆，1980。

这里面对“理想”的基本理解包孕着合理要素。

与此同时，“审美乌托邦”不仅是一种乌托邦，而且是“审美”的乌托邦。这就直接关系到艺术与生活的关系，具有“审美乌托邦”观念的人都在艺术与生活上持一种“否定论”。换言之，审美乌托邦是以“艺术否定生活论”为基础的，前者只是后者的一种超升。但是，审美乌托邦自身的操作仅囿于话语层面，缺乏向实践的转化，因而在存在领域内充分审美化缺乏现实基础。而且，审美乌托邦论者倾向于用生活诗化抹杀存在矛盾，以审美存在论消解实存矛盾状态，最终仍然只是一种“空口的许诺”。正如布洛赫所说，这种乌托邦往往会变得“自给自足”(independent)，甚至将梦幻反倒化为真实，从而造成虚幻与现实、精神与物质的倒置。所以，理论与实践的悖谬更加深了这种乌托邦的深层矛盾。

无论怎样，审美乌托邦的衰微的确是一种历史的必然。但我们还要追问——“审美乌托邦”的衰微，到底还有什么更为深层的理由？对这种理由的探究，还是要回到作为其基石的艺术对生活的否定性上去。实质上，乌托邦的危机展露出的是“艺术否定生活论”的深层危机。审美乌托邦衰微的最终原因就在于将审美分离于现实生活，这与康德时代以来的“反康德美学”思潮紧密相关。这还要从“理论困境”和“历史境遇”两方面来加以阐释。

三、理论困境：艺术自律论与主体性美学

作为一种已成为传统的美学观念，“艺术否定生活论”面临着理

论与现实的双重困境。在这种观念看来，艺术是对现实生活的一种否定，它最终表现为一种高高超升于生活世界的“审美乌托邦”。在通常意义上，“艺术否定生活论”具有三种内涵，可以概括为如下的三个命题：

Ⅰ. 就生活对象而言，艺术否定的前提是：现实生活绝非完美的，因而，艺术才“可能”对“生活”进行否定；

Ⅱ. 就艺术自身而言，艺术本身必定是“自律”的，这样才能为艺术超越提供根基，因而，“艺术”才“能够”否定生活；

Ⅲ. 对作为主体的人而言，这种否定论往往导致一种“审美乌托邦”，这是艺术否定生活对“人”的生存意义，因而，人们才“意欲”去用艺术“否定”生活。

其实，这三个命题是相互关联的，命题Ⅱ和命题Ⅰ分别是就“否定者”与“否定对象”而言的，而命题Ⅲ则是指这种否定对人的存在意义，它们在“艺术否定生活论”中缺一不可。在命题Ⅰ里，如若没有“生活”对象，否定则没有“可能”并无从谈起；在命题Ⅱ里，如若没有“艺术”自律的基础，艺术便不“能够”实施否定行为；在命题Ⅲ里，如若没有人的意义存在，那么就失去了“意欲”去否定的动力。对“艺术自律论”及其背后的“主体性美学”进行批判，是其中的关键。

实际上，艺术的“自律性”(autonomy)是欧洲近代社会的产物。

在古希腊时代，“艺术”还是个杂糅性的、尚未分化的概念，“艺术”与“技艺”是同一的，所谓“technē”指称的就是器具和艺术品这类产品的制造活动。根据海德格尔的阐释，“technē”一词最初在柏拉图那里还是与“phusis”(指存在者本身)相对的“知”，后来才成为人类一切技艺创造的名词。通过这种阐释，海德格尔想证明柏拉图开启了从“technē”来理解美学的思路，并因之与“phusis”的相对而使得美学被纳入既定的理论构架，并由此遗忘了存在本身。但无论怎么看，那时的“艺术”都没有同手工艺之类的活动区分开来，柏拉图还进一步将(依据技术的)“艺术”与(依据灵感的)“诗”区别开来，艺术始终包孕在技艺的母体之中。可以横向比较的是，在古老的东方古国，古典东方艺术的所谓“泛律性和综合性”与欧洲后来的发展大异其趣。①

在欧洲，这种未分性一直保持到文艺复兴时代，最早是奥兰达(Francesco da Hollanda)用葡萄牙文“Beanx arts”指代这种纯化的艺术，甚至有学者(如塔答基维奇，W. Tatarkiewicz)干脆就在1750年划开了“美的艺术”(fine arts)与传统的分界。从此以后，“美的艺术”概念的出现使“自律性”开始脱颖而出，从而使艺术最终摆脱了实用功利活动的束缚，这种欧洲古典的规定性一直影响至今。

由此可见，艺术自律的另一方面的规定，便是“审美非功利”的思想。正因为审美获得了“无利害”的特性，所以，当“美”的特质附加在“艺术”之前时，艺术才能最终脱离技艺活动而独立存在。艺术的这种“自为存在”并不是来自自身，而是援引自近代伦理学的思想意义。所谓“无利害”(disinterestedness)在18世纪的英国原本是意为“实践的”伦理学概念，它较早在夏夫兹博里(Shaftesbury)那里获得审美观照的内涵，

---

① [日]山本正男：《东西方艺术精神的传统和交流》，牛枝惠译，7页，北京，中国人民大学出版社，1992。

后来才发展为不涉及实践和伦理考虑的“审美知觉方式”。[①] 康德则将之纳入“审美鉴赏”的“第一契机”，从而奠定了西方现代美学的基础。这是“趣味”得到纯化之后的理论总结。

在中国的本土语境里，对康德这种无利害论却有着独特的解读方式，从20世纪20年代起，朱光潜与宗白华较为一致意译“disinterested contemplation”为“无所为而为的观赏”。他们都将康德思想作了语义上的转换：从本土文化内“为”的视角来看待非功利——“无所为而为”。“有为”与“无为”之辩原本是道家的理念，但这里的“无所为”还是就排除实用功利而言的，审美的生存必然要与现实的、道德的、功利的活动绝缘。但无论怎样，艺术自律都得到了“非功利”或“无所为”的内在支撑，特别要与科学带来的功利性格格不入。然而，美学在欧洲的诞生却摆脱不掉科学理性的规范。

真正意义上的美学诞生在启蒙时代，正如恩斯特·卡西尔(Rrnst Cassirer)在《启蒙哲学》(*Die Philosophie der Aüfklarung*，1932)中的论断——“情感的独立地位”是在启蒙运动与德国浪漫主义中得以发现并确立下来的。[②] 自从1750年“美学之父”鲍姆嘉通(Alexander Gottlieb Baumgarten)的《美学》第一部分的发表，经过其第二部分在1758年发表至今，已经有两个半多世纪的历史。众所周知，在创始人那里，“美

① Jerome Stolnitz，*On the Origins of “Aesthtic Disinterestedness”*，*Aesthetic：A Critical Anthology*，Geroge Diekie and Richard J. Sclafani，ST. Martin's Press，1977，New York，pp. 611-612.

② [德]E. 卡西勒：《启蒙哲学》，顾伟铭等译，269～356页，济南，山东人民出版社，1996。

学”(Aesthetica = die Ästhetik)一词按其本意，原应译为“感性学”。

作为欧洲现代历史展开的事件，“美学”的诞生却是一种奇异的结合——作为“情感之逻辑”的美学最终获得了感性学与认识论结合的本质规定。“感情”与“逻辑”看似多么绝缘的东西，但却在《美学》(*Aesthetica*，1750)那里开拓性地得到了媾和，美学遂而成为“研究感性知识的科学”，它的目的就是“感性认识”自身的完善。由此可见，鲍姆嘉通虽然廓清了“感性”存在的领域，但却始终受到科学理性的羁绊，因为他直接将“美学”定义为科学意义上的一种“低级知识的逻辑”，这种“感性认识”的基本含义是“在严格逻辑分辨界限之下的，表象的总合”。[①] 这样，一方面是感性学的独立，另一方面则是科学性的规定，鲍姆嘉通摇摆在这种张力之间。虽然“超越了纯逻辑的领域，它想成为一门关于‘低级认识论’的逻辑，然而，它不仅力图用这种逻辑来为哲学体系服务，而且首先为关于人的学说服务”[②]。在终极的意义上，美学还是难逃对人类生活的“范导”意义，这显然来自情感本身的感性价值规定。但与此同时，这种系统化美学建构的诉求，也被纳入了主体性理论的框架之中。

从这个时代起，艺术的“自律”与趣味的“纯化”便得以同步进化，二者在相互规定、相互推进中共同发展。这是因为，鲍姆嘉通不仅将美学定位在“感性之学”，与此同时，还将美学视为作为一切艺术指导原则的“北斗星”。如此看来，美学就已经兼具了“纯化趣味”与“规范艺术”的双

① [德]鲍姆嘉滕(今译鲍姆嘉通)：《美学》，简明、王旭晓译，18页，北京，文化艺术出版社，1987。

② [德]E. 卡西勒：《启蒙哲学》，顾伟铭等译，347～348页，济南，山东人民出版社，1996。

重功能。趣味是在反面否定其他趣味(庸俗的、低级的)中而获得确定性的，而唯有非功利的审美观照才能使人获得自由感，这种自由感的实质就是趣味对人自然性的克服和升华，是社会规范和精英纯化的结果。难怪海德格尔在《尼采》(*Nietzsche*，1961)的第一卷“作为艺术的权力意志”里，将黑格尔做出“艺术终结”演讲之前的时期称为“趣味的美学”(Aesthetics of Taste)阶段，“艺术自律”正是在“趣味美学”这种催化和推动的时段内得以成型的。

但是，艺术就只能以“自律”为规定的吗？艺术能够完全摒弃功利的潜在规定吗？难道艺术只以纯趣味为根基吗？实质上，自律与他律的变奏，始终是艺术统一体的两面。同时，虽然审美在表面上标举着非功利，但深层却仍暗伏着重要的功利化因素。起码，根据东方的古老经验，艺术就并未被纯化为一种“美的艺术”，而是融化在其他技艺活动形式之中。多数东方国家的古代情况都类似于此，这与欧洲文化的境况显然不同。可见，“思辨美学”和“自律艺术”在东方仅仅是舶来品。西方那种艺术自律论及其身后的主体论美学，并非适应一切历史条件的普适性标准，它只是启蒙时代这个特定历史境域中的特殊产物，尽管至今在全世界的影响仍根深蒂固。

与东方比较而言，经过17、18世纪的发展，艺术在欧洲所获得的独立自为的特性是欧洲社会和文化发展的结果。从社会结构的角度看，“自律性，就是艺术日渐独立于社会的性质，这是资产阶级自由意识的一种功能，它与特定的社会结构紧密相连。在此之前，艺术或许一直与支配社会的各种力量和习俗发生冲突，但它绝不是‘自为的’”[①]。如此看来，艺术自律论的确只是欧洲近代社会的产物。

按照法国社会学家彼埃尔·布尔迪厄(Pierre Bourdieu)的独到分析，欧洲“艺术场域”的独立规则在18世纪最终确立，并于19世纪下半叶达到了空前绝后的地步，艺术自律论更是与之并行发展。在这种场域里面，“艺术品价值的生产者不是艺术家，而是作为信仰的空间的生产场。信仰的空间通过生产对艺术家创造能力的信仰，来生产作为偶像的艺术品的价值”[②]。这类生产场的“自主程度，体现在外部等级化原则在多大程度上服从内部等级化原则：自主程度越高，象征力量的关系越有利于最不依赖需求的生产者”[③]。可见，“艺术场域”的独立的确是一个结构性现象，它是制度性的社会分化——如政治场域、经济场域、宗教场域、教育场域、法律场域的分化自主与独立自治的结果。这一方面是由于“艺术生产能依赖于文化场域”的位置而巩固下来，使得“艺术场域”保护了自身的“自律性”，并与其他的场域相互区隔开来；另一方面则是由于艺术这种“自律性的获取与自律意识的产生”是交互作用和相互支持的，并受惠于相关理论的生成和自律艺术的“自律批判”的实践。[④]

艺术自律论的倡导者秉承的常常是一种欧洲近代哲学和文化的精

---

① T. W. Adorno, *Aesthetic Theory*, London: Routledge & Kengan Paul, 1984, p. 320.

② [法]皮埃尔·布迪厄：《艺术的法则：文学场的生成和结构》，刘晖译，276页，北京，中央编译出版社，2001。

③ 同上书，265页。

④ Derek Robbins, *The Work of Pierre Bourdieu Recognizing Society*, Boulder: Westview Press, 1991, p. 89.

神，其背后的理论支撑就是“主体性美学”。与之相关，“艺术否定生活论”也是启蒙时代的产物，也与“主体性美学”的发展紧密相连。从历史发展来看是如此，尤其是在康德美学的奠基之后，无论是席勒的艺术拯救失去尊严的人性，还是黑格尔的审美之“令人解放”的性质；无论是韦伯的艺术将人们拯救于理性化的现代科层社会的“铁笼”，还是马尔库塞的艺术以“快乐原则”对人的本能欲望的释放，都体现出艺术对现实生活的否定。

“艺术否定生活论”之所以在这一时期得以产生，不仅是因为艺术得到了自律的规定性，而且还因为启蒙时代以来的社会现实对人性的割裂与异化需要超越，只不过思想家们都将这种超越诉诸自律的艺术而已。从理论方面来考察也是如此。在“艺术否定生活论”的三重内涵中，我们都能找到“主体性”的美学要素，无论是与纯化的趣味相互规定的“艺术自律论”(命题Ⅱ)，还是艺术否定生活对人生存意义而言的“审美乌托邦”(命题Ⅲ)，就连对生活也是从“完美人性论”的角度来度量的(命题Ⅰ)，这些都表现出主体性的思想力量。实质上，这三个命题都是建基于“主体性美学”基础上的，一方面是艺术对主体的生存意义，另一方面则是艺术本身的形式规律。

那么，主体性美学是如何在近代欧洲获得统治地位的呢？海德格尔曾提出西方美学的“二次发生”论，从而将美学的真正产生提前到了古希腊。他认为，美学在古希腊相伴于形而上学而共同发生，具体来说是与柏拉图从感性效果研究艺术同时出现，美学从此纳入了质料—形式的概念框架。这也就是说，主客两分成为支撑美学思想的内在构架，然而审美活动却天然地拒绝这种二分。而在近代形而上学史开端之际，西方美学则“再次发生”。此时，不再是世界，而是主体(个体 ego)的自我意识成为哲学认识的核心乃至唯一对象。[①] 相应地，美学之思也被内化入人类感觉和情感的领域，美学作为“情感之逻辑”最终在鲍姆嘉通那里得到了最初的界定。可见，美学在 1750 年的诞生，不仅是“Aesthetica”这一名称的首度获致，更确切地说，是“系统化美学”的第一次建构。这首次的建构就离不开“主体性”的内在构成意义，没有这种“主体性”的视角，系统化美学恐怕难以为继。而自古希腊时代以来，还有大量的美学思想散落在哲学系统之内，但思想创造者并未真正地将之系统化，这有待于后来者从“美学”的视域来加以阐释和构成。

质言之，如果说古希腊时代美学就被置嵌于感性与超感性(本质与现象)的理性思辨模式中的话，那么，启蒙时代以来，“主体性”则占据欧洲美学的轴心和至上地位，趣味的“纯化”与艺术的“自律”得以同步进化。

那么，主体性美学的阙失在哪里呢？根据海德格尔的论述，“自我”已成为占据近代哲学的核心，这种“自我”必定具有主客二分的特性。这可以追溯到笛卡尔(Descartes)的“我思故我在”之“我思”的观念，它可谓是主体性得以奠基的“第一原则”。按照埃德蒙德·胡塞尔(Edmund Husserl)在《第一哲学》(1923/1924)讲座中的说法：“作为自我，我必然是思维着的自我，作为思维着的自我，我必然思维着客体，我必然在思

① Martin Heidegger，*Nietzsche*，*Volume* Ⅰ：*The Will to Power as Art*，London and Henley，Routledge & Kegan Paul，1979，p. 83.

维的同时与同一个客体世界发生关系。”①作为一个特殊的哲学领域，美学是“主体性”在近代社会中心化的历史结果。从某种意义上说，“美学不能单纯等同于柏拉图意义上的作为善之象征的美，这是由于它与(作为现代哲学中心问题的)主体性的出现紧密相联。……自我意识的反思将美的经验和审美生产事实视为自我意识的关键，它往往显示出主体性中的某种超越，对主体认知将自身作为对象而理论化的超越”②。显然，美学作为对纯理论思辨的超越，而成为自我意识或“我思”的一种延伸，一种感性化的表达。

古希腊时代那种本体化的思维方式里，柏拉图追寻的是“美本身”与“善本身”这样的理念世界，而力图摒弃那些感性现实领域内模仿这些“范本”的东西，并以“至善”为最高的哲学境界。虽然在古希腊不乏“认识你自己”或“人是万物的尺度”这般的豪言壮语，但些许的主体性的光辉还是归属于本体化的大潮之内，更何况，那时的主体与近代意义上经由宗教式微而人性伸张的主体性是大异其趣的。作为比较的是，黑格尔所谓“理念”则充满了主体性的内涵定性。这是因为，在柏拉图那里的“理念”是“理在事外”的。在本质与现象、灵与肉、理性与情欲、神与人的对立中，柏拉图否认感性现实世界(“事”)的真实，而认为在理念的本体(“理”)世界内安住着一个“无始无终、不生不灭、不增不减”的“美本身”。黑格尔则相反，他主张的是一种类似于亚里士多德的“理在事中”，

① 转引自倪梁康：《胡塞尔现象学概念通释》，222页，北京，生活·读书·新知三联书店，1999。

② Andrew Bowi，*Aesthetics and Subjectivity*，New York：Manchester University Press，1990，p. 2.

也就是亚里士多德意义上的寓形式于质料之中。但不同的是，黑格尔的“理”——“绝对精神”是一种高度自我意识，“理性是世界的灵魂，理性居住在世界中，理性构成世界的内在的、固有的、深邃的本性，或者说，理性是世界的共性”①。它已然具有的主体性意蕴是不言而喻的，它在世界中的圆圈式、三段论的逻辑运作，就构成了黑格尔的“精神大全”或整个哲学体系。

在这种意义上，黑格尔的美学成了主体性美学的高峰。但是，悖论在于，正是主体性的思想最终“涨破”了黑格尔的美学体系，导致他提出了著名的“艺术终结”论。换言之，主体性的矛盾困境在他的《美学》(*Vorlesungen über die Ästhetik*，1835)中特别凸显出来，它集中体现在其著名的“艺术终结”的思想当中。更确切地说，这种终结其实应称为——“艺术的哲学终结”，西方学者也将这种“终结”叫作“哲学对艺术的剥夺”(the Philosophical Disenfranchisement of Art)。这种说法实际更为准确，因为在现实中艺术没有因为哲学宣布它结束就结束了，艺术只是在特定的哲学体系内被“剥夺”掉了继续生存下去的权利和理由。

进一步而言，主体性作为黑格尔美学中存在的核心，首先就在于它的美的经典定义——“美是理念的感性显现”。这种理念本身就是一种主体的自我意识，“当真在它的这种外在存在中是直接呈现于意识，而且它的概念是直接和它的外在现象处于统一体时，理念就不仅是真的，而且是美的了”②。这样，黑格尔的美只是自我意识的一种特殊的显现，

① [德]黑格尔：《小逻辑》，贺麟译，80页，北京，商务印书馆，1980。

② [德]黑格尔：《美学》第1卷，朱光潜译，142页，北京，商务印书馆，1979。

这种特殊性表现在：作为真的理念显现为外在“现象”并与之直接统一时，才成为作为感性显现的美。其次，这种主体性还体现在对“艺术结构”的理解中，黑格尔将艺术那些“直接呈现”给我们的东西，作为外在形式；又把那些艺术里面存在的内在东西，作为内容意蕴。在艺术这两维结构之间，黑格尔用“生气灌注”来连通二者，说明了主客体的在审美活动中本然具有的契合性与亲合力，但这仍是一种典型的弥合主客二分的理论。最后，主体性还在黑格尔所梳理的艺术发展史中得以呈现，艺术的终结也就在这里得以出现，这是表现为理念的意识主体按照圆圈式、三段论而运作的结局。

黑格尔不仅把理念与形式二元论归结为美学核心与艺术本性的规定，而且也将之贯穿于整个世界艺术的终结史。依据黑格尔的三段论，艺术的发展法就是理念对形式的“始而追求，继而达到，终于超越”。由这一模式所决定，世界艺术的发展被黑格尔削足适履地纳入了“象征型艺术”“古典型艺术”和“浪漫型艺术”的构架中，既然古典艺术已经达到了内在意蕴与外在形式的完美统一，那么，经过对它的扬弃的浪漫艺术就在逐渐走向衰落。同理可证，悲剧也由于其内与外统一而成就完美，但是，“喜剧用作基础的起点正是悲剧的终点”，因为悲剧实体性必然要与喜剧主体性交替。而且，喜剧发展到近代浪漫型艺术的顶峰，过度激长的“主体性”遮蔽了绝对真理的显现，艺术的三段论式的发展就以喜剧为终点，艺术的寿终正寝便最后闭合了黑格尔的美学花环。可见，艺术终结既有黑格尔对近代市民社会的艺术现实的不满，更是一种绝对理念或者说主体的自我意识运作的结果。可以说，正是主体性不断向上的自我发展，导致了黑格尔眼中哲学对艺术的剥夺。因为，主体性自身出现的罅隙，所以才会使黑格尔以艺术的终结来总归《美学》。

所以，结论是：一方面，黑格尔的美学是由主体性理论构建起来的，并以“美是理念的感性显现”达到了主体性美学的巅峰；但另一方面，也正是这种主体性理念的自身发展造成了其体系中艺术的灭亡，涨破了黑格尔美学的整个体系。所谓“成也萧何，败也萧何”，这也正是主体性在黑格尔美学体系中的“悖论”所在。

因为这种以理念为核心的美学的构筑，西方20世纪美学流派的发展几乎都是起始于对黑格尔美学的批判的，正如“几乎20世纪的每一种重要的哲学运动都是以攻击那位思想庞杂而声名显赫的19世纪的德国教授的观点开始的”一样。[①] 然而，此后无论是经验主义美学一致反击黑格尔美学“从最一般的观念和概念出发下降到个别”的“自上而下”的建构方式，讽刺这种美学形态只是一种缺乏经验依据的“泥足巨人”，还是人文主义美学囿于哲学的、历史文化的和艺术的方法来建构，都没有将对黑格尔的批评上升到对“主体性美学”的批判的高度上。

但在德国哲学巨擘海德格尔之后，这种情况大为改观，特别是在20世纪中叶后，人们才由外而内地看到主体性在欧美美学建构中的消极意义。特别是海德格尔、伽达默尔和哈贝马斯对主体性的反思，折射出一种理论的共同自觉，直刺主体性美学的根基，他们给予我们的启示是巨大的。

(一)海德格尔指出欧洲哲学史执着于“存在者”而遗忘“存在”，对西

① [美]M. 怀特：《分析的时代：二十世纪的哲学家》，杜任之主译，7页，北京，商务印书馆，1981。

方建基于主客二分框架上的哲学传统加以颠覆，因为“存在者的存在本身不‘是’一种存在者”。[①] 由此出发，对欧洲美学的主体性传统进行了反思。在他看来，对艺术的追问既不能从创作者也不能从接受者的角度来沉思，因为这不能仅归结为主体性的视角，而是要从艺术的“存在”本身来探究艺术的本源与物性，这样才能切近存在的根本问题。通俗地讲，海德格尔直接质疑了这样一种约定俗成的观念：艺术品的本源来自艺术家的活动或是通过这种活动产生的，然而，这样的主体性追问并不能穷究艺术品的“本质的来源”。这里便出现了“循环论证”：一方面，使艺术家成为艺术家的东西就是艺术品，作品使创作者第一次以艺术的主人身份出现；但另一方面，毋庸置疑的是艺术品又来自艺术家的创造。这样，艺术家是作品的本源，反之，作品又是艺术家的本源，或者说二者是互为本源的。但是，海德格尔恰恰要超越这种主客二分的思想定式，而要追问艺术家和作品都要依赖的一个先于它们的第三者的“存在”，即艺术自身的“存在”，如此一来，海德格尔就干脆地背弃了主体性美学的传统，而开拓出一条追思存在本身的新途。

（二）延续着海德格尔铺平的道路，伽达默尔对康德的主体性美学直接展开了尖锐的批判。可以说，对康德及其深远影响所导致的美学“主体化倾向”的批判，就是伽达默尔现代哲学解释学的出发点。伽达默尔聚焦在康德的“趣味”与“天才”学说，他指出康德赋予了这种趣味判断以

① ［德］海德格尔：《存在与时间》，陈嘉映、王庆节译，8 页，北京，生活·读书·新知三联书店，1987。

普遍有效性的要求，这种思想转向的合法化，把道德自律的"方法前提"最终内化为趣味的"内容前提"。进而，康德又将"天才"概念与"趣味"立于同一基础，其后继者则把它发展为更广泛的生命"体验"概念。而这类体验论美学，就是建基在康德的美同真、善隔绝的基础上，这正是所谓"审美区分"的结果。所谓"审美区分"就是"对审美意向事物和一切非审美特性的分辨"。[①] 它要求审美经验仅仅专注于真正的作品本身(抽象出的"审美质量"本身)，同时撇开作品赖以生存的"理解条件"，抽离掉作品本然内含的目的、功能、内容、意义等非审美要素。这样造成的阙失是：艺术作品就被孤立出原本的生命关联和文化语境，审美意识也滤析掉了历史性条件。也就是说，艺术作品及其阐释的历史性维度被悬搁了，正是在这种理论困境的基础上，伽达默尔才首先在美学领域提出了一系列的诸如"效果历史""视界融合"等解释学命题的雏形。

(三)哈贝马斯从"主体间性"的独特视角，通过对标举主体性的所谓"意识哲学"的批判，从而倡导一种不离于"生活世界"界域之"交往理性"。可以说，正是交往活动与生活世界的交互解释构成了其交往行动理论的规范性基础。这种积极的张力关系不仅使交往参与者的相互理解成为可能，而且使他们这种互动继续下去。他的《交往行动理论》这部巨著就是从对"交往理性"的理解出发，进而提出"生活世界"的概念并与交往活动相互阐释，[②] 并经过这一通途最终推导出其"现代性理论"的。这

---

① [德]H. G. 伽达默尔：《真理与方法》，王才勇译，125页，沈阳，辽宁人民出版社，1987。

② Jürgen Habermas, *The Theory of Communication Action*, *Vol*. 2, Cambridge: Polity Press, 1989, p. 326.

种扬弃意识哲学而转向交往哲学的方式，其实正是一种从“主体中心”到“交往理性”范式的转换。哈贝马斯反复批判那种仅从主体性视角来看待世界，导致了主体与客体、话语与实在之间分立的预设，因而严重忽视了言说者、受言者和参与者共存的生活世界的“主体间性”。虽然哈贝马斯并未直接涉及美学问题，但他这种思路对我们的启示也是巨大的。

总之，通过主体性的批判，具体而言，通过海德格尔对存在者的质疑和反思，伽达默尔对美学主体化倾向性的批判，哈贝马斯对主体中心主义的反诘，分别生发出自身的存在论、解释学和交往理论的思想。这些都促使我们深入地思考主体性美学所面临的困境，这实质上也都显露出“艺术否定生活论”的理论深层困境，但问题的另一方面则是现实的历史境遇问题。

四、历史境遇：艺术生活化与生活艺术化

按照历史发展的规律，一定历史阶段的美学形态是与其特定的历史境遇大致匹配的，而不能超越出历史而孤立存在，尽管理论的超前性和后代阐释并不能否认。但无疑，理论的阐明是要与社会生活的发展相互契合的，否则就必然导致理论与现实关系的某种错置。美学理论形态也是一样，当代社会生活的发展趋势也相应地要求它给予新的阐释。

从艺术与生活的关系看，其实，新的文化现象出现在两个方面——“艺术的生活化”和“生活的艺术化”。一方面是艺术日益在向日常生活靠近，艺术与非艺术的界限变得模糊；另一方面则是日常生活在逐渐向艺

术靠近，逐渐变得趋向于审美化。①

所谓“艺术生活化”表现在：1915 年至 1922 年充分展开的“达达主义”(Dadaism)和随后来临的“超现实主义”(Surrealism)艺术，直至 20 世纪 70 年代后出现的诸种“后现代艺术”(Postmodern art)形式里，任何日常生活用品都可能以审美的或非审美的方式来加以呈现。其实，早在 1895 年，凡·德·维尔德就曾提出“艺术与生活之间的真正结合”的希望，直到 20 世纪初叶未来主义(Futurism)的现代派提出“我们想重新进入生活”的纲领性主张，都在实践着艺术向生活的转化。尽管，未来主义、达达主义、超现实主义还是“艺术化的反艺术运动”，还属于现代派的精英文化领域，但后现代主义艺术却试图打破精英文化与大众文化的界限。也可以说，这两种趋势在后现代的历史阶段那里得到了某种程度的合流和并置，在那里，艺术与日常生活之间的界限开始坍塌了。

首先来看艺术的发展，也就是来看一看“艺术生活化”是如何发展而来的。如前所述，艺术在古希腊人那里仍内在于“技艺”之中，即蕴含在现实生活之中，而作为“技艺”一词的古希腊语“technē”就具有这样广义的内涵。古希腊的“七艺”(语法、修辞、逻辑、算术、几何、天文、音乐)中其实并没有而今绘画和文学的地位，今天所谓的“艺术”只是在欧洲近代之后才逐渐独立出来的。可以说，艺术的“史前史”还是归属于原始生活的，或者说，“前艺术”的东西仍潜伏在生活当中。但在文艺复兴之后，艺术在走向独立成熟的过程中，却逐渐与生活绝缘了。尤其是欧

① 中国学者直接将“审美文化”就界定为“艺术与生活融为一体的文化”，认定审美文化本身就具有“生活走向艺术与艺术走向生活”的特质，参见聂振斌、滕守尧、章建刚：《艺术化生存：中西审美文化比较》，成都，四川人民出版社，1997。

美“现代主义艺术”(Modernism art)运动，更是将这种艺术与生活的绝缘推到了一定的高度。但是，在现代主义艺术内部却同时出现了另一种边缘化倾向，这种倾向在后现代时期被延展和标举出来，人们或许意识到艺术与生活割裂得太久，相应就出现了这样的新趋势：艺术回到生活。

西方艺术史上有个著名的个案，那就是杜尚(Marcel Duchamp)在1917年将小便器命名为《喷泉》提交到艺术博物馆要求展出。这是一个具有革命性意义的先锋艺术行为，它显然突破了传统艺术品的观念，直接将来自现实生活的日常物品纳入艺术系列之中，激进地要打破非艺术与艺术的分界。今天，“杜尚难题”已经成为西方理论界的公案，人们从此对艺术与非艺术的关系问题争论不休。当然，对杜尚的解释也是多样的，如法国理论家莫尔斯(Moles)就指出“艺术作品不复存在，存在的唯有艺术情境”。或者说，艺术的情境使得日常生活变成了审美对象。但这类只是退了一步的说法，还是将“艺术情境”与日常生活分离了，似乎进入“艺术情境”的东西都能成为艺术品了，但“艺术情境”又是什么呢?对它的界定还是要追问何为“艺术”及其与非艺术的划界问题，这种保守的解释显然并未认识到艺术与生活关系这个根本难题。

“当代艺术不仅扰乱了艺术自主性的领域并抛弃了艺术的传统经验，而且同时也寻求重新恢复艺术与其所处的社会和文化环境的联系，以此来解决‘生活和艺术’的著名争论……当代艺术如此渴求‘生活的基础'……因此就历史学家而言新的注意焦点转向了艺术与生活的'接缝'处。"[①]实际上，"杜尚难题"为我们提出的就是艺术与生活的再度关联的问题，这才是难题的根本症结所在。的确，从总体上说，当代艺术形态已经大不同前了，按照传统美学的理解，纯粹的艺术品自从被即时即地的创造起，就成为独一无二的本真存在，就在头上戴上了艺术的灵光圈——本雅明所谓的"光晕"(Aura)——"在一定距离之外但感觉上如此贴近之物的独一无二的显现"，[②] 艺术品的不可复制就有如天才之不可模仿。但在当代艺术里，无论是属于精英艺术类别的后现代艺术，还是属于"大众文化"(Mass Culture)的那种文化形态，都在对艺术的本真价值提出质疑。"光晕"的确在现代社会被逐渐消磨着，甚至在有些方面完全消失。

这里，"杜尚难题"又引发出黑格尔后的"二次艺术终结论"，它亦直接关系到艺术与生活的关系，该理论的代表人物是美国哲学家阿瑟·丹托(Arthur C. Danto)。[③] 一般来说，西方学界的艺术终结论都将功绩归

---

① ［德］汉斯·贝尔廷等：《艺术史终结了吗?》，常宁生编译，320页，长沙，湖南美术出版社，1999。

② ［德］W. 本雅明：《机械复制时代的艺术作品》，王才勇译，57页，杭州，浙江摄影出版社，1993，"光晕"(Aura)在此译为"韵味"。

③ 参见刘悦笛：《病树前头万木春——评"艺术终结论"与"艺术史终结论"》，载《美学》2002年第10期。丹托的艺术终结论除了被翻译过来的《艺术的终结》(原来的书名应翻译为"艺术的哲学剥夺")之外，他的基本观念及其较新发展还可参见：Arthur C. Danto, *After the End of Art*, Princeton University Press, 1997; Arthur C. Danto, *The Wake of Art: Criticism, Philosophy, and the Ends of Taste*, The Netherlands, 1998; Arthur C. Danto, *Philosophizing Art*, University of California Press, 1999。在丹托之后，艺术终结问题成了欧美学界的热点，人们或者质疑抨击之，或者试图发展之，参见：*The End of Art and Beyond : Essays after Danto*, edited by Arto Haapala, Jerrold Levinson, and Veikko Rantala, Singapore Humanities Press, 1997。

于杜尚的启示，比如这种说法：“从艺术的角度说，美学是危险的，因为从哲学的角度说，艺术是一种危险，美学则是为它办事的代理人，这种想法，我归功于杜尚。”[①]同时，为这种艺术终结论提供理论背景支撑的，是在欧美占据主流的分析美学。其代表人物肯尼克(W. E. Kennick)早在1958年发表的著名论文《传统美学是否基于一个错误?》中，就曾指出传统美学所探究的就是“传统逻辑语言所说的艺术和美的定义”[②]，而对这种假设的质疑只是一个错误，美学理应做的是澄清语言运用的混乱，要追问界定艺术的语言这一根本问题。但到了后期分析美学那里，这种美学虚无主义倾向有所弱化，人们将维特根斯坦的“家族相似”概念应用到艺术定义中，认为艺术是个开放性的概念，甚至如当代美学家乔治·迪基(George Dichie)援引丹托的“艺术界”(artworld)理论，认定艺术作品是由某种社会“惯例”(institution)所赋予的，从而形成了著名的“艺术惯例论”(the Institutional Theory of Art)。但是，在我们看来，这种将艺术范畴“开放”得如此宽泛的做法，或者将艺术归结为社会惯例，其实只是面对艺术与生活相契合的一种折中的解决方案。

当代艺术向生活的蜕化趋势，这是不可否认的，是历史的“大势所趋”。而未来的艺术会不会消亡呢？也就是说，艺术是否能与人类生活相始终呢？虽然人们屡次宣称了艺术的终结，但艺术却始终存在着。可以假设和推测：假如艺术真的要终结，那它的终结之处可能仍在于生

① ［美］阿瑟·丹托：《艺术的终结》，欧阳英译，12页，南京，江苏人民出版社，2001，亦可参见第13～15页。

② Matthew Lipman, *Contemporary Aesthetics*, Boston: Allyn and Bacon, 1973, pp. 219-234.

活，只要人类还继续生活的话。而今我们所见的艺术的最新发展趋势，或许只是艺术向生活复归的一个“历史环节”而已。

再来看“生活艺术化”的方面，也就是看一看日常生活是如何被逐渐审美化的。当代社会文化的一个发展趋势就是：审美与日常生活的同一，特别是“大众文化”在人们日常生活中无所不至地蔓延。这已为后现代主义者所普遍关注。所谓“生活艺术化”则主要是就越演越烈的大众文化而言的。这种“生活艺术化”主要包括三种总体趋势：

首先，大众审美文化在日常生活中的泛化，从而形成了一种艺术化的现实生活。这里就存在一种“拿来趋向”，即大众文化对精英文化的借用。一方面，大众文化的制造不仅是对大众文化产品的直接生产，而且还有对精英文化的“再生产”，许多精英文化的特殊形式为大众文化所利用。从另一方面看，精英文化也在不失精英基点的前提下，设法与大众文化接壤，在导引大众与贴近大众文化之间达到最佳平衡点。所谓“雅俗共赏”就是这种趋向的外在表现。

如此观之，实用主义哲学家杜威在1934年出版的《艺术即经验》(*Art as Experience*，1934)一书中所预言的“流行艺术一定能繁荣”[①]，在现时代终于开始实现了。按照杜威的理解，诸如古希腊雅典帕台农神庙这样的被视为经典的伟大艺术品，在它的生产之初，并不是被供奉为今天所说的“艺术品”的，而是在那个“神人共存”的时代与古希腊人的生活发生着极为密切的关联。换句话说，在现代意义上的以大写字母“*A*”

---

① John Dewey，*Art as Experience*，New York：The Berkley Publishing Group，1934，p. 187.

开头的“大写的艺术”(Art)发生之前，艺术与生活仍是具有最原本的亲密关联的。然而，随着艺术自律论和主体性美学的发展，在这种“大写的艺术”出现的同时，“小写的艺术”即以小写字母开头的艺术(art)相对而出。这样，“大写的艺术”为少数有教养的人所垄断，而更多的大众只能去寻求低俗的替代品，也就是“小写的艺术”。大众从此与“大写的艺术”告别，“小写的艺术”也失去了品位。在大众文化兴起的时代，大众审美文化与精英审美文化、“小写的艺术”与“大写的艺术”之间的沟壑则趋向于被填平。在这里，所谓“大众文化”就是市场经济社会中，由文化产业生产、大众传媒传播、文化市场销售的，以都市大众为主要消费对象、体现大众生活方式、话语形式和价值追求的文化形态。① 大众审美文化就是“大众文化”的审美层面。这种文化具有“传播广泛化”和“受众大众化”的特点。一方面，大众审美文化产品迎合数量上占绝对优势、空间上无所不在的大众的口味，以报刊、广播、电视、互联网等现代大众传媒为载体，时刻向世界的每一个角落传播。大众文化传播的广泛性不仅在于其传播在空间上和时间上的无所不至，而且更在于其传播深入影响到大众的日常生活本身。另一方面，大众文化的受众是极为特殊的现代市场经济的群体大众，其数量众多、分布广泛、联系松散。而前市场经济社会，文化接受者是分等级的，有严格的地位与身份的区别与限制。大众文化的受众则打破一切等级、身份的界限，以无身份的区别、消费权利平等的大众为共同对象，大众由此获得了平等的审美权利而趋

---

① 王南湜、刘悦笛：《复调文化时代的来临：市场社会下中国文化的走势》，220～221页，石家庄，河北人民出版社，2002。该书认为，大众文化具有“生产工业化”“传播广泛化”“高度商品化”“受众大众化”和“品位通俗化”的特质。

于将自身的生活加以美化。

其次，先锋艺术和精英文化也积极介入大众文化，如波普艺术（Pop Art）对现实生活的照搬便是如此。这里便存在一种“倒回趋向”，即精英文化对大众文化的“倒戈”。与前一种趋向不同，这种趋向中知识分子基本扬弃了精英立场，自觉或被动地为世俗文化所吸纳乃至消化，成为大众文化的直接制造者或代言人。这种趋向的核心属性便是“非日常生活的日常化”。

但需要指出，就这一趋势而言，大众文化与精英文化还是有本质差异的。大众文化具有“高度商品化”的特质，大众文化产品主要是一种商品，是一种特殊的文化消费品。生产者注重的是生产需求与销售利润，消费者注重的是消费满足与购买价格。而市场经济社会中，大众文化从生产到交换再到消费，主要是一种商业行为、市场行为。可以说，大众文化是一种“消费文化”（consumer culture），它首先是“就经济的文化之维而言，符号化过程与物质产品的使用所体现的不仅是实用价值，而且还扮演着‘交往者’的角色；其次是在文化产品的经济方面，文化产品与商业的供给、需求、资本积累、竞争及垄断等市场原则，运作于生活方式的领域内”。[①] 也就是说，这里的大众审美文化不仅具有经济内涵（实用价值和市场原则），也具有日常生活（交往角色和生活方式）的文化意义。

再次，大众文化也吸纳着精英文化，如许多世界名画经过复制再绘出现在大众文化产品上，可以称这一趋向为“艺术的通俗化”。但由此便

---

① Mike Featherstone，*Consumer Culture and Postmodernism*，London：Sage Publications，1991，p. 84.

可能造成一种“误读趋向”，即大众文化对精英文化的“误读”。由于文化的异质与长期绝缘，精英文化与大众文化的彼此“误读”自然会产生。大众“自发”的文化从自身的需求出发，以一种庸俗且随意的态度来解读精英“自为”的文化观念，他们对精英文化的调侃与崇尚往往是并存的。

在表面上，这种自下而上的吸纳和摄取，就体现出大众审美文化的“品位通俗化”的特质。大众文化作为一种文化消费品，其品位的追求不再是重要的，重要的是满足大众的文化消费需求。面对修养各异但基本消费愿望相似的大众，大众审美的文化生产者为获得市场利润，必须把产品的品位定在一个平均的水平上，即通俗的水平上。而通俗的文化艺术作品是大众乐于接受的，市场将供需双方的要求很好地反馈和强化，于是通俗的品位便使得“生活艺术化”成为可能。

以上三方面共同构成了“生活艺术化”的整体趋向，它不仅与“艺术否定生活”论的走向恰恰相反，而且对康德美学的“审美非功利”原则、“无目的的合目的性”论都进行了质疑。正如布尔迪厄在《差别》(*Distinction*，1984)一书中所认为的那样(这本书的副标题就是“对趣味判断的社会批判”)，大众对文化作品的批判源起于一种和康德美学截然相反的“美学”(实际上就是一种大众感知方式)，大众美学是一种“自在的美学”。

当然，“生活艺术化”这种当代文化景观的形成，除了有赖于“大众文化”的兴起之外，随着历史发展，还要依赖当代“文化工业”的再生产。如此一来，大众文化就以其商业性和娱乐性消解了“审美非功利性”的诉求，文化工业则利用其“有目的的无目的性”[①]驱逐了康德美学的“无目的的合目的性”[②]。

这样，康德以来的欧洲美学传统就受到了作为“自在的美学”的大众美学的质疑。欧洲传统的“美学理论把超脱(detachment)与非功利(disintersetedness)看作识别艺术作品之为艺术——如自律性——的唯一途径，与此相反，‘大众审美观’忽视或拒绝‘轻率’(facile)介入及‘庸俗’(vulgar)愉悦的排斥，这种排斥是偏爱形式经验的基础。对绘画或摄影作品的大众审美判断源于这样一种‘审美观’[实际上，是一种精神气质(ethos)]：它恰好是康德审美观的对立面。为了把握审美判断的特性，康德力求将令人愉悦的东西与令人满足的东西区别开来，并且更一般地将非功利性——静观(contemplation)的特殊审美属性的唯一保证，与界定善(the good)的理性的利害感区别开来；相反，劳动阶级的大众却期待着每一形象都明显地发挥出一种功能——只需符号具有的功能就行，而且他们的判断常常明显地涉及道德规范或完美一致(agreeableness)。无论拒绝或赞赏，他们的欣赏总有着一种道德基础”[③]。

可见，尽管“审美非功利”在表面上摒弃了任何道德的诉求，但深究其实质，仍是建基于深层的伦理关怀的基础上的，或者说，“纯粹的审美观植根于一种道德观，植根于一种与社会及自然界的必然性保持一种

---

① [德]霍克海默、阿多尔诺(今译阿多诺)：《启蒙辩证法》，洪佩郁、蔺月峰译，148～149页，重庆，重庆出版社，1990。

② Immanuel Kant, *Critique of Judgment*, Cambridge: Hackett Publishing Company, 1987, p. 73.

③ [法]皮埃尔·布迪厄：《区分：鉴赏判断的社会批判》，黄伟等译，载《国外社会科学》，1994(5)。译文有改动。

可选择距离的精神气质”[①]。尽管“无目的性”看似是同任何实用目的绝缘的，但是这种“无目的性”却只是在特定的范围内适用的，大众的“自在美学”却拥有一种直接功利性的“合目的性”。

这是由于，康德美学始终持一种“贵族式的精英趣味”立场，这使得他采取了一种对低级趣味加以压制的路线，试图走出一条超绝平庸生活的贵族之路，从而将其美学建基于“文化分隔”与“趣味批判”的基础之上。的确，在康德所处的“文化神圣化”的时代，建构起以“非功利”为首要契机的审美判断力体系自有其合法性。但是，“雅俗分赏”的传统等级社会，使得艺术为少数人所垄断而不可能得到撒播，所造成的后果是，艺术不再与日常生活发生直接的关联。而在当代商业社会，不仅波普艺术这样的先锋艺术在照搬大众商业广告，而且，众多古典主义艺术形象也通过文化工业的“机械复制”出现在大众用品上。大众可以随时随地地消费艺术及其复制品，高级文化与低俗文化之间的沟壑似乎都被填平了。因而，审美的独立存在、自满自足性与大众文化的实用性相互对立，前者也就被后者相应地消解了。

与此同时，传统美学的“超越性”也被大众文化的世俗性、生活化消解——“将审美消费置于日常消费领域的不规范的重新整合，取消了自康德以来一直是高深美学基础的对立：即‘感官鉴赏’(taste of sense)与‘反思鉴赏’(taste of reflection)的对立，以及轻易获得的愉悦——化约为感官愉悦的愉悦，与纯粹的愉悦——被清除了快乐的愉悦(pleasure purified of pleasure)对立。纯粹的愉悦天生容易成为道德完善的象征和

---

① [法]皮埃尔·布迪厄：《区分：鉴赏判断的社会批判》，载《国外社会科学》，1994(5)。

衡量升华能力的标准，后来界定真正合乎人性的人。源自这种审美区分的文化是神圣的。文化神圣化（culture consecration）的确赋予它触及的物体、人物和环境一种近似于化体（transubstantiation）的本体论意义上的提升。”①传统美学的趣味分层，造成了雅俗分圈即高雅文化与通俗文化、高级文化与日常文化、精英文化与大众文化的绝对分殊。由此而来，艺术同科学、哲学一样，作为人类知识的对象化已经具有了独立地位，“它们不再与我们的日常生活和整体的直接利益具有任何直接的关系”②，这显然忽视了艺术与生活的本然关联。

而且，大众文化的“机械复制”（mechanical reproduction）及商业性对艺术的本真价值也提出质疑。按照传统美学的理解，纯粹的艺术品是不可复制的，否则就是赝品。但在文化工业的生产流程中，为数众多的按既定模式批量生出的“拷贝”艺术品取代了原创品的存在，并在流通里同接受者融合出崭新的意义。这样，艺术的本真价值、艺术的真实性（与赝品的关系）、艺术与技术的新型关联等问题，都对传统美学观念提出重重诘难。此外，传统美学的“审美距离”与大众文化的“距离的销蚀”，传统美学的“阐释深度”与大众文化的“平面化”，“封闭的文本”与“开放的文本”等，也都构成了一系列的对立。

综上所述，无论是“生活艺术化”还是“艺术生活化”的历史趋势，都对欧洲传统的美学观念提出了挑战，这就需要当代美学重新调整方位来

---

① [法]皮埃尔·布迪厄：《区分：鉴赏判断的社会批判》，载《国外社会科学》，1994(5)。

② [匈]阿格妮丝·赫勒：《日常生活》，衣俊卿译，107页，重庆，重庆出版社，1990。

加以重建。

在历史性的视角中，从艺术与生活的原始的“天然合一”，到艺术与生活在近现代社会的“彼此分离”和“相互割裂”，再到未来社会中艺术与生活可能“走向同一”的总体走势来看，当代的“生活艺术化”与“艺术生活化”应该是一种“将来完成时”，或许，我们刚刚进入这种历史趋势方兴未艾的“进行时”阶段。

第二章 | 当代审美泛化："后现代"的美学特质

我们发现一种双重运动：一方面，他们直接对艺术作品提出挑战，渴求解光晕化的艺术……另一方面，对艺术的消费可以实现在任何地方，并且任何事物都可以成为艺术消费品。

——费瑟斯通《消费文化与后现代主义》

"大众审美"是以肯定艺术与生活之间的连续性为基础的，后者意味着形式服从功能……美学理论则把超脱与非功利看作识别艺术作品之为艺术——如自律性——的唯一途径。

——布迪厄《区分：鉴赏判断的社会批判》

当前的审美泛化既不应当不加审度就作肯定，也不应不加审度就作否定……如果来看这一深层的审美泛化，那么我们关注的就是一种似乎不可否认的审美化形式。它的非基础主义，构成了我们的当代“基础”。

——韦尔施《重构美学》

一、当代文化的“超美学”转向：“日常生活审美化”

从“后现代”的视界观之，当代“审美泛化”(Aestheticization)构成了其最重要的美学特质。换言之，行至“后现代”的历史阶段，“生活艺术化”的历史趋势主要呈现为——“日常生活审美化”(the aestheticization of everyday life)，而“艺术生活化”的趋势则主要转化为——“审美日常生活化”。

换言之，这种归属于后现代时代的“审美泛化”包含着双重运动的过程：一方面是“日常生活审美化”，另一方面则是“审美日常生活化”，前者是就后现代文化的基本转向而言的，后者则是就后现代艺术的大致取向来说的。但这两方面并不能如大多数人所见那样是一而二、二而一的。无疑，当英国社会学家迈克·费瑟斯通(Mike Featherstone)试图将一切审美泛化现象都在“日常生活审美化”中一网打尽的时候，却相对忽视了“审美日常生活化”恰恰与“日常生活审美化”是两种逆向的运动过程，这在下面还要论述。

先谈日常生活的“泛”审美化的后现代文化趋势。

简单说来，所谓“日常生活审美化”[①]，就是直接将“审美的态度”引

① Mike Featherstone, *Consumer Culture and Postmodernism*, London: Sage Publications, 1991, pp. 65-72.

进现实生活，大众的日常生活为越来越多的“艺术的品质”所充满。“尽管艺术明显地给审美倾向提供了最广阔的空间，但是，没有一个实践领域不贯穿着将基本需要与原始冲动加以净化、优雅化以及理想化的宗旨，没有一个领域不存在生活风格化(stylization)，即形式压倒功能，方式压倒内容，产生同样的效果。没有什么比这样的能力更独特或更为卓越的了：把审美特性授予原本平庸甚至‘粗俗’的客观事物(因为这些事物是由‘粗俗’的人们自己造出的，特别是出于审美目的)，或者将‘纯粹的’审美原则应用于日常生活中的日常事物，比如烹饪、服装或装饰，彻底改变将美学附属于伦理学的大众倾向。”①

如是观之，在大众日常生活的衣、食、住、行、用之中，“美的幽灵”便无所不在——外套和内衣、鞋子和帽子、锤子和剪刀、羹匙和筷子、高脚杯和盛酒瓶、桌椅和床具、电话和录音机、电视机和音像设备、手机和计算机、自行车和汽车、霓虹灯和广告牌——无不显示出当代审美的泛化力量。显然，当代设计文化在其中充当了“急先锋”。在这种被“设计”出来的审美文化中，所强调的是，任何日常生活用品都可能以审美的方式来加以呈现及传统的高雅趣味向现代的大众审美风俗的转换，这在精英文化与大众文化都在“跨越边界、填平沟壑”的后现代时代的确大行其道。这样，现代设计所覆盖的领域就被无限拓展开来，从时装、美容的身体包装，到工业设计、工艺品和装饰品的外在成品，从室内装潢、城市建筑、都市规划的空间结构，到包装、陈列和编辑图像的

① [法]皮埃尔·布迪厄：《区分：鉴赏判断的社会批判》，载《国外社会科学》，1994(5)。译文有改动。

视觉表象，都体现出一种对日常生活的关怀。

这是由于，在后现代的境遇里，当代设计本身实现了根本的转变。从"设计哲学"的眼光看，按照理想的模型，本来的设计形态就是"物"与"型"之间的互动和交流，这也是历史中最"源本"的设计形态。许多原始时代的物品及其工艺，被今人认为是"美的"或称之为"艺术"，其实是从现代视野中返观后的"误读"。原始造物本是介于"物"与"型"之间的，并没有纯然"美"的维度出现。近代的设计形态则出现了变化，"美"的维度加入了进来，形成了"物""型""美"的三角关联，它们之间都是相互交流和彼此作用的，而且三者基本上是"三位一体"地整合在一起的。与此同时，"物"与"型"的关系还是更为基本的关系，"美"基本上是由"物"的本质与"型"的形式"相符"而生成的。然而，后现代时代，设计活动却日渐脱离了实际存在的"物"，这时的"设计在全然不见'物'的世界里，追求纯'型'的、抽象的'美'——剩余装饰、流行、为样式而样式"。①

这意味着，后现代的设计形态出现了"巨变"。首先是"物"被排除在原本的三位一体之外，成为外在于设计形态本身的事物，只能间接地和潜在地与设计形态本身发生关联。其次，"流行"的维度出现，并取代了"物"的基础地位，在很多时候往往成为被追求的目标。这亦是一种设计形态的根本性的变异。最后，"美""型""流行"成了相互关联、相互交流的三个基本元素，纯"型"的、抽象的"美"被抬升到至关重要的位置上。大众生活的表面美化，正是背靠这种设计的最新演变趋势之下而形

---

① ［日］大木武男：《设计的哲学》，见［日］大智浩、佐口七朗编：《设计概论》，张福昌译，49页，杭州，浙江人民美术出版社，1991。

成的。

同时，通过审美化的设计之途，不仅普通大众的日常生活及其周遭环境得到了根本改观，而且，就连人自身，或者说是只能属于每个自己的“身体”(body)，也难逃大众化审美设计的捕捉。君不见，在当代社会里面，从“美发”“美容”“美甲”再到“美体”，皆为直接对身体的审美改造，甚至依赖于整容而造就的“人造美女”到底能不能参加“选美”这样的社会问题在中国也出现了。当然，当设计的对象转向“主体”自身的时候，就不只包括对人的外观的物性设计，而且还包括对“灵魂、心智的时尚设计”，这也便是德国哲学家沃尔夫冈·韦尔施(Wolfgang Welsch)所描述的人们不只在美容院和健身房“追求身体的审美完善”，而且，还在冥思课程和托斯康尼讲习班中“追求灵魂的审美精神化”。[①] 或者说，“消费文化中对身体的维护保养和外表的重视提出了两个基本范畴：内在的身体与外在的身体”[②]。这两方面都指向了一种所谓的“美学人”(homo aestheticus)的存在，即指向了一种柏拉图原初意义上“美的灵魂”与“美的身体”兼具的完善的人的状态，尽管这种完善并不能掩饰其原本就具有的虚假色彩。

此外，在这种大众的日常生活的表面审美化当中，随着文化与经济的相互接合，文化工业和文化产业(及创意产业、内容产业)都在其中产生了重要的推动作用。[③] 阿多诺晚年所写的《文化工业再思考》(1975)一

---

① Wolfgang Welsch，*Undoing Aesthetics*，London：Sage Publications，1997.

② [英]迈克·费瑟斯通：《消费文化中的身体》，见汪民安、陈永国编：《后身体：文化、权力和生命政治学》，324页，长春，吉林人民出版社，2003。

③ 参见李怀亮、刘悦笛主编：《文化巨无霸：当代美国文化产业研究》，广州，广东人民出版社，2005。在此恕不赘言。

文中，就此认为"大众并不是衡量文化工业的尺度，而是文化工业的意识形态，尽管文化工业自身如果不适应大众就基本上不可能存在"[①]。从"生产—传播—消费"这几个相互连接、相互作用的环节来看，"生产的工业化""传播的媒介化"和"消费的市场化"构成了文化工业的"主体构架"。[②] 当然，"大众文化被纳入'文化工业'模式"后，大众文化就加速并加剧了"'日常生活的审美化'(the aestheticization of everyday life)的现实趋势……这种趋势就总体而言，主要就是大众审美文化的泛化……从而形成了一种艺术化的现实生活"。[③] 当这种经济动力的要素介入后，显然会进一步推动"大众对自身与周遭生活越来越趋于美化的装扮"。

我们可以从中发现，审美化"消费生活"的真正焦点和融生活入"审美愉悦"的需要，与日常大众消费的发展、对新趣味和情感的追求、明晰生活风格的形成休戚相关，它们已成为"文化消费"与"消费文化"的核心。从审美的角度看，"'大众审美'(此处的引号表示这是一种'自在'而非'自为'的审美观)是以肯定艺术与生活之间的连续性为基础的，后者意味着形式服从功能……大众趣味(taste)将适于日常生活环境的各种精神气质图示用于正统艺术作品，因而进行了对艺术事物向生活事物的系

---

① T. W. Adorno，Culture Industry Reconsidered，*New German Critique*，6，Fall 1975，pp. 12-9.

② 王南湜、刘悦笛：《复调文化时代的来临：市场社会下中国文化的走势》，226～231 页，石家庄，河北人民出版社，2002。

③ 同上书，240 页。

统化约”，[①] 从而积极地推动了“日常生活审美化”的进程。

如此观之，“日常生活审美化”起码还可以做出这样的区分，一种是“表层的审美化”，这是大众身体与日常物性生活的“表面美化”(后来还有文化工业来推波助澜)，就好似尼采眼中“美化个体化原则的守护神”阿波罗，他伸张和放大着“梦”境的幻觉外观，为一切的生活都蒙上了一层静穆和唯美的摩耶面纱。可见，如果单就“物性”的一面而言，在后现代文化的视野里，审美消费可以在任何时空中实现，任何东西都可能成为审美消费物，这便是“日常生活审美化”所能达到的极致状态。但还有一种“深度的审美化”，这种审美化应该是深入到了人的内心生活世界，因为，外在的文化变迁总是在慢慢地塑造和改变着大众的意识、精神、思想乃至本能，“深度的审美化”由此不可避免地出现了。

按照这种区分，“表层的审美化”主要就是一种“物质的审美化”，对应而言，“深度的审美化”主要就是一种“非物质的审美化”。当然，这两方面的审美化之间还存在一个“过渡”的广阔地带，并不是断然分为两极的，如冰山般的“表层的审美化”露出海面的部分往往属于“深度的审美化”，“深度的审美化”亦是以“表层的审美化”作为现实根基的。

两者基本的差异在于，“深度的审美化”具有明显的大众与精英之间的“文化区隔”，或者说是在雅俗分化的不同社会群体中得以实现的。比照之下，如果说“表层的审美化”更多是要跨越精英文化与大众文化的边界的话，那么，“深度的审美化”则显然又可分为两种：一种是囿于精英

① [法]皮埃尔·布迪厄：《区分：鉴赏判断的社会批判》，载《国外社会科学》。1994(5)。译文有改动。

层面的“深度的审美化”，另一种则是仍归属于大众的“深度的审美化”。当然，就每个精英的个体而言，他不仅可以过精英的生活，也可以过大众的生活，这两种生活也不是截然分开的，但反之大众却只能过属于大众的“深度的审美化”的日子。

在精英文化的层面上，除了一般知识分子的类似诉求之外，“深度的审美化”特别显现为少数哲学家们所寻求的独特的“审美的生活”。这在三位哲学家那里展现出来，一位是将古希腊伦理直接视为“生存美学”的福柯，一位是主张“审美化的私人完善伦理”的理查·罗蒂(Richard Rorty)，另一位则是直接就将自己的生活“过成”美学的路德维希·维特根斯坦(Ludwig Wittgenstein)。于是，他们都可以被称为“生活美学的大师”，他们不仅在学理上实践着一种避免思辨传统、回到生活界域的突破，更重要的是，他们在自己的现实生活中也在努力实现着这种原则。尤其是罗蒂，他直接将“后现代伦理”转化成了一种“生活艺术”，明确倡导“审美生活”作为善的生活的典范，就此而言，“审美满足、自我丰富和自我创造，不仅通过生活中实际试验来追求，而且通过采用‘新的道德反省语汇’的更胆怯的选择来追求，以便用一种更新鲜的吸引力和更丰富的方式塑造我们行为和自我形象的特征”。[①] 这种思想上的深度取向，倒与中国传统文人中所追求的“人生艺术化”颇有几分类似，但是后者显然是在更为深厚的儒家伦理基石上构建起来的。

---

① [美]理查德·舒斯特曼：《实用主义美学》，彭锋译，317页，北京，商务印书馆，2002。

在大众文化层面上，这种“深度的审美化”更与“拟象”(Simulacrum)文化的兴起息息相关，大众也在通过视觉接受这种文化对自身的“塑造”乃至“改造”。让·鲍德里亚(Jean Baudrillard)曾创建了一套“拟象理论”，其主旨就在于要从历史序列的角度，为这类“后现代文化”设定一个坐标系。在《符号交换与死亡》(*L'échange symbolique et la mor*, 1976; *Symbolic Exchange and Death*, 1993)这本极具创造性的名著里，鲍德里亚提出了“拟象三序列”(The Three Orders of Simulacra)说。他认为，拟象的三个序列与价值规律的突变相匹配，自文艺复兴时代以来依次递进：

①仿造(counterfeit)是从文艺复兴到工业革命的“古典”时期的主导模式；

②生产(production)是工业时代的主导模式；

③仿真(simulation)是被代码主宰的目前时代的主导模式。①

第一序列的拟象遵循“自然价值规律”。比如，在工业革命之前，艺术品的仿制只能通过手工制造的方式来完成，从一幅画临摹成另一幅画，这是并不破坏自然规律的模仿，这种“仿造”只能在原作之外增加“赝品”。那个时代的形象的复制只能如此。

第二阶段的拟象遵循“市场价值规律”。工业革命之后，由于机械化大生产方式的出现，艺术形象的复制就可以采用机械制造的方式，比如古典主义的名画可以通过印刷术来翻制，这也就是本雅明所说“机械复

① Jean Baudrillard, *Symbolic Exchange and Death*, London: Sage Publications, 1993, p. 50.

制时代”的艺术生产方式，[①] 市场规律这只“无形的手”在其中起调控作用。

第三阶段的拟象遵循的则是“结构价值规律”。行至现时代，以“互联网”为标志的知识经济时代已经来临，任何艺术形象都可以被转化成影像在网上传播，这些被无限复制的“拟象”，已成为可以被简约为0和1二进制的符码，“仿真式”的拟象开始在历史中脱胎而出并占据主宰。在鲍德里亚的眼里，第三阶段的“拟象”，主要用以描述后现代社会出现的一种“图像转向”(the pictorial turn)或“视觉文化转向”(the turn of visual culture)。

“日常生活审美化”的最突出呈现，就是仿真式“拟象”在当代文化内部的爆炸。当代影视、摄影、广告的图像泛滥所形成的文化事实，提供给大众的视觉形象是无限复制的影像产物，从而对大众的日常生活形成包围。这些复制品由于与原有的模仿对象发生了疏离，所以就成了一种失去了摹本的“拟象”。它虽然最初能“反映基本现实”，但进而又会“掩饰和歪曲基本现实”，最终“掩盖基本现实的缺场”，不再与任何真实发生关联。[②] 这种诉诸视觉化的文化由“眼”而入直接塑造着人“心”。于是，“拟象”创造出一种“第二自然”，大众沉溺其中看到的不是现实本身，而只是脱离现实的“拟象”文化。如此一来，“拟象”世界与观众之间的距离被销蚀了。“虚拟真实”与“实存真实”区分的抹平，带来的正是一

---

① 参见[德]W. 本雅明：《机械复制时代的艺术作品》，王才勇译，杭州，浙江摄影出版社，1993。

② Jean Baudrillard，*Simulacra and Simulation*，Ann Arber：University of Michigan Press，1994.

种“超现实”(hyperreality)的镜像。[①]

这种由审美泛化而来的文化状态，被鲍德里亚形容为“超美学”(Transaesthetics)，也就说艺术的形式已经渗透到一切对象之中，所有的事物都变成了——“审美符号”。[②]

质言之，在鲍德里亚的视野内，后现代审美文化的最核心特质在于：“拟象”与真实之间的界限得以“内爆”，一切都笼罩在“审美的灵光圈”之下，后现代的文化现实由此而成为“超现实”的，不仅真实本身在“超现实”中得以陷落，而且，真实与想象之间的矛盾亦被消解了。

同时，“拟象”与大众之间的距离也被销蚀了，由于“拟象”已内化为观众自我经验的一部分，幻觉与现实混淆起来，审美的魅力由此无所不在。毫不夸张地说，生活在这种“拟象”所环绕包围的世界内，“我们的世界起码从文化上来说是没有任何现实感的，因为我们无法确定现实从哪里开始或结束”[③]。在文化被高度“拟象化”的境遇中，大众只有在当下的直接经验里，体验时间的断裂感和无深度感，实现“日常生活的审美化”。这样，传统意义上的艺术世界就基本得以终止，从而转化为一种对大众日常生活形成合围的一个个分散的“超现实”世界。当无孔不入的“拟象”进入文化生产与再生产环节的时候，即使是最为日常和平凡的现实，都可能被投入“审美符号”之中而成为审美的。

---

① Jean Baudrillard, *Symbolic Exchange and Death*, London: Sage Publications, 1993, pp. 70-76.

② Jean Baudrillard, *Transparency of Evil*, London: Verso, 1993.

③ [美]詹姆逊(今译杰姆逊)：《后现代主义与文化理论》，唐小兵译，200页，西安，陕西师范大学出版社，1987。

这类符号之所以能铺天盖地地笼罩大众的生活空间，侵占大众的生活时间，从更深层的原因看来，这是社会结构的变迁造成的。在后现代社会里面，“要成为消费的对象，物品必须成为符号”，这种身份的转换，也使得人与人间的关系都“变成了消费关系”，[①] 这是鲍德里亚在《物体系》(*Le Systéme des objets*，1968；*The System of Objects*，1996)里面的预言。或者更极端地说，“商品完全被当作符号，被当作符号价值，符号则被当成商品”[②]，这是鲍德里亚在《符号的政治经济学批判》(*Pour une critique de l'economie du signe*，1972；*For a Critique of the Political Economy of the Sign*，1981)中提出的。就学理而言，鲍德里亚还吸收了福柯等人的后结构主义观念，其理论的内在构架是这样的：[③]

交换价值(Exchang-Value)——能指(signifier)

———————————— ——————— 符号交换

使用价值(Use-Value) ——所指(signified) (Symbolic Exchange)

在鲍德里亚看来，一方面，在现代消费社会，“所指的价值”取消了，也就是说，符号形式所指向的“真实”的内容已经荡然无存，符号只进行内部交换，不会与真实互动；另一方面，劳动力与生产过程也发生了类似的变异，所有终极生产内容均告消逝，生产只能发挥一种符号的

---

① [法]尚·布希亚(今译为鲍德里亚)：《物体系》，林志明译，223页，上海，上海人民出版社，2001。

② Jean Baudrillard, *For a Critique of the Political Economy of the Sign*, St Louis: Telos Press, 1981, p. 218.

③ Jean-Claude Girade, "*Toward a Politics of Signs: Reading Jean Baudrillard*", *Telos*, No 20, 1974, p. 137.

代码或编码的功能，同时，货币和符号、需要和生产目的、劳动本身也都成为悬浮的了。前一方面是“符号真实指涉”的终结，后一方面则是“生产真实性的真正终结”。[①]

在这个意义上，鲍德里亚才最终认定：“这是劳动的终结，生产的终结”“能指—所指辩证关系终结”“使用价值—交换价值辩证关系的终结”“古典符号时代的终结，生产时代的终结”。[②] 所以，他悲观地提出，唯有死亡，才能无视和逃避这个为代码逻辑所支配的世界，[③] 逃避这个任何物都与其他物既等同又无关的世界。看来，“死亡的平等”所能规避的，似乎就是庄子表面意味上的“齐物”的宇宙。当代的大众却不能逃避这一世界，正如他们同样不能逃脱“审美符号”的宇宙一样。这种审美符号统领天下的“超美学”，一方面造成了“真实的终结”，从而进入“超现实”领域，另一方面带来了“艺术的终结”，因为艺术形式业已泛化到“无所不在”的地位从而也取消了自身。

总而言之，生活与审美的分化，只是近现代的产物，它同主体性美学的建构和一统直接相关，到了后现代时代，恰恰是弥合这种分化的时候了。借用英国社会学家斯科特·拉什(Scott Lash)的“分化/去分化”的三段论的发展逻辑来说，欧美社会从前现代、现代再到后现代社会的演化过程便是——前现代是“前分化”时代，现代是不断“分化”的时代，后

---

① Jean Baudrillard, *Symbolic Exchange and Death*, London: Sage Publications, 1993, pp. 6-7.

② Ibid., p. 8.

③ Ibid., p. 127.

现代则是“去分化”(dedifferentiation)的时代。① 在“去分化”的新的历史境遇里，三块主要的文化领域(艺术、科学和道德-法律)都失去了自主性，从而出现了相互渗透的趋势，高雅文化与通俗文化之间的边界也消失了，文化体系也趋向于反分化(生产者、产品和受众融合为一体)，甚至符号也直接成了现实本身。② 显而易见，“日常生活的审美化”在其中就是后现代“去分化”过程的一种美学表征，生活与审美不必也不再相互“分化”了，这是可以被基本确定的历史走势。

二、前卫艺术的“反美学”取向：“审美日常生活化”

“日常生活审美化”的另一面，或者说是反面，则是“审美日常生活化”。

如果说，“日常生活审美化”更多地关注“美向生活播撒”、关注美学

---

① Scott Lash, *Sociology of Postmodernism*, London: Rouledge, 1990, p. 11. 但也有相反的意见，比如克鲁克(Crook)、帕库尔斯基(Pakulski)和沃特斯(Waters)在《后现代化》(*Postmodernization*, 1992)一书中却认为现代文化是“过渡分化”，每个文件要素都成了独特的产品，并释放出强烈符号权力(symbolic power)的文化碎片，参见[澳]马尔科姆·沃特斯：《现代社会学理论》，杨善华等译，225页，北京，华夏出版社，2000。

② Scott Lash, *Sociology of Postmodernism*, London: Rouledge, 1990, pp. 11-12. 然而，我们与拉什的观念不同之处在于：拉什始终认为所谓“分化的过程”是在现代主义文化运动时期才得以呈现出来的，但实际上，如果单就审美与生活关系的历史演进来说，审美与生活、艺术与生活的分化，恐怕还要追溯到“主体性美学”开始占据主导的欧洲近代。当然，不可否认，在现代主义艺术那里，艺术对生活的“否定”达到了一个波峰的位置，与此颉颃，为现代主义艺术作理念论证的美学(如阿多诺所展现出的“反艺术”观念和对现代主义艺术“谜语特质”的痴迷)更高扬艺术对生活的激进否定。

问题在日常现实领域的延伸的话，那么，“审美日常生活化”则聚焦于“审美方式转向生活”，并力图消弭艺术与日常生活的界限。这在后现代艺术里面似乎都成了一个“公分母”，似乎不被这个原则整除一下，就不能称其为“后现代”的艺术。

需要特别指明，“日常生活审美化”与“审美日常生活化”并不是对同一过程的描述，而是对“当代审美泛化”的不同运动过程的各自的“深描”。沃尔夫冈·韦尔施在描述“当代审美化过程”当中，在一处并不起眼的地方，偶然提及了这种差异，但其实，我认为这种差异却是根本性的。他的意思本来是说，所谓“日常生活审美化”并没有实现“前卫派的延展和冲破艺术限制”的构想，这也是一些理论家内心的一贯理想，充其量这只是呼应了席勒的审美化主张或者德国唯心主义的系统规划等。① 的确，按照一般的理论想象，后现代艺术与大众文化终究是要“合流”的，艺术家们所追求的审美生活的“通俗化”就成为大众的审美文化，大众的审美也是艺术家们的“审美取向”在他们日常生活中的“平行位移”。

但事实并非如此。从表面上看，后现代艺术家们的艺术诉求虽然是越来越靠近了生活，但是，在他们的审美背后的深层考虑，却是与大众的理解千差万别的。也就是说，在大众的审美看来，“无往而不是艺术”，只要你投合了大众的审美需求，进入大众的期待视野之中，就是如此。反之，前卫艺术家的想法则是要将“原本不是艺术的东西”如何被“当作艺术”来理解”。于是乎，在大多数时候，大众并不理解前卫艺术

① Wolfgang Welsch, *Undoing Aesthetics*, London: Sage Publications, 1997, p. 3.

家们究竟在做什么，大众在面对前卫艺术回到生活的探索时，往往觉得“看不懂”“不可理喻”，甚至认为“这都是垃圾”。这正是由于大众的审美并没有脱离传统的审美方式的藩篱，而且往往是深深植根在传统审美当中的。换句话说，在人类审美方式的转换方面，大众的贡献仅仅是一方面的，前卫艺术家们的艺术实践则直接同审美方式的基本转换内在相通。

后现代的前卫艺术的基本诉求，就是“延伸艺术的概念”，“打破艺术的边界”，从而使“非艺术的”成为“艺术的”，建立一个逐渐拓展的“艺术界”。显而易见，这种前卫的诉求仍是“非大众化”的，尽管它早已规避了现代主义艺术那种咄咄逼人的精英立场，尽管它已被披上了大众化的闪闪发亮的外衣，但其“内”与“外”的基本取向恰恰是背道而驰的。

实际上，在艺术里面的“审美日常生活化”的历史，还可以“溯流而上”而向前继续追溯。进而言之，“将生活转化为艺术品”或“把生活伦理当作艺术”的这种美学蛊惑方案，早就在欧洲艺术史上出现了，开始的时间大致是在 19 世纪末。

从 19 世纪末到 20 世纪初的转折时代，欧洲整个艺术界处于转向现代的动荡时期。在艺术思潮上出场的“唯美主义”和“颓废主义”，在一些艺术家、知识分子和艺术爱好者那里得到了极大的追捧，[①] 与此同时，在生活上的“花花公子主义”(Dandyism)也逐渐赢得了市场，对着装打

---

① 关于唯美主义和颓废主义的艺术思潮及其对当时欧洲社会生活的影响，被威廉·冈特以一种栩栩如生的笔调描述了出来，似乎让读者们回到了历史的文化现场，参见[英]威廉·冈特：《美的历险》，肖聿、凌君译，北京，中国文联出版社，1987，第二章、第三章的相关内容。

扮、行为举止、个人习惯，甚至家居布置方面都在追求过分的美化，从波德莱尔所描述的欧洲、齐美尔对都市文化的深描，再到福柯的相关阐释里，都可以找到历史佐证。

尤其是独领风骚的“唯美主义”，以沃尔特·佩特(Walter Pater)在其专著《文艺复兴》(*History of Renaissance*，1873)中引用的“为艺术而艺术”(L' art pour l' art)一语而广为人知。乔治·摩尔(George Moore)较早便将个体情感和审美愉悦视为“最大的善”，佩特遂而将艺术作为“现代生活中唯一有趣的东西”。[①]“唯美主义”的信条，就是希望将“艺术的生活，或生活的艺术”二者等同起来，从而以追求一种理想的“纯真的美”为最好的人生职业，这样才能“脱离刻板的尘世的粗俗、种种哲学体系的正统说教和僵化的观点”。[②] 正因如此，被称为“唯美狂”的奥斯卡·王尔德(Oscar Wilde)才认定“人们如未见到事物之美，就不曾见到事物”，反而把尊重现实和道德的艺术说成是颓废的艺术，从而为唯美主义的终极追求开辟出坦途。

在艺术与生活之间，唯美主义者及其追随者们义无反顾地推崇艺术而贬抑生活。他们根本颠倒了传统美学“艺术—生活”就是“摹本—原本”关系的传统看法，而认定艺术才是生活的“原本”，从而将二者的关系彻底翻转过来。这样，生活非但不能成为艺术的先生，反而成了它的学生，“生活模仿艺术远甚于艺术模仿生活。这不仅是生活的模仿本能造

---

① [英]威廉·冈特：《美的历险》，肖聿、凌君译，142页，北京，中国文联出版社，1987。

② *A Dictionary of Modern Critical Terms*, edited by Roger Fowler, London: Routledge & K. Paul, 1987.

成的结果，也是由于这一事实：生活的自觉目的在于寻求表现；艺术为它提供了某些美的形式，通过这些形式，它可以实行它那种积极的活动"①。照此而论，先有伟大的艺术家塑造出了艺术作为典范，然后生活对之加以模仿，因此世界就成了艺术的必然模仿产物。

在现代主义艺术运动占据欧美艺术领域主流之后，这类"艺术转向生活"的既定方向仍为一些艺术流派所坚持，尤其是在先锋艺术运动里面，"艺术结合生活"形成了一波又一波的审美冲动。在未来主义的纲领性艺术文件里面，就包含着艺术"重新进入生活"的要点，"但是生活现在被理解为愠怒的混乱、狂暴的骚动，它不允许矫正、平复以及用艺术的标准来加以注解"，② 可见这种生活还是指一种艺术家所追求的"另类的"生活方式。同时，凡·德·维尔德除了提出艺术结合生活之外，还曾提出"艺术属于每个人"这样的独特主张。这不禁令人想起后现代"人人都是艺术家"的观念，这同回到生活的主张是内在相通的。按照他自己的话来说："我们不能允许艺术中的一种裂变"——如为艺术而艺术与实用艺术之间、为富人的艺术与为穷人的艺术之间的裂变——"其目标在于单方面地分给艺术中各种各样的表现形式和表达可能性中的一种以高于另一种的地位"。③

然而，未来主义艺术家虽然在理论上提出了这种要求，但是就其艺

---

① ［英］王尔德：《谎言的衰落》，见赵澧、徐京安主编：《唯美主义》，143页，北京，中国人民大学出版社，1988。

② ［德］沃纳·霍夫曼：《现代艺术的激变》，薛华译，48页，桂林，广西师范大学出版社，2002。

③ 转引自［德］沃纳·霍夫曼：《现代艺术的激变》，薛华译，47～48页，桂林，广西师范大学出版社，2002。

术实践来说，却没有更多地展现出他们是如何践行他们的理论的。但是未来主义的影响却无疑是巨大的，因为“未来主义不仅仅是冲向现代生活的一股浪潮，或一种学说。它将艺术和生活联系在一起，把生活设计成为一种力量”①，由此成了最早聚焦于生活的现代主义艺术流派之一。

从1915年开始的达达艺术运动则不然，因为它公开地质疑传统而举起“反艺术概念”的旗帜。当1913年“最富有反叛的达达精神”的杜尚在军械库展览会上展出《走下楼梯的裸女》的时候，就已经预示着他行将成为“现成艺术品”(ready-made)的“发明者”。具体来说，就在1914年，杜尚发明了“现成艺术品”，因为他直接将一个供出售的晾瓶架贴上了艺术的标签，也就是在艺术史上第一次将日常用品拿来直接当作艺术品。于是，杜尚这种艺术“造反精神”，就形成了一种独特的达达艺术纲领，也吸引了诸如汉斯·阿普(Hans Arp)、特里斯坦·查拉(Tristan Tzara)这样的达达派艺术家。这种“现成品成为艺术”的创生方式，在当时是直接对英国维多利亚女王时代美的观念的反叛，这样，“通过使艺术适合日常生活以及它的独特体验，艺术本身暴露在不可预见的法则所固有的风险之中，暴露在日常生活的偶然性，也就是生命力的戏剧之中”。②

但是，在后来的历史影响当中，杜尚的艺术革命却成为实现“美学革新”的艺术资源，“杜尚难题”则成为后来占据欧美主流的“分析美学”研究的核心命题之一。

---

① [法]雷蒙·柯尼亚等：《现代绘画词典》，卫衍贤译，116页，北京，人民美术出版社，1991。

② [德]沃纳·霍夫曼：《现代艺术的激变》，薛华译，158页，桂林，广西师范大学出版社，2002。

随后，达达派便逐渐成了一种传遍欧美世界的运动，"从苏黎世传到德国、然后到巴黎，在那里成为1924年诞生的超现实派的基础"①。接受了达达主义的基本精神，与达达派一样，超现实主义艺术家们也试图在他们的艺术创作、理论主张乃至生活方式中，试图抹杀艺术与日常生活的界限。"虽然超现实主义一开始就宣称自己是一场艺术运动，但它希望被看作一种生活哲学"，"它打破传统，摧毁表面的秩序，用使人惊奇的手段迫使我们注意"，② 从而在一定意义上关注到日常生活，重新来融入日常生活。

1950年可以被视为分界线。③ 纽约现代美术博物馆在这一年举办了题为"在你生活中的现代艺术"的展览。从此以后，现代主义与日常生活便发生了更紧密的关联。

尤其是在20世纪60年代之后，波普艺术以其"通俗的(为广大观众设计的)/ 短暂的(短时间解答的)/ 可消费的(容易忘记的)/ 便宜的/大批生产的"的品质(这是汉密尔顿的精妙归纳)，④ 成为大众文化的"同谋"。可以看到，大众日常生活的任意题材(特别是商业广告等)都堂而

---

① [美]萨姆·亨特：《二十世纪西方绘画》，平野译，6页，北京，中国国际广播出版社，1988。

② 《世界艺术百科全书选译Ⅰ》，304、306页，上海，上海人民美术出版社，1987。

③ 一般而言，欧美的艺术史研究总喜欢将1945年或者第二次世界大战结束作为一个新的艺术史的起点，他们认为1945年的欧美艺术构成了新的历史阶段，参见Edward Lucie-Smith，*Movements in Art Since* 1945，London Thames and Hudson，1969，1975，1984，1995；Jonathan Fineberg，*Art Since* 1940：*Strategies of Being*，London：Laurence King Publishing 2000。但是，从艺术与生活的张力而言，将1950年的这个立意明确的展览作为分界线，亦是有道理的。

④ 转引自[美]罗伯特·休斯：《新艺术的震撼》，刘萍君等译，303页，上海，上海人民美术出版社，1989。

皇之地进入了艺术领域。当安迪·沃霍尔(Andy Warhol)用丝网印刷的横竖排各5个好莱坞明星玛丽莲·梦露的"明星照"的时候，她们都被套以头发的黄色、双唇的红色和诱人的肤色，除了印刷造成的阴影色彩差异之外，这为数众多的梦露像几乎都是一样的，这件波普艺术品《25个有色的玛丽莲·梦露像》(1962)便以其亲和大众的姿态成为现代艺术史的经典之作。这样，似乎大众文化的渣滓、被贬值的消费商品都能成为艺术，波普艺术的分支也合流于大众文化，甚至被大众文化无情地利用。

然而，就整体而言，无论是未来主义、达达主义、超现实主义还是前期波普艺术，现代主义的先锋艺术仍是"艺术化的反艺术运动"，在这种精英艺术试验的内部，是不可能实现审美方式"生活化"的根本转向的。艺术要想真正地回到日常生活，还要待到后现代艺术成为主导的时代。

自20世纪60、70年代始，当代欧美的"前卫艺术"又以另一种"反美学"(Anti-aesthetics)的姿态，走向观念(conceptual art，观念艺术)、走向行为(performing art，行为艺术)、走向装置(installation，装置艺术)、走向环境(environment art，环境艺术)等，也就是在很大程度上回归到了日常生活世界，试图重新来努力恢复艺术与其置身其间的社会语境和文化背景的联系，在一定意义上，以此来解决"艺术与生活"这个仍未解决的历史性难题。

从理路上看，这种"反美学"所反击的还是康德美学传统，只不过与大众美学的反击的路数并不相同。因为，按照康德美学原则建构起来的审美领域与功利领域是绝缘的，它必然要求割断纯审美(艺术)与其他文化(非审美)领域的内在关联。在这种传统美学视野内，美和艺术的长处就在于其不属于任何实际的(如日用)和认识的(如科学)领域。然而，在后现代艺术里，从后波普艺术到激浪派艺术(Fluxus)，都最直接地将艺术与生活熔铸为难分难解的一体。如果这还不算的话，那么，行为艺术开始通过"身体"的运动而倡导一种"身体的美学"；环境艺术在大众生活的周遭环境中得以急遽生长；装置艺术并不拒绝"生活实用"领域的介入并介入到"生活实用"领域；甚至偶发艺术(Happening)还以激进的"反作品"(anti-work)观念而独树一帜；而以"非视觉性抽象"为核心的观念艺术也是可以纯理性认知的，这也就悖反了传统美学意义上"审美只能是感性"的观念。

随着"艺术界"的领地越来越被拓展开来，艺术也在逐渐消解和侵蚀着自身的存在。事实也正是如此，任何一个东西越不是"其他"的时候，它就越能是其"自身"而同"其他"区分开来，一旦"无所不是"这个东西的时候，那么，它本身及其"命名"都相应地要面临危机：它还能成其为"自身"吗?

这就关涉当代艺术的"地位"转换问题，前卫艺术在后现代的时段内的历史境遇问题。如果说，现代主义艺术还呈现出一种试图"以审美的形式表现日常生活"的倾向，那么，后现代艺术则往往以一种"非审美"的形式，来对艺术与生活加以融合，从而将人们的注意力最大限度地引到日常生活物品上来。前者的出现，还是同高雅文化和大众文化之间的界分是不可分的，后者的出场，则早就处于大众文化弥漫世界并消解了"雅俗之辩"的社会境遇当中。这样一来，被商品包围的高雅和精英艺术的特殊保护地位也便消失了。与此同时，20 世纪 60 年代之后，很多艺术也已经转移到了工业设计、广告设计和相关的"符号与影像的生产工业”之中。还有就是，从达达派、超现实主义到前卫艺术的许多创意策略和艺术技巧，它们已为消费文化中的广告和流行媒介所借用甚至取代。

同样，艺术家的“地位”也面临着动摇的危机。与主体性美学相关的19世纪以来的“天才”观念，早就在现代主义艺术内部遭到了质疑。到了“人人都是艺术家”的拒绝天才的后现代阶段，艺术家还有什么存在的价值吗？当然，前卫艺术家们仍在努力反对禁锢艺术本身的(如博物馆这种)“艺术体制”和(如学院这种)“学术机制”，他们或则真诚地热爱日常生活而将之加以展示，或则只是在艺术中对消费文化进行反讽性的模拟，都也无法挣脱“艺术市场”的规划。在当今的欧美的艺术领域里，特别是在纽约这种大都会中心，由于大公司及政府以艺术作为公众关系的桥梁，这就使“艺术市场”得到扩张。这样，随着“策展制”这类艺术习惯的出现，艺术工作者及相关职业人员急剧增加，策展人、艺术家和商人之间形成了新的三方关系，这更加导致了艺术家角色的显著变化。

如此一来，后现代艺术就与现代主义艺术形成了明显的对峙，对于艺术而言一系列重要的对立就在于：①

---

① 这本来是伊哈布·哈桑所列出的现代主义与后现代主义差异表，参见：Ihab Hassan，*The Dismemberment of Orpheus*：*Toward to Postmodern Literature*，New York：Oxford University Press，1982，pp. 267-268。但是，伊哈布·哈桑所列的这些差异并不都适用于后现代艺术(特别是对造型艺术而言)，这里选取的是适合的那些部分(比如它就适合于极少主义与后极少主义艺术之间的差异)，参见 Irving Sandler，*Art of The Postmodern Era*：*From the Late* 1960*s to the Early* 1990*s*，New York：Icon Editions，1996，p. 11。

现代主义艺术	后现代艺术
形式(关联的/封闭的)Form (conjunctive/closed)	反形式(分裂的/开放的)Antiform(disjunctive/open)……
设计(Design)	偶然(Change)……
艺术对象/完成作品(Art Object/Finished Work)	过程/行为/即兴(Process/Performance/Happening)……
创造/总体性(Creation/Totalization)	非创造/解构(Decreation/Deconstruction)……
中心化(Centering)	零散性(Dispersal)……
选择(Slection)	混合(Combination)……

显然，后现代的这些艺术特质，在后波普、观念艺术、偶发艺术、行为艺术、环境艺术(包括大地艺术 Land Art，i. e. Earth Art or Earthworks)、激浪派、新媒体艺术(New Media Art)里面，得到了各式各样的发展。后现代艺术渐居主流，并不是说现代主义乃至前现代的艺术都销声匿迹了，而是后两者更多地作为艺术手法被继承了下来(甚至仍被部分艺术家所坚持)，并且常常被后现代艺术借用、并置、杂烩和拼贴，并对之采取了揶揄、反讽、戏拟、反抗等态度，从而形成了一种“语境杂糅”的混合状态。总归为一点，“对后现代艺术来说，起决定性作用的是它的严格地遵守多元性的个人主义。后现代艺术的个人主义拒绝任何统一的方案，它始终是不连续的和零散的”①。就艺术存在的生命力而言，后现代艺术无疑仍处于过渡的阶段，甚至对“后现代”究竟能“后”向何方亦处于探索的阶段。因为，“后现代”的“后”本身就标识了一种过渡

① [德]沃尔夫冈·韦尔施：《我们的后现代的现代》，洪天富译，39页，北京，商务印书馆，2004。

性的状态：过去的尚未充分完成，同时，新来的并未完全展现。

总之，在当代欧美社会，“我们发现一种双重运动：一方面，他们直接对艺术作品提出挑战，渴求解光晕化的艺术，这不仅遮蔽了艺术神圣的光环而且挑战了在博物馆和学术圈内艺术受到的尊崇地位。另一方面，对艺术的消费可以实现在任何地方，并且任何事物都可以成为艺术消费品”①。可见，当代艺术的基本走向无外乎是这两个运动趋势：其一是消解传统艺术传统的神圣性而塑造新的艺术，其二是艺术消费可以出现在大千世界内的任意事物之上，当然，这里所深描的只是一种达到极致的文化状态而已。

但当代前卫艺术在努力拓展自身的疆界，力图将艺术实现在日常生活的各个角落，从而将人类的审美方式加以改变，这才是至关重要的问题。“日常使用的物品和日常遇到的声音被搬进了博物馆、美术展览和音乐厅。它们在这些升华之地所产生出的崭新启示，常常引起传统欣赏者的极大困惑。它们的刺激源是某种日益增长的个人自由和日益拓宽的自由美学观：任何东西均可以通过这种方式得到欣赏。这里的要害在于人们对这个物体的态度。工具、机械的零件，以及居家过日子用的物品从其约定俗成的氛围中抽出身来，而进入各种带有更多的探索意识而非功利性的环境。人们只是凝视着这些物品，以感知其稀奇古怪的价值。各种新价值一统天下，而这些新价值则与

① Mike Featherstone，*Consumer Culture and Postmodernism*，London：Sage Publications，1991，p. 66.

那些物品原定的价值风马牛不相及。形式和结构可以仅仅呈现其自身。”①

在这种“艺术生活化”的趋向中，艺术与日常生活的界限变得日渐模糊。这也就是美学家阿瑟·丹托所专论的“平凡物的变形”(the transfiguration of the commonplace)如何成为艺术的重要问题。② 他举出安迪·沃霍尔的《布乐利盒子》这件艺术为例，该艺术可以同杜尚的《喷泉》相媲美，它只将四个印有“brillo”商标的肥皂商品包装盒简单地叠放在一起，作为“雕塑”般的装置，就拿到了艺术展览馆展出，遂而在20世纪60年代便跻身于著名的现代艺术品的序列。③

丹托就此又回到了“艺术的终结”(the end of art)这个难题上面。为什么他要举《布乐利盒子》为艺术例证呢？按照丹托的理解，因为这个作品以其适当的哲学形式提出了——“什么是艺术的本质”——这个重要的问题。按照终结论的反驳者诺埃尔·卡罗尔(Noël Carroll)的阐释和总结，丹托的基本思路是这样的：

①艺术史已经走向终结(根据他的艺术史哲学)；

②如果艺术史已走向终结，那么，对艺术的基本定义就不再能有未来的可能反例；

③因而，一种艺术的基本定义是可能的，这并不与未来的可能反例

---

① [美]杰伊·弗里曼：《当代西方舞蹈美学》第1卷，欧建平、宁玲译，21页，北京，光明日报出版社，1995。

② Arthur C. Danto, The Transfiguration of the Commonplace, in *The Journal of Aesthetics and Art Criticism*, Vol. 33, No. 2, 1974.

③ 有点奇怪的是，美学家的思考似乎总是比艺术家的实践慢了几步，如当代欧美美学家往往仍以波普艺术(这类现代主义艺术)来论证后现代的美学转向问题。

相悖。①

丹托在《艺术终结之后》(*After the End of Art*，1997)一书里继续发展自己的观点说："对于'艺术要什么'的观念，我自己的看法是，艺术史的终结与完成，就是对艺术是什么的哲学理解，就是一种对我们生活被实现的方式的理解。"②他认为，艺术史的每一个时期都为其自身的叙事所统治，这叙事在特定的艺术史时期中都测量着。而且，每一个叙事都包含着什么是艺术的概念。这使得某一艺术史时期成为可能——"艺术史的特定叙事"——走向了终结。当艺术品得到被叙事所详细说明的目标的时候，一个时期就终结了。而一旦"什么是艺术的本质"的问题被以哲学的适当形式提出，事实上，现代主义艺术就终结了。"这个宣言的时代就走向了终结，因为'什么是艺术'这一问题的真实形式出现了。这发生在1964年左右。"③丹托甚至为艺术的死刑宣告了日期，那就是1964年前后，因为安迪·沃霍尔的《布乐利盒子》就出现在这一时期。

同样的艺术例证还有很多，但许多都没有进入美学家的视野之内。艺术家约瑟夫·波依斯所标举的著名的"扩展的艺术概念"，是对杜尚现成品成为艺术的"反艺术"的再度反拨。他认定"人的思想也是一种雕塑，在人身上产生的雕塑"，这种"社会雕塑"的观念及其艺术实践(他的行为

① Noël Carroll，The End of Art? in *History and Theory*，Vol. 37，No. 4；Noël Carroll，Danto，Style，and Intention，in *The Journal of Aesthetics and Art Criticism*，Vol. 53，No. 3，1995；S. Bacharach，"Can Art Really End?" in *The Journal of Aesthetics and Art Criticism*，Winter，2002.

② Arthur C. Danto，*After the End of Art*，Princeton University Press，1997，p. 107.

③ Ibid.，p. 46.

艺术《荒原狼；我爱美国，美国爱我》、装置艺术品《20世纪的终结》等)，其影响极为深远，因为他"对因袭至今的那种仅指由艺术家创造的艺术作品的艺术概念，坚决提出了质疑……最重要的是对人的艺术教育。只有当艺术成为教学和生活不可分割的一部分时，才可能出现一个高效的、智慧的和民主的社会"。① 在音乐界的凯奇(Cage)的著名的《4′33″》这个作品中，艺术家走到钢琴旁，默默地坐着而没有任何的演奏行为，持续了四分三十三秒，整个艺术过程就结束了。它之所以成为先锋音乐史的典范，就是因为一种观念的转变，"凯奇的音乐……可以无意义地存在着，可以有声，可以无声。而且，不管是传统音乐性的或是其他形式的，所有音响都是合理的，可以接受的"②。还有邓肯(Duncan)以来的当代舞蹈，也"回旋于日常生活与审美王国"之间，寻求着回到原始身体的通途。按照邓肯自己对未来艺术的展望："当人类发展到文明的顶点时，人类又将恢复裸体生活。当然，这不是野蛮人的不自觉的裸体生活，而是人类成熟的、自觉的、有意识的裸体生活。那时，人的身体将成为他的精神的和谐表现。"③可以说，沃霍尔、波依斯、凯奇这类的前卫艺术家考虑的只是"原本不是艺术的"如何被当作艺术来理解的，他们延伸艺术概念、打破艺术边界的诉求，恰恰是与"日常生活审美化"反向的。

---

① [德]海纳尔·施塔赫豪斯：《艺术狂人：波依斯》，赵登荣等译，72页，长春，吉林美术出版社，2001。

② [英]雷金纳德·史密斯·布林德尔：《新音乐：1945年以来的先锋派》，黄枕宇译，143～144页，北京，人民音乐出版社，2001。

③ [美]伊莎多拉·邓肯：《邓肯论舞蹈艺术》，张本楠译，12页，上海，上海文艺出版社，1985。

在分析美学传统占主流的欧美学界，学者们试图用“艺术界”“惯例”“艺术实践”“文化语境”等一系列观念对此加以解读。如乔治·迪基著名的“惯例说”就认定，一件艺术品必须具有两个基本的条件：“Ⅰ. 它必须是件人工制品；Ⅱ. 它必须由代表某种社会惯例的(艺术界中的)某人或某些人授予它以鉴赏的资格。”①然而，这种考虑只关注于艺术被赋予资格的外在社会形式，而忽视了艺术成其为艺术的内在规定。

实际上，如前所说，真正值得反思的地方，还在于艺术与生活的“接缝”处。前卫艺术不仅最激进地抛弃了审美的传统经验，而且基本扰乱了“艺术自律性”的领域，同时，也在努力恢复艺术与文化环境的本来联系。由此可以推想：前卫艺术所致力的方向，是否就是一种艺术回归于生活的必然归途？既然艺术是脱胎于原始人类生活而起源的，它最初就是归属于生活世界的，那么，艺术的终结之处是否还是人类的生活世界？

一句话，艺术可能“终结”在何处？

按照阿瑟·丹托的意见，艺术已经剥离出历史的发展了。“而现在，历史与艺术坚定地朝不同方向走去，虽然艺术或许会以我称之为后历史的样式继续存在下去，但它的存在已不再具有任何历史意义。现在，几乎无法在一种哲学史框架外思考这一命题了，如果艺术未来的紧迫性并不以某种方式出自艺术界本身的话，那就很难认真看待它了。在今日，可以认为艺术界本身已丧失了历史方向，我们不得不问：这是暂时的

---

① 当然，随着美学和艺术的发展，迪基也在不断修正着自己的“惯例说”，基本可以分为早期和晚期两种视角，参见：George Dichie，*Aesthetics*：*An Introduction*，New York，The Bobbs-Merrill Company，1971，pp. 82-91.

吗？艺术是否会重新踏上历史之路，或者这种破坏的状态就是它的未来：一种文化之熵。由于艺术的概念从内部耗尽了，即将出现的任何现象都不会有意义……假如艺术会继续让我们惊异的这样一种历史可能性不再有了，从这种意义上说，艺术的时代已从内部瓦解了，用黑格尔惊人而忧伤的话说：一种生存方式已衰老了，结果又会怎样呢？”①

回眸整个 20 世纪，从现代主义到后现代艺术就犹如被风吹来吹去的旌旗摇摆不定，并且在一种“加速度”中各领风骚数十年甚至仅有几年，从而在身后留下了一道道或深或浅的印辙。面对这种现象，1979 年 2 月 15 日，在巴黎蓬皮杜国家艺术文化中心的展厅里，艺术家埃尔韦・费舍尔(Herve Fischer)在闹钟的有规律的滴答声中，用一条十米长的卷尺在量度展厅的长度，只见他一面走一面念念有词：“艺术的历史是神话起源的历史。巫术的。时代。阶段。嗨！主义。主义。主义。主义。主义。新主义。样式。吭！离子。症结。波普。嗨！低劣。哮喘。主义。艺术。症结。怪癖。疥癬。滴答。滴答……”这一艺术行为不仅具有象征意义，它象征着作为不断求新奇的现代主义与后现代艺术历史的陆续展开及行将走向终结；同时，也具有悖论和反讽性质，因为它本身就是以一种后现代的极端形式，来反对现代主义及后现代艺术的整个历史的。艺术的终结，如果被置于历史的维度来看，那就是“艺术史的终结”(the End of Art History)。

要回答这一难题，还是回到“杜尚难题”那里，回到杜尚 1917 年签

---

① [美]阿瑟・丹托：《艺术的终结》，欧阳英译，77～78 页，南京，江苏人民出版社，2001。

名为“R. Mutt”的小便器这个既闻名遐迩又曾臭名昭著的作品那里。当杜尚将这个作品提交给第一届“没有仲裁的”独立画家画展的时候，这个艺术创新并没有得到组委会的赏识，杜尚干脆就退出了展览。这一作品最初并没有为传统的“艺术体制”所接受，杜尚只能将之带回家，这也证明了“艺术否定生活”的传统观念植根之深。但当人们意识到这一艺术行为及其艺术产品的巨大价值之时，杜尚只能另造出一件《喷泉》提交出来，这一通常意义上的“赝品”，其实也符合“现代主义艺术”对传统艺术独一无二性的否认。

自从“杜尚难题”出现之后，人们总是将之与“艺术终结”的话题关联起来，从此对艺术与非艺术的关系问题也争论不休，杜尚的观点往往被西方当代美学论集列在前列。其实，按照我们的独特理解，杜尚倒是一位集大成者，是集后现代艺术“潜能”于大成的、带有后现代主义气质的现代主义艺术家。在提交《喷泉》这个“艺术行为”中，杜尚不仅要求将艺术与生活的界限抹平，而且，他的行为本身亦成为一种艺术(杜尚堪称“行为艺术”的鼻祖)，并也在这个艺术行为内注入了一种崭新的观念(杜尚所实施的其实也是一种原始的“观念艺术”)，成型的艺术品本身还可以看作一种装置(杜尚 1920 年创作的《旋转盘》还可以被视为“装置艺术”的始祖之一)。因此，在这诸多意义上来说，杜尚可谓将观念艺术、行为艺术和装置艺术集于一身的“大家”，当然，其核心的取向仍是打破艺术与生活的界限。

从哲学的高度看，按照杜尚的多元启示及其当代艺术的发展走向来看，面对艺术的“终结”难题，可以给出如下这些可能的解答：

答案之一，艺术终结于观念。这是“观念艺术”的发展道路，传统的艺术形式趋于终止，观念倾轧形式而成为艺术的核心。

答案之二，艺术回归到身体。这是"行为艺术"还有"身体艺术"(body art)的发展走势，就好像是艺术又回到了石器时代那种与身体密切相连的关系当中，从而导致一种"身体美学"(Somaesthetics)的出现。①

答案之三，艺术回复到自然。在这种"大地艺术"的终极指向里，大地艺术家们都普遍相信艺术与自然之间没有严格的界线，应该彼此相互对话，由此达到"艺术的自然化"与"自然的艺术化"。②

这三种未来艺术的可能走向，分别持这样的基本观念："让观念直接成为艺术""让人的行为直接成为艺术""让自然直接转换为艺术品"。如果从传统艺术观念来看，这些艺术实践都要将艺术变换为"非艺术"的甚至是"反艺术"的，因为观念、身体、自然都是传统的艺术的重要盲区。实际上，这些艺术取向都可以归结为一，那就是"艺术与生活的同一"。因为，艺术家们希望并相信，在生活与艺术相融与同构的时空里，人们才能够幸福地存在。

当然，艺术终结于何处，这只能是猜想而已。但有一点是可以确定的，那就是，艺术总是某种"过去的事物"，艺术的终结也是必然的。不仅因为艺术总是在历史的某一个时代被创造的，而且还因为它在历史上执行了一种特殊的功能。我们不能同意丹托这样的悲观结论，"艺术会

---

① Richard Shusterman, Somaesthetics: A Disciplinary Proposal, in *The Journal of Aesthetics and Art Criticism*, Vol. 57, No. 3, 1999.

② 刘悦笛：《当代"大地艺术"的自然审美省思》，载《哲学动态》，2005(8)。

有未来，但我们的艺术没有未来。我们的艺术是已经衰老的生命形式”①。因为毕竟“艺术的形式是一种历史的形式：它不仅常常要受到样式、材料和技法的制约，而且还要受到内容和功能的制约”②。艺术既是“人性之发”，又是“人性之需”。人必然有历史的终结，而艺术只是人的依附物，艺术不可能脱离人而有自己独立的命运。最终的结论只能是：人类的终结之处，就是历史的终结之处，可能也就是艺术的终结之处。

综上所述，深描当代“审美泛化”的整个历史图景，我们能够得出这样的结构：③

---

① [美]阿瑟·丹托：《艺术的终结》，欧阳英译，97页，南京，江苏人民出版社，2001。

② [德]汉斯·贝尔廷等：《艺术史终结了吗?》，常宁生编译，316页，长沙，湖南美术出版社，1999。

③ 值得注意的是沃尔夫冈·韦尔施也区分出“浅表的审美化”与“深层审美化”，前者包括“现实的审美装饰”“作为新的文化基体的享乐主义”(如上两方面相当于“大众物性生活的表面美化”)和“作为经济策略的审美化”(接近于“文化工业兴起后所带来的表面美化”)，后者则是指“生产过程的变化：新材料技术”“通过媒体建构现实”(相当于“鲍德里亚意义上仿真式‘拟象文化’的兴起”)等方面，参见 Wolfgang Welsch, *Undoing Aesthetics*, London: Sage Publications, 1997, Part Ⅰ. 在此，我所谓的“深度审美化”显然与韦尔施所说的“深层审美化”有差异。其实，如果说，“表层审美化”更倾向于“物性”层面的审美化的话，那么，“深度审美化”则更贴近“心性”层面的审美化。按照这种划分，韦尔施显然忽视了“精英审美化”那一层面，而且他所说的“生产过程的变化：新材料技术”也应该属于“表层审美化”里大众生活美化中的应有之义。当然，最为关键的是，在韦尔施心目中，审美泛化与日常生活审美化基本上还是同义语，而忽视了审美日常生活化的另一面(他对后现代艺术的走向并没有发表多少见解)，尽管他也初步看到了这两个方面具有相反的性质。

<table>
<tr><td rowspan="8">审美泛化</td><td rowspan="5">日常生活审美化</td><td rowspan="3">表层审美化（物质审美化）</td><td colspan="2">大众物性生活的表面美化</td></tr>
<tr><td colspan="2">大众自己身体的表面美化</td></tr>
<tr><td colspan="2">文化工业兴起后所带来的表面美化</td></tr>
<tr><td rowspan="2">深度审美化（非物质审美化）</td><td>大众审美化</td><td>凸显为鲍德里亚意义上仿真式“拟象文化”的兴起</td></tr>
<tr><td>精英审美化</td><td>福柯、维特根斯坦、罗蒂等哲学家所求的“审美的生活”</td></tr>
<tr><td rowspan="3">审美日常生活化</td><td>前现代艺术</td><td colspan="2">唯美主义（及其对当代的影响）</td></tr>
<tr><td>现代主义艺术</td><td colspan="2">未来主义、达达派、超现实主义、波普艺术……</td></tr>
<tr><td>后现代艺术</td><td colspan="2">后波普、观念艺术、偶发艺术、行为艺术、环境艺术（包括大地艺术）、激浪派、新媒体艺术……</td></tr>
</table>

三、泛审美现代性·批判启蒙现代性·全面的现代性

何谓“现代”？

这是我们深描后现代的文化和艺术之后必须直面的问题，同时，更是重构“现代审美精神”必然重思的问题。

实际上，思想的迷障往往来自语言运用上的含混不清，所以要通过语言的解析来祛除语言的迷雾并辨清真伪。而今，正是一个所谓“现代”与“后现代”的“话语”杂陈与纷呈的时代，人们一时间被置身于“现代化”（modernization）、“现代主义”（modernism）、“现代性”（modernity）

和“后现代主义”(post-modernism)的名词丛林中，兜来转去而无所适从。实质上，这些名词都是由“现代”(modern)加上了某一种后缀而成的，都是“现代”这个总范畴衍生出的各种“子概念”。“现代”在词源上最早来自公元 4 世纪的拉丁语“modernus”，意味着目前、现在、当前，即一般意义上的“当时代”，可以说，每个时代都有它的“当时代”。因而，回溯到原初的意义，“现代”只是一个标度时间的相对性概念，它始终是在流动发展着的。正如最早使用的“modernus”一词就是指已经基督教化的“现今”(以区别于古罗马异教的“往古”)一样，任何一个时代的“现代”相对的都是与之前后相续的“过去”。

最清晰地辨析出来的，首先是“现代化”“现代主义”和“现代性”这三个基本范畴。

“现代化”作为描述社会变迁的概念，经历了 16—17 世纪以科技普泛化为目标的“科学革命”、17—18 世纪以政治民主化为旨归的“市民革命”、18—19 世纪以产业工业化为核心的“工业革命”的进程，并把三者内化为自身的结构性内涵，它肇始于西欧并成为席卷全球的世界性浪潮。“现代化”就用于指称这一使世界的变化日益加速的社会变迁过程，即主要指 17 世纪以来所谓“新文明”实现的历史进程。然而，在本土的现实语境中，“现代化”又被泛指为“成为最新奇、最具时代感的东西”，意指旧译的“摩登”，因此在人们看来也是值得追求的东西。而事实并非如此，现代化带来了诸如偏重经济主义、城市化过度、环境污染等社会问题，至今愈演愈烈。

狭义的“现代主义”则是指兴起于 19 世纪末的欧洲的绘画、音乐和文学思潮，它特别表现为先锋派艺术似乎“永无休止”地不断花样翻新：

后印象派（post-impressionism）、表现主义（expressionism）、立体主义（cubism）、抽象派（abstract art）、达达主义、未来主义、超现实主义、波普艺术……这些艺术样式以“反模仿”和“反再现”的姿态，要求“生成现实”而非“反映现实”，反思性地致力于与现代文化的对话。后来，这种艺术思潮逐渐扩展为一种整体的社会运动或文化思潮，也就是广义上的西方“现代主义”运动，它一直持续到20世纪60年代，从而以“现代时期”的文化状态划开了与传统社会生活的界限。由于不存在文化变迁的“源发性”历史，在中国“现代主义”更多被视为一种艺术风格概念，即艺术领域之“现代派”，有时干脆就用“现代艺术”这类简称取而代之。但在欧美世界，广义的“现代主义”则明确是指“现代社会的审美逻辑，其中的审美运动是建立在分化与自律的原则基础上的”，[①] 从而划分开了与前现代、后现代的文化界限。

广义的“现代性”，就是指17世纪启蒙时代以来新文明的基本特性，它可以归结为一种现代社会和文化的“大时代精神”。仅限于欧美社会而言，“现代性则是由以都市为基础的工业资本主义的文化逻辑所组成的，它具有高度分化的结构（highly differentiated structures）——政治、经济、文化——它们自身逐渐与中心化的体制相分离，这一过程以葛兰西的‘市民社会’概念和法兰克福学派的‘公共领域’概念为例证”[②]。

更广阔地看，“现代性”这个在近50年的文献中频繁出现的词，最终可以归结为一种现代社会和文化的基本理念。但其特殊性还在于：其一，

---

① Allen Swingewood，*Cultural Theory and the Problem of Modernity*，New York：St. Martinv's Press，1998，p. 137.

② Ibid.，p. 137.

在欧美艺术界，“现代主义”与“现代性”还是严格意义上的同义语，这里(狭义上的)现代性其实只是囿于“审美现代性”而言的。正如波德莱尔所说，“对于每一个过去的画家都存在过一种形式的现代性”[①]，反过来看也是如此，每一个标举现代的画家也都在某一种形式上“非现代”过，这也许就是艺术发展的辩证法吧。其二，西方“后现代主义”思潮在思想内核上所对应着的概念其实是广义的“现代性”，而非任何一种“现代主义”，其准确的话语谱系和结构模式的内涵应为——“后现代性”(post-modernity)。

这样，既然已经厘清了这些基本范畴，我们所追问的问题，便可以换一个提问方式——我们如何来看待“现代性”?

就“现代性”这个用语来说，似乎许多人都将之追溯到波德莱尔的经典论述。实际上，这个词在19世纪的法国仍是一个新词语，但在17世纪的英语世界就已经通用了。例证就是，在1627年出版的《牛津英文词典》里面就首次收入了“modernity”(意为“现时代”)一词，还引证了贺拉斯·华尔浦尔论诗的一句话——这些诗(指托马斯·查尔顿的诗)“节奏的现代性”。[②] 可见，“现代性”在一开始出场的时候，就同审美紧密地联系在一起。

一般而言，在“现代性”的基本理念中，起码包括“启蒙的理性”(enlightenment reason)、“对进步的信仰”(the relief in progress)、“经验科学”(empirical science)与“实证主义”(posotivism)等层面。因而，以“批判思想”(critical thought)、“经验知识”(empirical knowledge)和“人道

---

① [法]波德莱尔：《现代生活的画家》，见《1846年的沙龙：波德莱尔美学论文选》，郭宏安译，424页，桂林，广西师大出版社，2002。译文略有改动。

② 转引自[美]梅泰·卡利内斯库：《两种现代性》，载《南京大学学报》，1999(3)。

主义"(humanitarianism)的名义，"现代性"标志着一种变革的文化基本观念，标志着对传统和惯例发出挑战的理性回应。这类"现代性"的基本理念在欧洲被确立之后，几乎是一路高歌猛进，冲破了一切障碍与资本主义的现代化、工业技术和经济生活结合起来，从而深深地嵌入了现代社会和文化结构的内部。然而，"现代性"的绝对主导地位却带来了诸多的负面效应，需要充分加以反思和批判。

在历史上，基本上存在两类对"现代性"的反思理路，一类我们可以称之为"泛审美现代性"，另一类可以称之为"批判启蒙现代性"。这两类"反身现代性"可以说都洞见到了现代性的负面价值，也都试图在批判现代性的基础上来重建，但又都各执一端而忽视了彼此。实质上，这两类"反身现代性"理路倒可以在一个更新的基础上融会贯通起来，进而提出一种崭新的"全面的现代性"。下面便分而述之。

(一)反身现代性Ⅰ：从波德莱尔、齐美尔到福柯

有趣的是，对现代性的最早的反思就是从美学的视角做出的。

这是由于，在19世纪的后半叶，各种艺术形态连同哲学、心理学都逐渐步入现代的历程。通过对新的叙事模式的发现和时间概念(如意识流)的发展，绘画和音乐率先打破了传统的模仿观念，从而去想象另一种没有明显中心的、流动的和不居的现实。印象派的艺术试验担当了急先锋。印象派的画家们通过"对光与色的效果的试验"①，来表现艺术

① ［德］约翰·雷华德：《印象画派史》，平野等译，120页，北京，人民美术出版社，1983。

家从飞逝的瞬间所捕捉到的印象，他们认为绘画是色彩的组织和研究，而将注意力放在自然光色变幻的效果上。舞蹈家芙勒受印象派诗和画的影响，在表演中通过捕捉光的折射发展出自由而极富动感的舞姿：舞蹈动作是由心灵感知的光的印象所产生的人体反射，与音乐、色彩、灯光同在。印象主义音乐也是这样，极为注重细腻的听觉和感觉，浪漫化的诗文也以单纯的声音和节奏构成一种模糊的、瞬间的境界。

正是在这样一种艺术语境下，美学家敏感地捕捉到了时间感的变化。1863年，波德莱尔在连载于《费加罗报》上的《现代生活的画家》里，其中一章的标题就定为“现代性”。波德莱尔认定：“现代性就是短暂性(transient)、飞逝性(fleeting)、偶然性(contingent)；它是艺术的一半，艺术的另一半则是永恒性(eternal)和不变性(immutable)。”[①]的确，《恶之花》的作者几乎在瞬间就抓住了现代都市生活的某些特质，抓住了自己从中感受到的流动性和非确定性。这是波德莱尔对快速工业化时期都市生活的主观反应，也是对文化自身飞速商品化的客观估计。当他面对现代画的展览的时候，最大的印象是：艺术家们普遍具有把一切主题披上古代外衣的倾向。这里就出现了“旧瓶装新酒”的现象，内在时间意识的更新与外在古典装饰的恒久之间，形成了一种巨大的反差。波德莱尔深切地感受到：这里的“古”已非“古中之古”，而是“藏今之古”，这里的“今”虽非“今中之今”，但却即将破壳而出。

早在以单行本发行的《1846年的沙龙》里面，也就是波德莱尔提出

---

① [法]波德莱尔：《现代生活的画家》，见《1846年的沙龙：波德莱尔美学论文选》，郭宏安译，424页，桂林，广西师大出版社，2002。译文根据英译有所改动，原译为“现代性就是过渡、短暂、偶然，就是艺术的一半，另一半是永恒和不变”。

"现代性"的 17 年之前，他就在为"现代生活的英雄"们高唱赞歌了。他虽承认"古代生活代表着许多东西"，但它"首先是为了悦目而存在的"，那种"喜欢永远代表过去"的做法只是使人偷懒而已。相形之下，很多东西都可以成为"现代生活的史诗"，"我们的时代在崇高主题的丰富方面并不逊于古代"。所以，波德莱尔发出这样的呼声——"我们也不可避免地有我们的美！"①因为每一种美的特殊成分来自激情，而由于我们有我们特殊的激情，所以我们有我们的美，这就是他所谓的"现代的美和英雄气概"！

在此就出现了一种思想的罅隙。波德莱尔究竟是完全拜倒于"现代性"的裙下，还是对"现代性"有所保留呢？且看他对"美的双重性"的如下论述，这一论述竟然与同对"现代性"的观感是如此的类似："美永远是、必然是一种双重的构成……构成美的一种成分是永恒的、不变的，其多少极难加以确定；另一种成分是相对的、暂时的……艺术的双重性是人的双重性的必然后果。"②可见，诗人区分出美既包括"某种永恒的东西"，又包括"某种过渡的东西"，即"绝对的东西"和"特殊的东西"两类。这同"现代性"所包容的"短暂"与"永恒"的两面性，是如出一辙的，或者说，这是波德莱尔美的理念在"现代性"问题上的延伸。波德莱尔尽管也承认，绝对的、永恒的美并不存在，但却认为这种美是各种美的普遍的、外表上经过抽象的精华。

---

① [法]波德莱尔：《1846 年的沙龙》，见《1846 年的沙龙：波德莱尔美学论文选》，郭宏安译，263～264 页，桂林，广西师大出版社，2002。

② [法]波德莱尔：《现代生活的画家》，见《1846 年的沙龙：波德莱尔美学论文选》，郭宏安译，416 页，桂林，广西师大出版社，2002。

如此看来，在一定意义上，波德莱尔眼中的审美现代性带有“反启蒙”(anti-enlightenment)的色彩。因为，他并没有为现代性的疾驰所迷惑而眩晕，而是将“现代性”切开了两半，一半是“变”的，另一半则是“不变”的。在波德莱尔看来，无论是现代性还是艺术乃至人性(艺术是人性的后果)，都包含“变与不变”的内在统一。这样，正由于波德莱尔从审美的视角出发，“现代性”才呈现为“时代性”(Zeit)，并和“永恒性”(Ewigkeit)交汇。① 在这种“不变”的意义上，我们看到，波德莱尔仍是反对那种不可避免的历史进步观的，同时，也用一种美学的冲动来反对理性的自律性，所以，他才会常常在文字中表露出“古今之辩”和“今非昔比”的遗憾和感叹。

沿着波德莱尔对现代都市的观照之路，齐美尔独辟蹊径地走出了一条“社会美学”(sociological aesthetics)之途，他以此作为反思“现代性”的新途径。应该说，齐美尔所继承的还是波德莱尔的“反整体论”(anti-holism)思路，前者与后者分享了碎片化的、经验的和微观分析的观看方式，但后者还仅仅是就美学而论述审美现代性的，前者则试图在审美现代性与社会基础观念之间架设桥梁。

照此而论，齐美尔主要还是依据于“社会互动”(social interaction)和“社会化成”(sociation)的模式来定位“现代性”的。他认为，社会过程在本质上而言是心理过程，经历的是“社会化成”的社会过程，个体之间的互动形式或模式，使得行动的内容获取了社会现实的地位。由这种基

① Jürgen Habermas, *The Philosophical Discourse of Modernity*, Cambridge: Polity Press, 1987.

本社会学的观念出发，齐美尔就好像东看看、西瞧瞧的游手好闲(flaneur)者，看到了"现代性"的纷繁错杂的印象，并将之记录下来。这种记录被称为"印象风格理论"，因为它不成体系而被社会学研究者摒弃，但是这恰恰是审美风格擅长的地方。谈论齐美尔的"现代性"理论自然离不开另一种视角：审美的视角。这是由于，齐美尔不仅仅将社会问题看作"伦理学问题"，而且也将之视为"美学问题"，[①] 因为按照他的理解，从美学的动机出发，同样能够有利于"完全不同的社会理想"。

齐美尔在《社会美学》里这样来定位他心目中的"审美现代性"："对我们而言，审美沉思和理解的本质在于：独特的东西强调了典范的东西，偶然的仿佛是常态的，表面的和流逝的代表了根本的和基础的。似乎在任何现象中都蕴含着富有意义和永恒的东西。"这同波德莱尔又是何其相似！这里的"偶然的""表面的""流逝的"，不正是波德莱尔所说的"短暂性""飞逝性""偶然性"的吗？甚至齐美尔就将之视为常态的、根本的和基础的，因为审美的本质也在于一种将瞬间变成永恒的力量。因而，"现代性在此就得到了一种动态的表达：支离破碎的存在的总体性和个体要素的重要性，得以显现。相反，集中的原则、永恒的要素却逝去了"[②]。由此看来，齐美尔更具有后现代的气质，而这种气质显然是来自他的美学视野。

因而，齐美尔这位"赶时髦"的社会学家，才会更多地对现代都市中的"风格"和"时尚"的东西那么着迷，他要试图抓住的正是那个"时代碎

---

① ［德]G. 齐美尔：《桥与门：齐美尔随笔集》，涯鸿、宇声译，221 页，上海，上海三联书店，1991。

② D. Frisby ed.，*Critical Assessments*，*Vol*. 1，London：Routledge，1994，p. 331.

片化的精神”。在1903年所做的演讲《大都市与心理生活》中，齐美尔摆明了自己对“现代性”的另一种立场，一种作为现代生活欣赏者之外的批判立场。他深刻地看到：“现代生活最深刻的问题，源自个体在面对压倒一切的社会力量、历史遗产、外部文化和生活技术时，要求保持其存在的自主性和个体性。”[①]以现代都市为背景，在对现代人生存境遇和心态的剖析里，齐美尔实际上是将社会及其空间问题还原到了心理层面。他将著名的《货币哲学》里的观念继续在都市空间描述并延展。

在那里，齐美尔对“现代性”的批判被升级了：货币已成了一切价值的公分母，因为货币成了任何事物的等价物，这样便无可挽回地掏空了物的核心，抹杀了物的个体性和独特价值，泯灭了物与物之间的不可比性。于是乎，“所有的事物都以相同的重力漂浮在奔腾不息的货币之流中。所有的事物都处在同一平面上，只是面积大小不同而已”[②]。显然，这种现代性的看法是基本趋向于“心理主义”，因为他对世界的观感是通过内在生活的反应(这就是一种审美的方式)而体验出来的。在此，齐美尔所谓“客观观念”在“现代性”条件下的急遽发展，与“主观文化”相形之下固有局限之间的张力和矛盾，不正构成了齐美尔所说的著名的“文化悲剧”吗?

福柯关于“现代性”思考的文献，主要集中在《何为启蒙》(1984)这篇著名的长文中，他甚至被认为是首次开启了“现代性的哲学思考”，因为福柯“发现”了康德是将靶心“对准现在”并“阐释当代时刻意义”的第一个

---

① Georg Simmel, *The Sociology of Georg Simmel*, edited by K. H. Wolff, New York: Free Press, 1950, p. 409.

② Ibid., p. 414.

哲学家。[1] 然而，多数的研究者将注意力放在这篇文章前半部分所涉及的重要人物康德身上，的确，该文也是对康德1784年12月回答《柏林月刊》的那篇《答复这个问题："什么是启蒙运动?"》(1784)短文的再反思，前后时间恰好隔了整整200年。但是，人们却相对忽视了出现在福柯该文中的另一位重要人物，那就是波德莱尔。在这位人物的作品里，福柯发现了"19世纪现代性最尖锐的意识之一"[2]，并借此阐发了自己对"现代性"的基本理解及其对"启蒙"的另类态度。

按照康德的规范理解，"启蒙运动就是人类脱离自己所加之于自己的不成熟状态"，要摆脱这种自加的不成熟，康德引用了罗马诗人贺拉斯(Q. Horatius Flaccus)那句拉丁语箴言——"Sapere aude!"(要敢于认识!)——并进而提出了启蒙运动的口号："要有勇气运用你自己的理智!"[3]在福柯看来，这是康德在"以完全消极的方式"给启蒙下定义，并认定这才是启蒙的"出路"(Ausgang)。"总之，'启蒙'是由意愿、权威、理性之使用这三者的原有关系的变化所确定的……应当认为'启蒙'既是人类集体参与的一种过程，也是个人从事的一种勇敢行为。人既是这同一过程的一分子也是施动者……必须是人愿意决定充当其中的角色"[4]。

---

① [英]路易丝·麦克尼：《福柯》，贾湜译，160页，哈尔滨，黑龙江人民出版社，1999。

② [法]米歇尔·福柯：《何为启蒙》，见《福柯集》，杜小真编选，534页，上海，上海远东出版社，1988。

③ [德]康德：《答复这个问题："什么是启蒙运动?"》，见[德]康德：《历史理性批判文集》，何兆武译，22页，北京，商务印书馆，1990。

④ [法]米歇尔·福柯：《何为启蒙》，见《福柯集》，杜小真编选，530页，上海，上海远东出版社，1988。

但仅仅出于私人意愿而使用理性还不够，"'启蒙'因此不仅是个人用来保证自己思想自由的过程。当对理性的普遍使用、自由使用和公共使用相互重叠时"①，才有"启蒙"。

由此可见，福柯反思的聚焦点还在于"理性之使用"及其背后深藏的东西。隐藏在康德这种自我意识背后的是他将启蒙观念建立在一套普遍的先验理性和道德结构的基础上。所以，福柯才拒绝将道德行为准则与普遍有效的理性联系起来，"试图抛弃'绝对命令'(categorical imperative)中康德道德的先验基础，以挽救一种更深入的和历史性的实践理性观念，而这种实践理性观念成为伦理学概念的基础"②。那么，如何重建这种伦理呢？出人意料的是，福柯走的却是以美学拯救伦理的路线，或者说，这与他将当代伦理学当作一种美学实践，即所谓的"生存美学"(aesthetics of existence)有关。

在此，波德莱尔及其"现代性"思想对福柯而言就像一剂解药。所以，福柯一反通常的理解，这种理解总是把"现代性"看作"与传统的断裂、对新颖事物的感情和对逝去之物的眩晕"，这些只是"对时间的非连续性"的表面意识。而在援引波德莱尔的"现代性"的经典定义后，他又说明波德莱尔的意图刚好相反，他并没有接受和承认这种恒常的运动(所以诗人才强调了永恒和不变的另一半)，而是对这种运动采取了某种客观的态度。因而，"这种自愿的、艰难的态度在于重新把握某种永

---

① [法]米歇尔·福柯：《何为启蒙》，见《福柯集》，杜小真编选，530页，上海，上海远东出版社，1988。

② [英]路易丝·麦克尼：《福柯》，贾湜译，160页，哈尔滨，黑龙江人民出版社，1999。

恒的东西，它既不超越现时，也不在现时之后，而在现时之中……现代性是一种态度，它使人得以把握现时中的'英雄'的东西。现代性并不是一种对短暂的现在的敏感，而是一种使现在'英雄化'的意愿"①。一言以蔽之，在福柯的眼中，现代性就是"当下的新意"(newness in the present)。

可见，福柯以波德莱尔的"现代性"为批判武器，要批判的正是启蒙思想的理性神话。其背后的潜台词是，那些似乎不可避免的历史进步和理性自律的哲学信仰，都应该在"当下"的关注中被消解掉了。"现代性"无非只是理解"当下"之途，并没有那些包括总体性在内的超越原则。这样，"当下的新意"就堵住了通向未来乌托邦目标的道路，杜绝了转向新社会形态的可能性。实际上，福柯要直接打击的正是包括同时代哈贝马斯在内的、崇尚总体化传统的历史进步主义者们。他所谓的这种"现代性"当然并不是静态的，而是要被持续定义并不断更新自身的，它并不追随时光的流逝，而是通过"当下的新意"的个体方式得以瞬间存在的。所以，福柯才称赞波德莱尔的"现代人"应是"那种设法创造他自己的人。这个现代性并不在人的自己的存在中解放人，它强制人完成制作自身的任务"。②

这种"制作自身的任务"或者"使现在'英雄化'的意愿"，都要归之于福柯在"生存美学"里赋予"自我控制的观念"以核心地位。这种观念既来自对古希腊思想的阐发，从中接受了"至高自我"(sovereign self)的传统

① [法]米歇尔·福柯：《何为启蒙》，见《福柯集》，杜小真编选，534页，上海，上海远东出版社，1988。

② 同上书，536页。

观念，也来自波德莱尔的自我英雄化（heroization of the self）的启示。换言之，无论是在《性经验史》里对古希腊日常生存艺术的发现，还是在《何为启蒙》中对波德莱尔的崇拜，福柯都是通过它们来“解毒”的——来解启蒙思想保留下来的自主观念的“毒”，因为这种自主观念更多是同强大的理性和统一的知识主体相连的。反之，福柯则要以“自主的自我美学原则”来消解之，消解启蒙理念和现代社会里的那些规范性倾向。他甚至还将批判的视角转向了人道主义，把一向被认定是启蒙思想内涵的人道主义剥离出了前者，从而将两者对峙起来。因为在他看来，人道主义只是培养了人性的不变的观念，而福柯心目中的启蒙要标举的是一种自我意识的批判和与自我斗争的过程，也就是“一种批判的原则以及在我们的自主中永恒的自我创造”①。这正是福柯要拯救的启蒙思想内的第二种要素，而这种拯救正是通过“生存美学”来实现的。

（二）反身现代性Ⅱ：从韦伯、阿多诺到哈贝马斯

从波德莱尔、齐美尔再到福柯，这是一条完整的线索，基本是从“审美批判”的视角来反身“现代性”的。但是，他们对启蒙的反身却没有那么激越，或者说他们“反启蒙”的态度基本上是隐含着的，那种明确“批判启蒙”的思想线索是在下列人物身上出现的，这些人物就是韦伯、霍克海默、阿多诺和哈贝马斯，除了韦伯在研究取向上采取了“价值中立”的原则之外（实际上并不能真正实现），他们基本上都是持一种或激

---

① ［英］路易丝·麦克尼：《福柯》，贾湜译，161页，哈尔滨，黑龙江人民出版社，1999。

进或相对保守的"社会批判"的立场。

总体来看，他们批判的标靶，无疑就是"启蒙"。

对"现代性启蒙"的省思，首先出现在韦伯的"文化社会学"的思考里面。作为一种独特的价值领域，文化在齐美尔和韦伯那里都被视为一种潜在的历史运动过程。进而言之，在韦伯的基本观念里面，人类的行为并不是由于物质力量而自动生成的，而是包括为文化所激发的观念和动机在内复杂的社会过程。这也就是《新教伦理与资本主义精神》(*Die protestantische Ethik und der "Geist" des Kapitalismus*，1904/1905)这部名著所论述的主题。新教伦理为现代资本主义社会提供了内在动力，特别是为社会变迁提供了必要的观念和动机支撑。所以，在韦伯的文化社会学那里，现代资本主义的形成经历了一种独特的历史形成的进程，新教伦理的理性化程度同时标识着不可摆脱的理智计算、控制的巫术和情感因素的程度，这种宗教理性化的程度越高，就越使得人们按照工具的合理性去行事，从而造成了人们行为的常规化和定型化。反之，文化也具有反作用力，比如"文化促进理性的、官僚体制的统治结构本身的传播"就是如此。①

这里，便出现了韦伯社会学的重要范畴——"理性化"。简单地说，韦伯区分出两种理性化的行为过程，一种是"工具理性行为"(Zweckrationalität)或者"目的-工具合理性行为"，另一种则是"价值理性行为"(Wertrationalität)。前者是指能够以计算和预测后果为条件来

① ［德］马克斯·韦伯：《经济与社会》下卷，林荣远译，320页，北京，商务印书馆，1997。

实现目的的行为，或者说是“个体借以实现其精心算计的短期自利目标的方式”；后者则是指主观相信行为具有无条件的、排他性价值的行为，或者说，“这种行为取决于对真、美或正义之类较高等级的价值，或对上帝的信靠有一种有意识的信仰和认同”①，审美价值正是其中的应有之义。在形式与内容的两分结构意义上，韦伯又将前者称为“形式合理性”，将后者称为“内容合理性”。通过这种划分，韦伯要论证的是资本主义的“合理性”过程，是一种“工具的合理性和价值的非理性”的过程，换言之，也就是一种“形式的合理性和实质的非理性”过程。② 具体来解说，社会的理性化非但没有带来理性的生活，反而将人们关进了机器、商品和官僚制的牢笼，带来的实质的价值是非理性的生活方式。

按照这一基本思路，“现代性”就精确地开始于组织和文化的进步理性。与此同时，随着一统天下的传统世界观和价值系统的崩溃(指的是传统宗教信仰和保守的道德桎梏)，“价值系统”(value sphere)开始出现分化而趋于多元的结构——这些领域分别是“政治和经济领域”“知识和科学领域”“审美和爱欲领域(个人领域)”。这种分化之所以在现代社会出现，是由于社会的“合理性”和文化的“解魅化”。一方面，当社会行为都关注在目的-手段功能这种效率关系的工具理性化的时候，显然，人们就无法摆脱理性化所设置的圈套，韦伯用了“铁笼”(iron cage)这个生动的比喻来说明之。另一方面，当理性化不仅嵌入国家、官僚制的社会

① [澳]马尔科姆·沃特斯：《现代社会学理论》，杨善华等译，21页，北京，华夏出版社，2000。

② 参见苏国勋：《韦伯》，见《当代西方著名哲学家评传》第十卷，82页，济南，山东人民出版社，1996。

结构，而且还深入文化与个性的时候，世界也便趋于以一种非个人的系统观念取代"前现代性"那种非理性和魔幻的要素。

这样，社会"合理性"与文化"解魅"便直接带来两个后果：其一，历史地造成了"持久算计的世界"；其二，使得"多神和无序的世界"开始陷落。[①] 以此为中介，便是现代科学、理性知识和新的宗教的兴起，对诸如经济、政治、审美、爱欲、知识等其他的完全不同领域的"生活秩序"(Lebensordnungen)第一次提出了挑战。因而，也就造成了这些方面分别形成了相对自律的领域，从而打造出属于自己的"价值领域"(Wertsphären)。这样，现代社会便不再以那种传统意识形态作为拱顶石，而是以自律领域(及其与之相匹配的价值)的网络为特征。这意味着每一个独立领域和其内部行为，都拥有了相关的价值判断(如艺术作品被来自审美领域的价值判断所规定，依此类推)，每一个领域也都被所谓的专家统治，他们以其专业知识使得做出的判断"合法化"。韦伯所举的关于审美领域的例证里，最重要的就是他在《音乐的理性和社会学基础初稿》(1910/1911)中所聚焦的音乐，其中主要关注的仍是"艺术或艺术实践的发展，是一个神秘色彩和非理性品质逐渐为理性的模式所取代的过程"[②]，从而艺术领域逐渐拥有了自身的内在逻辑，并与其他领域分离开来，不同领域的价值融合变为不可能。

总之，韦伯视野里的"现代性"既具有结构性，又具有规范性，其核

---

① Nicholas Gane, *Max Weber and Postmodern Theory*, London: Palgrave Publishers, 2002, p. 29.

② [德]迪尔克·克斯勒：《马克斯·韦伯的生平、著述及影响》，郭锋译，203页，北京，法律出版社，2000。

心仍是对启蒙哲学的一种批判。他的文化社会学所考虑的是文化领域的"自律""自由"和"分化"。这样一来，他的"现代性"也便与人性的理性化与领域的自律化相互关联起来。甚至有论者从后现代主义的视角出发，认为"韦伯的现代性观念发展了尼采的如下主题——价值的多元主义，一种历史发展的、开放的而非目的论的观念，面对现代社会中具有自律性和自由潜力的神秘悲观主义，个体性而非整体性的观念"①。当然，这种理解似乎超出了韦伯的视域，而把韦伯的观念向后现代主义那边加以拉伸。

在韦伯自称"价值中立"的研究之后，他还稍显隐晦地对"启蒙的批判"，被法兰克福学派大胆地继承下来。然而，这种继承却有深又有浅。第一代法兰克福学派(主要是霍克海默、阿多诺)暗中继承了韦伯对工具理性的批判，以激进的姿态来猛烈地批判启蒙，甚至反而认定"现代的启蒙精神从一开始就具有激进的特征"②；而第二代法兰克福学派(主要是哈贝马斯)直接继承的则是文化价值领域的分化理论，但是却在对待启蒙"现代性"的态度上趋于相对保守。

当然，霍克海默、阿多诺的《启蒙辩证法》(*Dialektik der Aufklärung*，1944/1945)里所谓的"启蒙"具有更哲学的意味，并不直指康德所说的18世纪欧洲的启蒙运动，而是意指一种使人类摆脱蒙昧、成为主人的基本精神，从而"以启蒙消除神话、以知识代替想象"并使世界得以苏醒。然

---

① Allen Swingewood, *Cultural Theory and the Problem of Modernity*, New York: St. Martinv's Press, 1998, pp. 147-148.

② [德]霍克海默、阿多尔诺：《启蒙辩证法》，洪佩郁、蔺月峰译，85页，重庆，重庆出版社，1990。

而，这两位法兰克福学派的干将却对启蒙进行了如下的深入批判。

首先，启蒙的努力无非是通过个体的解放，走一条从“神话”到“启蒙”的道路。然而，在这一进程当中，启蒙本身倒成了一种不可置疑的新神话。“正如神话已经进行了启蒙，启蒙精神也随着神话学的前进，越来越深地与神话学交织在一起。启蒙精神从神话中吸取了一切原料，以便摧毁神话，并作为审判者进入神话领域。启蒙精神通过批判神话本身，以便使发展过程摆脱命运和报复的影响”①，但事实却走向了反面。这里，第一个关键词是“神话”。

其次，启蒙精神要通过理性原则对自然进行统治，这便要求人对自然的优胜和支配。但是，人在支配自然的同时，在力图把自然界中的一切都变成“可以重复的抽象”的同时，也在接受自然的反支配。“因为真正的神话体现出了对自然的报复，而虚假的神话盲目地把这种报复体现在祭祀上。每一个企图摧毁自然界强制的尝试，都只会在自然界受到摧毁时，更加严重地陷入自然界的强制中。”②在此，第二个关键词便是“自然”。

最后，启蒙的发展使得资产阶级的“工具理性”，即以崇尚理性为名、行操纵和计算之实的技术理性却愈演愈烈，科学也以维持自我生存为根本的原则。这样，就造成了“管理型”剥削形式的不断延伸，“所以在整个自由主义发展阶段，启蒙精神都始终是赞同社会强迫手段的。被

---

① [德]霍克海默、阿多尔诺：《启蒙辩证法》，洪佩郁、蔺月峰译，9页，重庆，重庆出版社，1990。

② 同上书，11页。

操纵的集体的统一性就在于否认每个个人的意愿”。[①] 可见，现代社会机器对人形成了控制和禁锢之后，人们都沦为社会机器的一个个零件而已。“因为理性没有内容目的，所以一切情感都是与理性有距离的”[②]，其实审美恰恰可以作为驱动情感的反力而存在。在这里，第三个关键词就是“理性”，但实际上，《启蒙辩证法》所批判的是来自韦伯意义上的“工具理性”。

相形之下，哈贝马斯是直接从韦伯那里吸取思想养料的，在许多方面似乎离他的老师阿多诺的立场更远一些。然而，哈贝马斯1980年在法兰克福接受“阿多诺奖”的时候，发表了著名的演讲（演讲最初以*Modernity Versus Postmodernity*为题发表，后来再度发表时将题目改为*Modernity：An Incomplete Project*，即《现代性：一项未完成的方案》），从而开宗明义地表明了自己的独特观念——保卫并发展启蒙的“现代性”计划。

这一演讲的潜在对立面就是后现代主义（尤其是作为论战对象的福柯的思想），因为后现代主义基本上是拒绝“现代性启蒙”的观念的。在这个演讲中，哈贝马斯仍在追随韦伯的文化价值分化的理念，并由此确定了三方自律的领域——科学领域、道德（及法律）领域和艺术领域，但认定这三大领域都有着自身的内在理性，这便由此呈现出一种“文化现代性”的分裂状态。

哈贝马斯在演讲中这样说道：“十八世纪启蒙运动哲学家所构想的

---

① ［德］霍克海默、阿多尔诺：《启蒙辩证法》，洪佩郁、蔺月峰译，10页，重庆，重庆出版社，1990。

② 同上书，82页。

现代性方案，从如下方面可以得见：依据各自的内在逻辑努力发展客观科学、普遍道德和法律、自律艺术。同时，还要将这些领域各自的认知潜能从其奥妙的方式中释放出来。启蒙运动哲学意欲利用这种专业化的文化累积来丰富人们的日常生活——也就是为了日常生活得以理性运作。"[①]就此，哈贝马斯与韦伯的差异就呈现了出来。应该说，韦伯关注的只是不同价值领域的特殊知识增长，还有专家与公众之间沟壑的出现，但在对待释放启蒙的潜力问题上，韦伯始终持一种模糊不清的悲观主义态度。相对而言，哈贝马斯的基本立场则是乐观主义的，他认定"现代性"的任务尚未完成，关键是如何将尚未释放出来的启蒙潜能释放出来。

哈贝马斯认为，每个领域所集聚的启蒙潜能，都不仅仅在于蕴藏其中的技术和形式化的知识，而是经济组织、政治体制、法律和道德还有审美形式等构成了现代文化的基石，它们带来的是"实质性"价值的生产，而非"形式化"价值的产生。比如，专业化的艺术或审美批评话语能激发出特定艺术时间的文化价值，其他领域也是如此。这便是哈贝马斯所说的启蒙尚未完成的解放内核，也正是霍克海默、阿多诺所根本忽视的方面。且看哈贝马斯所列出的由他阐发出来的韦伯的文化系统：[②]

---

① Jürgen Habermas, "Modernity: An Incomplete Project", in *The Anti-Aesthetics: Essays on Postmodern Culture*, edited by Hal Forster, Washington: Bay press, 1983.

② Jürgen Habermas, *The Theory of Communication Action*, *Vol*. 1, Cambridge: Polity Press, 1989, p. 234.

文化价值领域 Cultural Value Spheres	认知观念 Cognitive Ideas	规范观念 Normative Ideas	审美观念 Aesthetic Ideas
文化行为系统：所占有的观念财富 Cultural Action System	科学组织 Scientific Enterprise	宗教团体 Religious Community	艺术组织 Artistic Enterprise

哈贝马斯认为，韦伯文化传统层面与文化行为系统之间出现了分化，分化的形式就被列在这个表格当中。这三个文化行为系统就是生活秩序，用以调节对观念财富的占有。为了释放启蒙潜能，作者提出了三方面的要求："这三个文化价值领域，必须同相应的行为系统紧密地结合起来，这样才能保障面对不同的有效性的知识生产和知识传承"，这是其一；每个领域中的"专家文化所发挥出来的认知潜能还要同日常交往实践联系起来，同时充分地运用到社会行为系统当中去"，这是其二；"文化价值领域还要彻底地制度化，从而让相应的生活秩序获得充分的自律性，并不屈从于其他生活秩序的规律"。① 具体来说，就是"认知-工具合理性"在科学活动中获得制度化，"审美-表现合理性"在艺术活动中获得制度化，如此等等。②

最值得赞誉的是，哈贝马斯提出了通过"现代文化"与"日常生活"的再度关联，而使得启蒙计划得以真正实现。这便同本书回到生活的取向不谋而合。对于哈贝马斯来说，这三大领域的理性化和分化，要向人类的交往敞开道路。进而言之，也就是让"现代性"有效的规范内容，成

---

① Jürgen Habermas, *The Theory of Communication Action*, *Vol*. 1, Cambridge: Polity Press, 1989, p. 240.

② Ibid., pp. 240-241.

为人类"生活世界"的有机构成部分，进而去帮助形成不同的文化实践。

(三)反身现代性Ⅲ：在"审美批判"与"批判启蒙"之间

综上所述，根据历史的线索，我们已经梳理出两条"反身现代性"的红线。

反身现代性Ⅰ：以波德莱尔为起点，中经齐美尔，直到福柯那里结束。我们称之为"泛审美现代性"。因为他们面对"现代性"和"启蒙"都持一种"审美批判"的态度。为何要在"审美现代性"之前加一个"泛"字呢？严格说来，只有波德莱尔(或许还包括本雅明)的思想，可以被称为纯粹的"审美现代性"。无论是齐美尔还是福柯，其"现代性"的观念都是以美学为"范式"的，但是其思想的基调却并非以美学为取向的，齐美尔注重的是社会，而福柯关注的是伦理。

反身现代性Ⅱ：以韦伯为起点，直接穿越了法兰克福学派的两代哲学家，从霍克海默、阿多诺到哈贝马斯又形成了"现代性"思想的转型。这条红线很清晰，又可以被称为"批判启蒙现代性"，顾名思义，这就是一类在批判启蒙基础上来实现启蒙的"现代性"思想。

但无论是"泛审美现代性"还是"批判启蒙现代性"，无论是反身现代性Ⅰ还是反身现代性Ⅱ，可以说，都具有"悖论"的性质。这种"现代性的悖论"体现在他们虽然都来自"现代性"，但又都同时反戈一击，反击了"现代性"的负面价值，从而在现代性内部产生了一种"反现代性"的张力。正如哈贝马斯在论述"审美现代性"时所言，"现代性公然反叛传统的规范功能；现代性以反抗的经验为生，反抗所有的规范”①。在这个意义上，“泛审美现代性”和“批判启蒙现代性”都被认为是“反身的现代性”或“现代性的反身”。

质言之，肇源于“现代性”话语，同时又成为批判“现代性”的异己力量，就是我们所谓的“反身现代性”(reflexive modernity)。

当然，这里亦有高、中、低的程度区分。从阿多诺、马尔库塞到哈贝马斯的思想，应该属于“高度现代性”，因为他们继承了卢梭、马克思的关于“解放”“救赎”和“乌托邦精神”的理念。从福柯、罗兰·巴特(Roland Barthes)到德里达，则属于“低度现代性”，因为他们直接继承了尼采、波德莱尔、齐美尔、本雅明的颠覆性思维方式，积极地去暴露“现代性”的负面价值。居中的“中度现代性”则以布尔迪厄和安东尼·吉登斯(Anthony Giddens)为代表，他们以一种反思性态度和实践性策略，对社会现实加以冷静的解析。

按照这种理解，“高度现代性”里面，聚集的主要是发展马克思主义的法兰克福学派(主要来自德国)的哲学家们；“中度现代性”里面，集中的是主张“价值中立”的社会学家，他们的观点往往不偏不倚；而“低度现代性”的主张者大多是来自法国的“后现代主义者”(包括后结构主义者)。“高度现代性”也是我们所说的“批判启蒙现代性”，这种反身现代性Ⅰ的特点是乌托邦冲动至今没有熄灭，或者说仍具有高低不同的“乌托邦性”。当然，这里面还可以进一步区分，马尔库塞和阿多诺具有“高

① Jürgen Habermas，“Modernity：An Incomplete Project，”in *The Anti-Aesthetics*：*Essays on Postmodern Culture*，edited by Hal Forster，Washington：Bay press，1983.

度的审美性”(但在现代性问题上却没有多少审美的气质)，因为他们将审美直接与乌托邦的社会关怀勾连起来，而哈贝马斯则只能说具有“低度的审美性”。

“低度现代性”也就是我们所说的“泛审美现代性”，这种反身现代性Ⅱ的特质是蕴含着大量的审美特质，并以审美为思想的范本，一般都没有多少乌托邦式的冲动。

实际上，这种区分早就被旁观者们认识到。拉什很简明地道明实质：现代性具有两种范式，一种是从科学的假设出发，另一种则是美学的。① 在很大意义上，这两种研究范式可以说是分别“偏重社会关怀”的与“倾向审美关怀”的。梅泰·卡利内斯库(M. Calinescu)虽然是文学研究者，但却从社会阶层的角度做出区分。他提出的“两种截然不同且又激烈冲突的现代性”，一种是“资产阶级的现代性概念……进步的信条、对科学技术带来裨益的可能性的坚信。对时间——可计量的时间，即能买卖的时间……的关切、理性崇拜、限定在抽象人道主义框架内的自由的理想，而且还有实用主义的重视以及行动和成就的崇拜——所有这一切在不同程度上都与现代之战相关联”，“相较之下，另一种现代性——日后产生了先锋派——自其浪漫主义之初，就倾向于激进的反资产阶级态度”。② 他甚至将这两种研究范式的基本区分就限定在：是否持反对资产阶级的态度。

我们认为，最为规范的意见是具有“中度现代性”的英国社会学家吉

---

① [德]乌尔里希·贝克、[英]安东尼·吉登斯、斯科特·拉什：《自反性现代化：现代社会秩序中的政治、传统与美学》，赵文书译，268页，北京，商务印书馆，2001。

② [美]梅泰·卡利内斯库：《两种现代性》，载《南京大学学报》，1999(3)。

登斯提出的。的确，只有站在其他两种现代性之间，才能更清楚地看到这种差异，所以，吉登斯提出了三种“现代性”概念：

第一，作为文学-审美概念(literary-aesthetic concept)的现代性。它在指称的话语中得以构成。该话语的对象就是现代社会的“新的”、流动的、永久变动的动力的本质。在这一意义上的现代性否定整体概念，其分析聚焦于现实的零散化与游移的本质，聚焦于微观要素和微观逻辑。

第二，作为社会-历史范畴(sociological-historical category)的现代性。它与科学和人类进步的启蒙“计划”密切相关。其中，知识和文化逐渐获得自律，从而形成了变化的基础。它最早在韦伯那里被理论化。这个现代性的概念，意味着自律增长(在场领或领域中)的黑暗的一面，这必然引导出专家的文化和专业化的知识，它们是作为理性和科学的启蒙的产物而出现的，从而威胁到了自律原则并使得形式合理性的胜利得以终结。

第三，作为应对社会、意识形态、社会结构和文化的整体转变的结构概念(structural concept)的现代性。现代性确定了社会理性对于暴露的非理性力量和必要社会转变的途径观念的允诺。因而，现代性意味着历史意识、历史发展意识和过去持续生活到现代的方式。这一现代性概念重点在于使历史和社会转变的行动者及其行动，这一过程使得通过现代性特定的主观特质得以可能——增长的目的性、意识集体活动和致力于在可能转化关系中“反思监督”的能力。①

---

① A. Giddens, *Social Theory and Modern Sociology*, Oxford: Polity Press, 1987, p. 223.

抛开吉登斯所说的更具有操作性的第三种现代性不谈，我们所说的"泛审美现代性"正是作为"文学-审美概念"的"现代性"的一种延伸和发展，而"批判启蒙现代性"则正是吉登斯所说的作为"社会-历史范畴"的现代性。如上所见，吉登斯冷静地剖析了这种"批判启蒙现代性"的负面效应，在此我们不再重复他的意思。同时，他对"泛审美现代性"的理解也没有停留在表面化的程度上，而是看到了这种"现代性"所本然具有"后现代"的要素。

实质上，在这两种视角之间，也就是在作为"文学-审美概念"与作为"社会-历史范畴"的"现代性"之间，在"泛审美现代性"与"批判启蒙现代性"之间，我们可以获得一种"融合视界"的大视野。我们可以将这两类"现代性"的积极要素叠加起来，摒弃消极要素，从而融合性地、互补性地来重建一种"反身现代性Ⅲ"。

反身现代性Ⅲ，也就是介于"审美批判"与"批判启蒙"之间的新的"现代性"。这种"现代性"应该兼具了"审美批判"与"批判启蒙"的积极特质，同时，又是超越了这两种原初现代性的更高的"现代性"。就此而论，"反身现代性Ⅲ"才是真正意义上的"全面的现代性"，因为它是泛审美现代性与批判启蒙现代性、反身现代性Ⅰ与反身现代性Ⅱ的"合题"。

那么，究竟该如何融合与互补呢？这就又需要一个理论平台，也就是"后现代"的理论平台，在此基础上，才能更好地塑造出一种"全面的现代性"。

四、后现代主义深植于“泛审美现代性”当中

在创建“全面的现代性”之前，我们先绕道而行，考察一番关于“后现代”的问题。

这里，又聚集着种种思想龃龉，“后现代”(postmodern)、“后现代性”(postmodernity)、“后现代主义”(postmodernism)……这本来就是一个聚讼纷纭的论域。还是要从语言的辨析谈起，语言运用上的清晰是思想明晰的必要前提。

所谓“后现代”，应该就是一个历史的范畴，指第二次世界大战之后所出现的崭新的社会转型形态。具体来说，也就是社会学家丹尼尔·贝尔(Daniel Bell)所提出的“后工业社会”(*The Coming of Post-industrial Society*：*A Venture in Social Forecasting*，1973)和“智力社会”(1964)、经济学家彼得·F. 德鲁克(Peter F. Drucker)所首倡的“知识社会”(*The Age of Discontinuity*：*Guideline to our Changing Society*，1969)和美国学者尼古拉丝·耐格波特(Necholas Negroponte)所宣称的“后信息时代”社会(1995)等。我倒觉得，有时候用“后现代化”(postmodernization)这个词来形容更为准确，当然这里的“化”并不是“现代化”(描述工业革命后全球社会变迁的)的“化”，而是后现代社会化的“化”。在这一历史境域内滋生的广义的文化现象，都属于“后现代化”的文化。如此看来，“后现代”代表了现代文化发展的决定性的崭新阶段。

“后现代主义”就是在如上所说的社会基本状态里面，出现的一种具有大致相近倾向的哲学和文化思潮。如此一来，“后现代”就成了“后现代主义”得以滋生的社会根基，“后现代主义”也就是“后现代”一种独特

的哲学和文化表征。“后现代主义”最早是一种来自建筑艺术的观念，这种观念后来演化为一种具有全球性质的哲学和文化思潮，而不仅仅是作为“现代主义”之后的单纯的艺术观念而存在。如前所述，“后现代主义”并非“现代主义”之后，而是在思想内核上对应着的广义的“现代性”，也就是“现代性”之后。

换言之，“后现代性”正是“后现代主义”的话语谱系和结构模式的准确内涵。

那么，“后现代性”具有哪些基本的特质呢？首先，就是对“总体性”(totalization)的悖反，后现代性起源于“总体性”的终结之处，“反本质主义”和“非体系性”便由此而出。其次，便是一种对“历史主义”(historicism)与“折中主义”(eclecticism)的推进，这亦是后现代性的基本思维范式，具体体现为“反基础主义”“反意义确定性”，并主张“多元主义”“意义不确定性”等。再次，就是所谓的“宏大叙事”的终结(the end of master narratives)，这是利奥塔在1979年所写的《后现代状况：关于知识的报告》里面的核心观念，“反乌托邦观念”相伴而生。从次，由此带来了福山(Francis Fukuyama)意义上的所谓的“历史的终结”(the end of history)，也就是“反历史决定论”，并崇尚“历史的偶然性”等。最后，还有就是阿瑟·丹托所专论的“艺术的终结”(the end of art)，这是在艺术上的独特表征。如上种种，都构成了“后现代性”的主要方面，也就是构成了“后现代主义”的思想内核。

一般而言，“后现代主义”包括如下几类的思想家：一类是具有“原创型”的后现代主义者，大多聚集在尊重差异性的法国，主要代表人物就是人们耳熟能详的福柯、德里达、利奥塔、拉康(Jacques Lacan)、德勒兹(Gilles Deleuze)、鲍德里亚等。另一类则是“阐释型”的后现代主义者，主要包括格里芬(David R. Griffin)、伊哈布・哈桑(Ihab Hassan)等，他们照前一类的原创者显然差着重量等级。还有就是一些后现代主义的批判者，主要是当代西方马克思主义的代表人物，诸如哈贝马斯、詹姆逊(Fredric Jamson)和伊格尔顿(Terry Eagleton)等，此外还有理查・罗蒂、佛克马(Douwe Fokkema)这样冷静的研究者。另外，从后现代的视角“返观”，从尼采到海德格尔一系列的思想家都被纳入其中，他们的思想都被“创造性”地再解读。由是观之，后现代主义早就成了一种“开放性的文本”，从而将各种思想资源都收入麾下。在这里，如果严格地说，后现代主义者的核心成员，主要就是那些具有原创性的后现代主义大家。这个群体，也就是前面所说的“低度现代性”者，或者就是哈贝马斯所归纳的那些反现代的“青年保守分子”。

这些所谓的“青年保守分子”的理论特质，首先就在于“重温审美现代性的基本经验”，他们宣称一种获得解脱的“去中心主体性”是其“独有的经验”，并背靠这一经验，来“跨步告别现代世界”。[①] 如此看来，这种严格意义上的后现代主义，正是直接继承了尼采、波德莱尔、齐美尔、本雅明的颠覆思维的后现代主义，也就是以美学为基本范式的反“现代性”主义。

试举一例，比如尼采，他就是较早的一位将“审美话语”深深地嵌置入后现代主义当中的思想先驱。这具体体现在尼采如下的思想转向

① Jürgen Habermas，“Modernity：An Incomplete Project”，in *The Anti-Aesthetics：Essays on Postmodern Culture*，edited by Hal Forster，Bay press，1983.

方面：

①从"反静观"到"反主体"的泛审美哲学。尼采责备传统的美学对艺术仅采取静观者的立场，他抨击传统美学"至今还是一种女人美学，仅仅是由接受者们为艺术提出了他们关于'什么是美'的经验。在全部哲学中，迄今为止还缺乏艺术家"[①]，而权利意志本身就是全能的艺术家。后期尼采真正要建构的是一种泛艺术精神的唯意志哲学，与生命本体的原始冥一，最终消解了传统的审美静观立场。进而，尼采"还责备传统的美学把审美静观误解为我们的心灵同我们机体分离出来的一种方法"[②]。其实，尼采真正要批判的是静观论背后所隐匿的"主体性"。然而主体本身"就是虚构"，所以传统思想都是建基于这主客两分中的"沙上之塔"，尼采正是较早洞见到了这一点。后现代主义思潮中"主体死了""反本质主义""反基础主义"等主张正是尼采这类思想的延伸和变异。

②从"反同一"到"求差异"的思维范式。尼采认为，苏格拉底的乐观主义辩证法扬起它的三段论鞭子，就把酒神音乐逐出了悲剧。这是因为苏格拉底"偏袒一反对多；偏袒同一反对差别；偏袒时间反对永恒；偏袒不变反对生成"[③]。在《权力意志》(*Wille zur Mahct*)里，尼采进一步由强调从"力"的流动性、时间性的变化本质出发，肯定了世界的偶然性和多义性。同时，他又以自身写作的方式实践了差异高于同一性、普遍

---

① ［德］尼采：《悲剧的诞生：尼采美学文选》，周国平译，360页，北京，生活·读书·新知三联书店，1986。

② ［美］凯·埃·吉尔伯特、［德］赫·库恩：《美学史》，夏乾丰等译，681页，上海，上海译文出版社，1989。

③ ［比利时］雅克·达米尼奥：《叔本华和尼采哲学中的艺术和真理》，见《德国哲学》第八卷，221页，北京，北京大学出版社，1990。

性的思想，反驳了黑格尔式的忽视“异”、迷恋“一”(同一和统一)的体系。在后现代阵营里，利奥塔、德里达等“向总体性开战”“对差异性维护”“崇拜意义的非确定性”，究其实质，都是与尼采的这类主张的取向一致的。

③从“思”到“诗”的写作方式。尼采独特的隽语警言的哲学表达，突兀奇异的感性思辨，使他伟大的哲思著作同时也是精致的文学作品。在尼采将诗与哲学融会的启发下，晚期海德格尔实现了“诗”化转向，罗蒂主张哲学向艺术消融，德里达也对诗与哲学界限加以解构，他们都认定哲学作为“元叙事”或“宏大叙事”业已终结，它只能化入艺术而成为一种罗蒂意义上的“后哲学文化”。这也是某些后现代主义者的共同趋向。

总之，“尼采认为，他那个时代的所有‘宏大叙事’全处于崩溃的状态之中。启蒙对理性和进步的信仰将不可避免地产生压迫原创性和人类潜能的政治体系。科学永远不可能成为一个人类能够赖以生活的价值之源，对理性和逻辑、科学及其‘规律’‘真理’‘知识’的信仰都毫无基础可言。尼采甚至对一个有意识的，能够使用一种有稳定意义的语言进行思考的主体存在表示怀疑。唯一靠得住的真理就是无情、永恒的‘权力意志’”①。尽管尼采所提出的解决方案并没有被普遍采纳，但是他的激进反抗和运思方式却被后现代主义继承下来。尼采还宣告了欧洲启蒙方案的最终瓦解，后现代主义者则感觉他们正在主持这场瓦解运动。

可见，无论是对“现代性”的反诘，还是对“后现代主义”的推进，尼

---

① [英]戴维·罗宾逊：《尼采与后现代主义》，程炼译，78页，北京，北京大学出版社，2005，译文略有改动。

采都是在依据一种他在《悲剧的诞生》(*Die Geburt der Tragoedie*，1872)中所确立的审美原则为最终依据的，尽管这种审美思维越到后来越被隐匿起来。同理可证，后现代主义者对波德莱尔、齐美尔、本雅明的援引和借鉴，也是在按照同一路数进行的。所以，当德国学者阿尔布莱希特·维尔默(Albrecht Wellmer)做出这样的判断——“后现代主义在很大程度上仍然是一种审美现代主义(ästhetischer Modernismus)，或者说，深深地植根于审美现代主义”①——的时候，我们会觉得似乎很有道理。

但是，这种判断并不完全准确。维尔默只是从现代主义“艺术范式”的角度来看待后现代主义的，这便使得他所见到的内在关联趋于表面化。其实，从“审美范式”的角度出发，我们的判断是，后现代主义深深地植根于“泛审美现代性”当中。这样，我们才能在思想内在转向的意义上，看清后现代主义得以成型的“潜在范式”，那便是将“审美现代性”得以“泛化”的一种思维范式。如此看来，后现代主义与现代性、后现代性与现代性之间，都不是原本以为的那种决然断裂的关系，而是具有内在连通的亲密关联的，只不过这种审美话语的“暗流”确实是在其中潜在地流动。

在“后现代”所设置的理论平台上，我们终于可以回过头来重思“全面的现代性”问题。后现代主义和后现代性的反思虽然具有某种“矫枉过正”的色彩，但是，它们所见的“现代性”和“启蒙”的种种缺憾却并非虚妄之辞。这样，一种“全面的现代性”就应该一方面建基在现代性、后现代主义和后现代性的“批判启蒙”基石之上，另一方面又吸纳后现代主义

---

① [德]阿尔布莱希特·维尔默：《论现代和后现代辩证法：遵循阿多诺的理性批判》，钦文译，112页，北京，商务印书馆，2003。

范式的“泛审美现代性”的积极要素，从而以一种“调和持中”的融合视界，来建构起全新的“反身现代性Ⅲ”，即“全面的现代性”。

这种“全面的现代性”的基本思想内蕴包括如下四个方面。

第一，以“审美”中和“主体性”，走出“人类中心主义”，从而走向一种“主体间性”的交往原则。

以“启蒙”为主导动力的传统“现代性”，往往导致“主体性”的过分张扬。这样造成的后果，便是业已断裂开的主体战胜客体，从而导致人对自然的强力支配和无情盘剥。一种强有力的“人类中心主义”由此滋生。这样的“主体性”所带来的，不正是齐美尔所忧心忡忡的“主观文化”与“客观文化”相冲突的“文化悲剧”吗？相形之下，古希腊人“可直接将大量客观文化应用于自己的主观文化建设，使主客观文化同时得以和谐发展，但因现代的主客观文化之间相互独立，这种和谐已经破碎”①。尽管齐美尔对古希腊人的理想文化状态的憧憬是充满梦幻的，但是由这种比较而来的文化断裂却是无可置疑的。

在此，审美的力量就有了用武之地，它最适合作为平衡主体与客体、主观与客观的“中和的机制”。因为，在美的活动里面，向来就要摒弃主客两分的基本范式，而趋于“你中有我、我中有你”的相互融合。这种融合机制所达到的理想状态，就是齐美尔所论的“客观文化的主观化”与“主观文化的客观化”，但齐美尔仍处于传统思维范式当中，仍在割裂主客的基础上再试图来融会二者。这不仅是“人类中心主义”思维在其中

---

① ［德］G. 齐美尔：《桥与门：齐美尔随笔集》，涯鸿、宇声译，95～96 页，上海，上海三联书店，1991。

作用的结果，也与"欧洲中心主义"的思维范式息息相关。这里便存在一种悖论，即明知这种二元割裂的缺陷，但言说的时候又无法摆脱这种两分。能够走出这种悖论的途径之一，就是走向"主体间性"或"交互主体性"(intersubjectivity，i. e. intersubjectivité)。首先，这是由于，美的活动能够形成一种"理想的交往共同体"的氛围，使得身处其间的人与人之间能够进行自由的对话和交往。依此类推，当这种审美原则推演到"主体之际"乃至文化当中的时候，就会带来一种健康的交往和对话状态，从而拒绝人与人、人与文化、文化与社会、人与社会的分裂。这不仅是哈贝马斯所说的"交往理性"的结果，其实也是另外的一种"交往感性"的过程，或者说理性与感性"本然融合"的自由交往的过程及其结果的统一，因为在美的活动里面感性与理性的分裂也是不存在的。这才是理想的"交往原则"与"交往原则"的理想。

第二，以"审美"中介"纵向理性"，远离"逻各斯中心主义"(logocentrism)，从而塑造出一种"横向理性-感性"的图景。

以"理性"为核心原则的传统"现代性"，常常导致一种"理性"的过度强大，并将其理性规律侵占和渗透到一切社会和文化的领域之中。在思想层面上，这便造成了理性与感性的基本分裂，乃至在"现代性"的促动下，感性成了理性的奴仆。这就忽视了在原本意义上感性理应去融会理性，来冲淡理性的"毒素"，来溶解理性的"硬核"的功用。在社会层面上，韦伯意义上的"工具—目的合理性"或"形式合理性"便成了现代社会的坚硬内核，从而将整个社会卷入"手段支配目的""工具—目的合理性统领价值合理性""形式合理性霸占实质合理性"的社会状态。随着科学技术的发展，一种以操纵、计算、狭隘的技术理性为实的"工具理性"占据了主导地位，遂而将整个社会的重心置于技术对自然的支配上面。这是一种崇尚专业技能的高度理性化模式，甚至当今的社会和文化也就此被认定为是“过度理性化”(hyper-rationalized)的。

这种一脉相承的理性模式基本上是一种“纵向理性”的历时性范式。因为它所强调的是一种由低至高的、线形的、不可逆的进步观念。这同时也是德里达所见的“逻各斯中心主义”。传统形而上学将逻各斯(logos)作为真理和意义的中心，并认为它们可以通过理性来认知，这便将理性仅限定于“认知-工具”(cognitive-instrumental)的维度，从而也就忽略了生活世界中的理性复杂性。由此种缺陷出发，其实便可以倡导一种韦尔施所谓的“横向理性”(vernunft transversale)，这里“理性恰恰是合理性形式和过渡的一种能力”，它“不同于一切原则主义的、等级制度的或形式的理性构想”，而试图“理解和构建一个整体”，以“使理性适应知性”。[①] 同时，“横向理性既较为有限又较为开放。它从一种合理性形式过渡到另一种合理性形式，表达区别，发生联系，进行争论和变革……它一方面超越合理性形式，但另一方面重新与合理性形式结合，所以它的综合是局部的，而它的过程本身是多种多样的”[②]。其实，在这种整个是水平的和过渡的“程序”当中，与理性本然不可分的感性也应该充当重要的角色，感性主要充当的是一种“中介者”的角色。这意味着，审美应在理性与社会之间充当必要的中介，审美也由此能恢复到其“感性学”的原初含义。其实，韦尔施的“横向理性”照此又应拓展为“横向理性-感

---

① [德]沃尔夫冈·韦尔施：《我们的后现代的现代》，洪天富译，441～442页，北京，商务印书馆，2004。

② 同上书，442页。

性"的共时性存在模式。由此可以提出一种"温和的实质合理性"，也就是不仅指向达到目的的手段，而且指向手段之后的目的，而这两者都是在以感性-理性的方式被双向确定的。当然，这种"横向理性-感性"一直在两条战线上作战，一面的敌手是过度的理性化，另一面的敌手则是无底线的非理性化。这是因为，现代性所带来的"文化领域"的自洽化，既为非理性主义的滋生又为理性主义的发展留下了巨大空间，这便关涉下一个问题。

第三，以"审美"平衡"文化分化"，反对科学、道德和艺术的绝缘分裂，从而趋向一种"文化间性"的对话主义。

以"分化"为文化表征的"现代性"，将现代的"整个生活系统"分离开来，因为"生活秩序"的分化是伴随着不同领域的"内在价值"的特殊化而共存的。在文艺复兴时期世俗文化脱离宗教文化而独立之后，18 世纪康德对文化所做的思辨的、伦理学的和美学的三个领域的划分也基本得以成型，它们分别以"真""善""美"为不同的轴心原则。这样，理论思辨领域、道德实践领域和美学领域，这些不同的领域在"现代性"的发展中处于相互独立的历史进程当中。在独立自主的分化过程里，科学、道德和艺术的基本领域都由此获得了自治的规定性。当每个文化领域都获得了最充分的可能自洽性，也就是获得了韦伯意义上的"自主权"时，这就意味着每个领域都是"自我立法"的。比如，现代主义艺术的自主化，便是文化形式对于现实的自主化。与此同时，随着领域的分化，文化作为整体也独立于整个社会的领域，并由此开始改造社会的结构。如此看来，文化分化也就成了"现代性"的基本文化表征。这也正是本书所谈论的起点，是我们最初的问题意识所在。正如拉什所见，他所谓的"现代化”就是文化的“分化”，或者德国分析家所说的“差异外显”(Ausdifferenzierung)的过程。

然而，拉什的侧重点在于对后现代文化的描述，他认为“后现代化”是一个“去分化”，或者说是“消除差异”(Entidifferenzierung)的过程。[①]这种后现代原则的出场，恰恰打击到了现代性文化发展的要害。在此，我们理应提倡一种“文化间性”的对话主义，简言之，也就是：反对文化分化，倡导文化的融合，文化之间的再度的融合。因为，由于科学理性的过分强大，理论与实践又难以统一，现代文化总是被理性的“手术刀”分解开来。这便是主要属于科学与思辨领域的“理性原则”对其他领域实施的“殖民化”。相反，与理性主张侵略和掠夺不同，从审美的角度来看，审美的世界似乎是最不具有“侵略性”的，而是主张一种文化与文化之间的健康的融合状态。当然，这种相互的平等共处，也是在保持自身的前提下得以实现的，传统美学过分强调的“自律性”在此应被消解。但同时，也要强调一种“文化间性”的最基本的差异，也就是“底限”的差异。而且，还要强调逐渐趋于“一体化”的文化与社会之间的协调发展。总之，面对“文化分化”，“审美弥合原则”的主要的启示就是——要谋求一种“融合的发展”与“发展的融合”。

第四，以“审美”规划“社会尺度”，抛弃“乌托邦”的虚幻之途，铺出一条“新感性-理性社会”的路径。

“现代性”的发展，基本上是以“启蒙的规划”为准则的。这样的启蒙现代性带来一系列的社会和文化后果。“主体性”的过度增长，带来了人

① Scott Lash，*Sociology of Postmodernism*，London：Rouledge，1990.

与自然的地位的颠倒。由此，"人类中心主义"的困境就在于：人本来就应是自然的一部分，而不应是让自然对自身"臣服"，但又必须从"汲取"自然中获得发展。同时，"理性"的无限增长压制了人的感性本能，造成了社会的片面化和人的异化发展。由此而来"逻各斯中心主义"，用它的"线性"的科学分析与逻辑思维，不仅抽取了人的活生生的生命，而且抽掉了自然事物的生命，乃至根本忽视了整体性的"原型思维"。审美的规律就需要在这里得以生长，因为启蒙现代性的过程及其后果恰恰是没有按照"美的规律"来塑造的。实际上，审美恰恰可以成为规划"社会尺度"的原理，借用马尔库塞的话来说就是——"审美之维可以作为一种自由社会的尺度"①。

当然，这种"审美尺度"并不是流于某种乌托邦主义，如早期法兰克福学派那样诉诸"审美乌托邦"，从而指向了所谓的"高度的现代性"。这样做的后果就使得"一切给定的存在及其本身都与理想之境、超越之思相邻，乌托邦思想以其真实的客观可能性环绕着现实"②。真正的"审美尺度"是将审美作为社会的发展的"必要尺度"，而非"绝对尺度"。如果这种尺度绝对化，必然导致审美主义与乌托邦的同谋，从而使得审美也获得了"极权主义"的本质。卡尔·波普尔(K. R. Popper)透视到了这种危险，因而他提出一种折中主义的路线："人类生活不能用作满足艺术家进行自我表现愿望的工具。恰恰相反，我们必须主张，每一个人，如

---

① [德]马尔库塞：《新感性》，见《人类困境中的审美精神：哲人、诗人论美文选》，刘小枫主编，623页，上海，东方出版中心，1994。

② [德]E. 布洛赫：《乌托邦的意义》，见《现代美学新维度：西方马克思主义美学论文精选》，董学文、宋伟编，199页，北京，北京大学出版社，1990。

果他愿意，都应该被赋予由他本人塑造他的生活的权利，只要这样做不过分干预他人。实际上，因为我同情这种唯美主义的冲动，我建议这样的艺术家寻求以另一种材料来表现。我主张，政治必须维护平等主义和个人主义的原则，追求美的梦想必须服从于帮助处于危难之中的人们以及遭受不公正之苦的人们的迫切需要；并服从于构造服务于这样的目的的各种制度的迫切需要。"[①]奇怪的是，"高度现代性"论者对启蒙批判得越激烈，他们内心的乌托邦诉求就越强烈。反倒是那些接受了"泛审美现代性"的后现代主义者(或"低度现代性"论者)，他们的乌托邦关怀倒是"轻度"的。其实，审美就是这样：它可能支撑并助长(从马尔库塞到阿多诺的)强度不同的乌托邦，但也可能从福柯到德里达那里降低了乌托邦性的要求。正是这种降低了乌托邦程度的审美，才能成为塑造一个未来的"新感性-理性社会"的真正尺度，但是后现代主义那种过分崇拜差异和相对主义的观念，也在这种社会重塑中被削弱。

总而言之，既然"现代性的事业"尚未完成，那么，我们就理应构建一种"全面的现代性"，这也是本书所谓"现代审美精神"所意指的"现代"。这第三种"反身的现代性"，既不同于"审美批判"的"反身现代性Ⅰ"，也不同于"批判启蒙"的"反身现代性Ⅱ"，而是要在"泛审美现代性"与"批判启蒙现代性"之间走一条"调和持中"的道路，从而在启蒙与审美之间找到最佳的"平衡点"。

"全面的现代性"的全面性，就体现在"以审美中和主体性""以审美

---

① [英]卡尔·波普尔：《开放社会及其敌人》第一卷，陆衡等译，310页，北京，中国社会科学出版社，1999。

中介纵向理性""以审美平衡文化分化""以审美规划社会尺度"从而走向一种"主体间性的交往原则""横向理性-感性的图景""文化间性的对话主义"和"新感性-理性社会"的通途。这四个方面，构成了健康的"现代性"的完整图景，也就是现代审美精神之"现代"的真正内涵，它探讨的无疑是一种人与世界、人与人之间的新型的审美关系。

第三章 回归“生活世界”：思维范式的翻转

美看来应当是最明明白白的人类精神现象之一。它没有沾染任何秘密和神秘的气息，它的品格和本性根本不需要任何复杂而难以捉摸的形而上学理论来解释。美就是人类经验的组成部分；它是明显可知而不会弄错的。然而，在哲学思想的历史上，美的现象却一直被弄成最莫名其妙的事。

——卡西尔《人论》

人们的存在就是他们的实际生活过程……思辨终止的地方，即在现实生活面前，正是描述人们的实践活动和实际发展过程的真实实证的科学开始的地方。

——马克思、恩格斯《德意志意识形态》

一、加法和减法：两种否定生活的历史

在历史境遇的考量之后，要深入反思和批判“艺术否定生活论”，还要回溯到整个西方思想传统对现实生活的否定上面。艺术仅仅是这种整体否定的一个层面。按照西方的思想传统，对生活问题的解答往往有两种途径：即鲁道夫·奥伊肯(Rudorf Eucken)所说的“自然主义”和“理智主义”。

而回归现实的生活世界，正是对“自然主义”(实质上是科学主义)和“理智主义”(实质上是形而上学)解答的双向超越。

一方面，“自然主义”的哲学信条，依赖于科学精神的发现和发展，“肇始于启蒙运动的现时代，以自然与心灵的断然分裂为起点……随着自然的领域不断扩展，心灵必不可免地将被拉到它的范围里去。不仅心灵的经验的生存已被越来越清楚地表明依赖于自然的条件，而且有一种侵吞它的本质、最终把它完全纳入一个扩大的自然主义的框架的企图”。[①] 这样，现实生活就被科学理性无情吞噬了，科学精神的无限度膨胀使得生活被倾轧在脚下，难怪深受奥伊肯这位思想前驱影响的胡塞尔，就是要用生活世界这种“前科学”的基质来奠定科学世界的基础，而反对一种相反诉求的路数。

另一方面，“理智主义”的解答恰恰与“自然主义”相反，尽管它们在否定生活的现实性方面表现出惊人的一致性，但是，前者却不能容忍后者“把生活看作确定了的、并具有自然那种永恒性的”东西。如果说，

① [德]鲁道夫·奥伊肯：《生活的意义与价值》，万以译，19页，上海，上海译文出版社，1997。

“自然主义”采取的是一种对生活的外部观照的话，也就是以完全排除自然的一切内在的存在物和力量为前提，按照科学的标准来塑造，那么，“理智主义”则显然以“自我关注”为思想的显著特征，而“思想活动的主要动力是追求彻底和清晰的强烈愿望……生活在这个水平上获得了自我直接性，不激起对这种直接性的要求，思想也不可能在任何地方活动”。① 由此可见，无论是“自然主义”用科学理性的手术刀来肢解生活，还是“理智主义”将生活幻化为一种精神化的自我直接性，都是否定了生活的“实存”的感性方面。

“艺术否定生活论”既受到“自然主义”那种割裂主体与客体的运思方式的影响，又受到“理智主义”将超越生活的东西加以神秘化的影响，它们相互交织而共同作用于艺术对生活的否定。

“人们关于存在于纯粹的快乐之外的深层艺术效果所持的最普遍流行的观点……可以表述如下，据说，艺术所具有的最高级的、最终极的效果是，它把我们从那由日常生活构成的世界中解放出来，使我们能够超越日常生活的忧愁烦恼。因此，人们时常用那些辞藻华丽的话语描述它的使命——艺术怎样使我们摆脱了日常生活存在给我们造成的那些琐屑的东西、相互矛盾的东西、肮脏破败的东西，怎样把我们带进了一个虚假的、把我们的日常生活经验存在抛在一边的世界。”②我们看到，“艺术否定生活论”表述的完全是某种否定性的东西，它彻底将艺术与生

① [德]鲁道夫·奥伊肯：《生活的意义与价值》，万以译，27页，上海，上海译文出版社，1997。

② [德]莫里茨·盖格尔：《艺术的意味》，艾彦译，142页，北京，华夏出版社，1999。

活分化为相互绝缘的(否定的)主体与(被否定的)客体，它虽然指出了我们通过艺术对生活的摆脱(艺术的否定性效果)，但是，却并没有在根本上指明那些“属于艺术，而且只属于艺术的价值的意味是什么”(艺术的肯定性本质)。

而且，那种“艺术通过把美的外表覆盖在这个世界的深不可测之上而使这种人获得解脱”的观念，在另一方面将艺术推向了一种使人“从深刻的、终极的痛苦中解脱出来”的神秘境界，“在艺术中，最初的意志把自身从它的痛苦之中解脱出来，而这就是人们从形而上学角度对艺术提出的辩护”。[①] 然而，这种对艺术的阐释虽然既有形而上学的深度，又具有艺术的深度，但仍是通过把艺术与存在的其他领域——“与日常生活的世界，或者与审美之外的实在”——区别开来的途径，将艺术高高地超升在现实生活之上。也就是试图从外部确定艺术的本质，而并未回归到与审美活动具有本然连续性的现实生活本身，从而回到艺术的内在价值上面去。

其实，在历史源起的意义上，“艺术否定生活”还可以逆流而上，追溯到古希腊的美学观念与生活观念。在柏拉图那里，现实与理想的矛盾体现在一系列的对立范畴之中：本质与现象、理性与情欲、灵与肉、神与人，等等。柏拉图虽然承认尘世之内具有美的现实存在，但却认定那个“无始无终、不生不灭、不增不减”的“美本身”才是安住在一切现实美之上的、使美的事物“成其为美”的理念，这个理念世界就是理想的本体

---

① [德]莫里茨·盖格尔：《艺术的意味》，艾彦译，143页，北京，华夏出版社，1999。

界。这样，柏拉图的影响在于：感性的现实要素被倾轧在底层，美本身归属于超感性现实的理念世界，如此一来，超验的理念就阻断了美回归生活之途。然而，这种理念的超升却受到了亚里士多德的质疑，后者要求寓形式于质料之中，也就是要从现实存在的"这个"开始研究问题，①这对我们生活美学的启示是巨大的。

同时，艺术从现实生活中剥离的传统，还来自亚里士多德《政治学》(*Heepolitikee*)中把生活整体分割成许多个部分：事务与闲暇，战争与和平，趋向于有用的、需求的行动与趋向于美的行动。这样，艺术就超离于现实生活之上，成为与现实脱离关系的"抽象"领域。一方面，在对柏拉图思想的批判中，虽然亚里士多德认定理念并不在我们之外，或者说就在现实生活之中；但另一方面，他却认定艺术的典型不能从"当前的现实中或永恒的现实的偶然性中寻找，因为'美是高于现实的'。这里，亚里士多德比柏拉图还柏拉图，他的论点推向了极端，近似于后来所有美学的序言：'诗比历史更真实。'"②。受此影响，后代也有所谓的

---

① 在《形而上学》中，亚里士多德认定："实体是包括性质、关系等等的整个事物，它构成本质，能够分离存在。……实体一定是个体事物。第二实体(即属和种)是普遍事物，因此根据他的说法不能独立存在，而必须由它们的个体的专门性质作补充"(W. D. 罗斯《亚里士多德》，王路译，182页，北京，商务印书馆，1997)。由这种注重"具体个别事物"的"第一实体"观念出发，亚里士多德批判了柏拉图的理念观之虚妄，否定了"作为单一实体的形式存在着"的"理念"，进而认定柏拉图所谓的"通式(一般译为'理念'或'理式')对于我们所见艺术上的原因也没关系"，而"对于艺术，整个自然与人类的理性是在作用着的——这一种作用，我们认为是世界第一原理"(亚里士多德：《形而上学》，吴寿彭译，992a30～992b1，北京，商务印书馆，1959)。虽然这种批判仍是唯心论者对"一般唯心主义的批判"，但亚氏从"一个个地存在着"的事物出发研究问题，却是接近于现实生活美学的思路的，而且，亚氏又赋予了艺术以"理性"本质的规定性，对我们也有很大的启示意义。

② [法]于斯曼：《美学》，栾栋、关宝艳译，20页，北京，商务印书馆，1995。

“诗是唯一的知识”的论调，从中可看到亚里士多德的哲学与艺术观之间存在的裂缝。这就需要将亚里士多德的哲学原则真正下放到美学当中，以现实生活为出发点来看待美的活动，这才能导向一种生活美学。

可以说，西方“艺术否定生活论”有两种历史传统，一种肇源于柏拉图，另一种则肇源于亚里士多德。一种是艺术“高于生活”的历史，另一种则是艺术“低于生活”的历史，前者是人们思想“上溯的”结果，后者则是“下降的”结果。

那么，何为艺术对生活的“高低不同”呢？不论是亚里士多德视艺术为“或然律”的认识，认为艺术是“是一种以真正理性而创制的品质”[①]，还是新柏拉图派将超越原则引入艺术而认定其高居生活之上，都将艺术当作一种“自上而下”超越于生活的东西。这种思路和新柏拉图主义共同作用于中世纪的观念，圣·奥古斯丁(Augustins)认为美来自上帝至美的神性昭示，托马斯·阿奎那(Thomas Aquinas)更将一切感性的美归结于上帝最高的美。直到启蒙时代，这种影响越来越深远，康德就断言艺术是超越必然的自由创造活动，“正当地说来，人们只能把通过自由而产生的成品，这就是通过一意图，把他的诸行为筑基于理性之上，唤做艺术”[②]。到了20世纪存在主义思潮那里，艺术仍被看作拯救存在于现世的诺亚方舟，解救凡人沉沦于现世的希望所在。这样，艺术往往被视为神圣的、崇高的、超凡出尘的，这就是所谓的“高于生活”。

---

① ［古希腊］亚里士多德：《尼各马科伦理学》，1140a20。

② Immanuel Kant, *Critique of Judgment*, Indianapolis: Hackett Publishing Company, 1987, p. 170，《判断力批判》的部分译文基本依据于宗白华先生的旧译，参见康德《判断力批判》的商务印书馆1964年中译版本，下同。

但是，“艺术否定生活”在这种通常意义的“高于生活”之外，还有另一种“自下而上”的方式。其实，柏拉图很早就将艺术解释为凭借“迷狂”而得的，只有通过“灵魂回忆”才能窥见美本身。这种迷狂“是由诗神凭附而来的。它凭附到一个温柔贞洁的心灵，感发它，引它到兴高采烈神飞色舞的境界”，[①] 由此才能流溢于艺术之中。其实，更早的还有智者派的高尔吉亚，他就把语言艺术视为迷惑灵魂进入幻觉状态的途径。自此，对艺术本质的探询就可以潜入内心世界，把艺术变成一种非理性的产物，这在卢梭回到原始状态那里得到了回应，但却在尼采之后蔚为大观。因为，在尼采以狄奥尼索斯（酒神）的“趋向放纵”之魄力，来无情撕裂美化个体化原则的守护神（日神）的静穆面纱之时，通向本能世界的大门就被彻底打开了。弗洛伊德（Sigmund Freud）将艺术作为“原欲”性本能的升华，马尔库塞将艺术解读为“新感性”的解放，萨特（Jean-Paul Sartre）将艺术看作“一种超越性的、绝对自由”的召唤，其实，都把艺术看作生命本能的挽歌、超越常规的压抑的途径，这种在生活意识之下对“潜意识”的拷问，其实就是所谓的“低于生活”。

进一步来看，这两方面分别对应着西方哲学的两类治疗型智慧。的确，“治疗”始终是西方哲学智慧一大功能，它以“治疗者”的身份切入社会，其基本意向性指向对各种生存之病的诊断和治疗，其基本治疗法大致可分为“加法治疗”与“减法治疗”。“加法治疗”是指诊断人生的基本病症是精神的匮乏，主张在人生之上添加哲学、宗教、艺术等，以抗衡存

---

① ［古希腊］柏拉图：《文艺对话集》，朱光潜译，118页，北京，人民文学出版社，1963。

在境域深处的病症威胁；“减法治疗”则认为对生命的健康幸福的威胁恰恰来自种种人为的价值体系，因此应削减人身上的文化附加物，以还原到本原的自然状态。[①] 其实，艺术不仅能在人生之上添加东西以疗治精神创伤，而且还能还原到本能状态反抗压抑，这两方面在“艺术否定生活论”中都是有传统的。

如是观之，艺术“高于生活”对应的是“加法治疗”，而艺术“低于生活”则对应着“减法治疗”的思维。但它们的共同之处在于，这种坚持艺术对生活的超越和疏离的传统，都将艺术化为一种生命境界的安顿，因此都或多或少地带有乌托邦的气息。这样，艺术否定生活的两种方式就已经补全了，从而形成了一种完整的图景。

然而，无论是艺术“高于生活”还是“低于生活”，都将对艺术的思考纳入一种理论活动的主体的构建之中。从柏拉图通过理念来建构“美本身”，到笛卡尔的“自我”成为主体性美学的核心，从黑格尔通过“绝对精神”达到主体性美学高峰，到胡塞尔的“先验自我”影响现象学的美学建构，都在寻求使得理论哲学的目标能够成立的这样一种理论活动的主体，并在这种理论主体的基础上来看待艺术对生活的否定。这种设定的根本目的便是试图超越人类主体的有限性，超越生活世界的限制，而为在思维中构造整个世界奠定一个绝对的阿基米德点。由此来看待美的问题，往往就将美学纳入传统形而上学的理论构架之中，将美的现象纳入一种脱离生活的理论解释之中。

正是马克思较早地洞察了这样一种理论主体的不可能性，从而第一

---

① 包利民：《西方哲学中的治疗型智慧》，载《中国社会科学》，1997(2)。

次颠覆了两千多年的西方理论哲学传统，开创了一种全新的哲学和美学的思考方式。所谓“思辨终止的地方，即在现实生活面前，正是描述人们的实践活动和实际发展过程的真实实证的科学开始的地方”①。理论哲学终止的地方，便是生活开始之地。我们还是从“每个时代的个人的实际生活过程和活动的研究”之中，来开始走向生活的路途吧！

二、回到马克思原点：“生活实践”的现代奠基

马克思对传统的思维范式的翻转，也有其自身发展的过程。实际上，“审美精神”在马克思的一生的思想历程中也是贯穿始终的，但是，回到生活实践的观念却是在他的思想成熟期形成的。这样，一方面，马克思始终以“审美精神”为终极关怀，另一方面他又以生活实践为现实基础，从而翻转了遗忘现实生活的传统思维，这两方面的结合，恰恰为我们提供了一种全新的思想视角。

马克思最早曾从事诗歌创作，他在 1835 年就参加了波恩大学学生诗歌小组，开始了文学创作。他在诗歌中便传达出这样一种空想的观念：“幸福王国只存在于理想之中”，而且，“只有在诗歌的幻想中，人才是自由的和幸福的”。② 显然，他接受了席勒式的审美观念的影响，这一思想极为接近席勒的诗句“美只在诗歌中开花/而自由却在理想领域

---

① 《马克思恩格斯全集》第 3 卷，30～31 页，北京，人民出版社，1960。

② [苏]里夫希茨：《马克思论艺术和社会理想》，吴元迈等译，69～70 页，北京，人民文学出版社，1983。

中开花”。的确，马克思称这一理想领域为“象遥远的仙宫一样的真正诗歌的王国”[①]，年轻的他同许多的德国哲学家一样，将理想寄托在诗歌的梦幻之中，寄托在人与自然的和谐统一之中。虽然他此时并没有找到一条现实的出路，并将理想与现实割裂开来，但却奠定了他一生“审美精神”的基调——审美是与人的理想生存状态内在相连的，这倒类似于谢林将艺术和哲学这人类精神的两极加以弥合的取向。其实，他的学位论文亦是建立在人与自然和谐统一的思想上的，正如准备性著作所说，“贬低和亵渎自然，实质上意味着同实体的、纯粹的生活决裂……”[②]。因而，“德国人道主义的希腊式理想——从温克尔曼和莱辛到歌德和黑格尔——牢固地进入了马克思的世界观”[③]，马克思一直都将古希腊理想作为典范，他特别赞颂温克尔曼(Johann Joachim Winckelmann)《古代艺术史》(*Geschichte der Kunst des Altertums*，1764)论及的古希腊艺术所表现出的“肉体的理想性”。可见，这时的马克思虽看到了“生活”，但视之为“纯粹的”，虽关注“理想”，但将之归于“肉体的”，他仍纠葛在一种理想与现实的矛盾之中。

在1839年至1841年的著作里，马克思开始意识到他年轻时代的“审美精神”缺乏现实根基，所以他洞见，黑格尔美学中的结论不是“在定在中的自由”，而是“脱离定在的自由”,[④] 这时他已经看到了黑格尔绝对精神中虚妄的内核。1844年初，在他从事哲学活动之初完成的

---

① 《马克思恩格斯全集》第40卷，14页，北京，人民出版社，1982。

② 同上书，52页。

③ [苏]里夫希茨：《马克思论艺术和社会理想》，吴元迈等译，114页，北京，人民文学出版社，1983。

④ 同上书，118页。

《〈黑格尔法哲学批判〉导言》(*Zur Kritik der Hegelschen Rechts-Philosophie Einleitung*，1843/1844)里，他就批判德国哲学家“没有想到迄今为止的哲学本身就属于这个世界，而且是这个世界的补充，虽然只是观念的补充。”[①]这里，“世界”概念的提出，说明马克思已经意识到了意识与生活的关系，意识只能来自现实生活，并作为现实生活的某种“补充”而存在。

马克思最重要的早期著作是《1844年经济学—哲学手稿》(*Ökonomisch-philosophische Manuskripte aus dem Jahre* 1844)，在这部又被称为《巴黎手稿》的经典性著作中，可以看得出马克思将对“审美精神”的思考引入哲学的深层，并赋之以“全面发展的人”的内在意义。然而，他仍从现成的人的“类本质”出发，而非“个人总是从‘自己出发的’”来看待人类劳动的本质及其异化问题。马克思在此时仅仅初步意识到了回归生活实践的意义，比如在对黑格尔的批判中将意识还原为人的意识等，但这里的生活实践仍具有某种抽象性。但在理想的意义上，马克思还是确定了人类活动的全面性的准则——“一个种的全部特性、种的类特性就在于生命生活的性质，而人的类特性恰恰就是自由的自觉活动。”[②]与此同时，这种人的自由的活动、全面的活动又与“审美精神”直接挂钩，马克思第一次将人的全面发展与“美的规律”互通：“动物的生产是片面的，而人的生产是全面的……动物只生产自身，而人再生产整个自然界；动物的产品直接同它的肉体相联系，而人则自由地对待自己

① 《马克思恩格斯选集》第1卷，8页，北京，人民出版社，1995。

② 《马克思恩格斯全集》第42卷，96、97页，北京，人民出版社，1979。

的产品。”①

这样，马克思也就将人的“自由自觉”的活动作为人类生活的指向，将“全面发展的人”作为现实生活的真正归旨。虽然马克思还没有像成熟时期那样充分意识到人类生活实践的基础，但这种全面发展的规定性直至晚期巨著《资本论》(*Das Kapital Kritik der politischen Öekonomie*)里都被继承了下来。

在马克思的思想发展成熟的时期，现实生活实践的原则最终被确定了下来。在《德意志意识形态》(*Die Deutsche Ideologie*，1845/1846)中，马克思清醒地认识到，只有从“现实的个人”出发，才能解决以往哲学“从天上降到地上”的难题，从而将哲学“从地上升到天上”并奠基在坚实的生活实践基础上。因此，“我们的出发点是从事实际活动的人，而且从他们的现实生活过程中还可以描绘出这一生活过程在意识形态上的反射和反响的发展”②。这里，“实际活动”与“现实生活过程”是相互联系的，人类生活本身既包括实践活动的过程，又包括实践活动的结果。进而，马克思就将生活实践作为思想根源，“不是意识决定生活，而是生活决定意识。前一种考察方法从意识出发，把意识看作是有生命的个人。后一种符合现实生活的考察方法则从现实的、有生命的个人本身出发，把意识仅仅看作是他们的意识”③。其实，马克思早在1845年春的《关于费尔巴哈的提纲》(*Thesen über Feuerbach*，1845)里就已天才地发现：哲学的使命“重要的是改变世界”而不是“解释世界”。

---

① 《马克思恩格斯全集》第42卷，96、97页，北京，人民出版社，1979。

② 《马克思恩格斯选集》第1卷，73页，北京，人民出版社，1995。

③ 同上。

由此而来，艺术虽然不能直接改变世界，但它却可以通过改变“改变世界”的人的意识，从而来改变世界。但马克思此时还是保留了某些空想的审美色彩。

同时，“审美精神”在马克思成熟时期的著作里仍如潜流般地暗存着，他不再仅将自由自觉活动作为人的本质中最深层的底色，而是将之与人类现实的解放植根于这种人的全面发展。在《1857—1858年经济学哲学手稿》(*Ökonomisch-philosophische Manuskripte*，1857—1858)里，这种全面而自由的活动仍是一种底蕴，只不过它被放置在从异化到复归的历史发展进程里。马克思区分出三大社会形态：第一大社会形态；即最初的社会形态是“人的依赖关系”；第二大社会形态是“以物的依赖性为基础的人的独立性”；第三大社会形态，即未来的第三阶段的社会则是“建立在个人全面发展和他们共同的社会生产能力成为他们的社会财富这一基础上的自由个性”，而“要使这种个性成为可能，能力的发展就要达到一定的程度和全面性”。① 可见，“马克思视作‘真正自由的劳动’的典范的，仍是艺术家的创造活动，或者说，人的艺术活动”②，这种源自“巴黎手稿”的连续性一直到马克思晚年还是那么明显。在马克思思想终结的地方，他仍把人类能力全面而自由发展的领域作为“真正自由的王国”。在他心目中，可以说，真正自由的王国就是美的王国。

总之，通过思想历程的梳理，我们看到了马克思“生活实践”的奠基，是如何为重新审视“审美精神”提供了现实基础的。其实，西方哲学

---

① 《马克思恩格斯全集》第46卷(上)，104、108页，北京，人民出版社，1979。

② 王南湜：《人类活动论导引》，287页，天津，南开大学出版社，1993。

和美学从古希腊开始，占主流地位的便是一种推崇理论、蔑视实践、蔑视生活的理论倾向。而马克思则将这样一种理论倾向颠倒了过来，将任何一种理论的思考都回归到“现实生活”来考察。

那么，在马克思看来，究竟什么是“现实生活”呢？

首先，作为一种历史的过程，现实生活是以实践为基础的，是人类实践活动过程及其结果的统一。

根据马克思的经典论述，直接的生活实践和人的生活活动的基本领域，便是物质生产活动。但是，物质生产活动离开了人与人之间的交往又是不能实现的，人们在生产过程就形成了相互的交往关系，从而形成了一种基本的生活形式。因此，“生产本身又是以个人之间的交往为前提的”，而“交往的形式又是由生产来决定的”。[①] 可见，生产与交往的交互规定以及主客关系与主体间关系的交互作用，构成了人类生活实践的基本方面。在此基础之上，人类的生活实践不仅包括实际活动的过程，即所谓“人们的存在就是他们的现实生活过程”[②]，而且亦包括这种活动的结果，“人在积极实现自己本质的过程中创造、生产人的社会联系、社会本质，而社会本质不是一种同单个人相对立的抽象的一般力量，而是每一个单个人的本质，是他自己的活动，他自己的生活”[③]。这样，人类生活实践就成为活动及其结果的统一，同时，这种现实生活的发展就成了一种历史的过程。也就是说，人类的现实生活并不是静止的，是在历史生活中不断生成着的，因此，现实生活就本然地具有了历

① 《马克思恩格斯全集》第 3 卷，24 页，北京，人民出版社，1960。

② 《马克思恩格斯选集》第 1 卷，72 页，北京，人民出版社，1995。

③ 《马克思恩格斯全集》第 42 卷，24 页，北京，人民出版社，1979。

史性的过程意蕴。

其次，现实生活是“人生活于其中”的世界，人类不仅置身于“生活世界”的“场域”之内，而且，人类的实际活动是与“生活世界”交互规定着的。

对每个置身于现实生活的人而言，由社会交往所构造的“生活世界”总是先于个体存在的，它在塑造每个交往主体的同时，也在被不同的交往主体塑造。这种互动在现象学社会学家阿尔弗雷德·许茨(Alfred Schütz)看来就是：“生活世界既是背景又是我们行动与互动的对象。”① 实质上，在交往世界源自人类实践活动的同时，交往世界反过来也在塑造着人类的实践活动。所谓“人就是人的世界，就是国家，社会”②，就是指出世界始终是人的世界：置身在“真正的社会联系”中的人始终就是在“场”的社会存在，抑或一种存在“场域”。这种场域的存在类似于海德格尔的“在世的存在”，不过早期海德格尔关注的是未来悬临于此在的时间性结构，而马克思却更为关注人的存在的社会本质及其历史生成。西方的思想家对这种共同存在十分重视，海德格尔《存在与时间》(*Sein und Zeit*，1927)的“共在”、梅洛-庞蒂(Maurice Merleau-Ponty)《知觉现象学》(*Phénoménologie de la Perception*，1945)的“他人”的世界，其实都是在言说着同一主题。这一主题的启示在于：作为社会存在的个人必定要与他人共同存在，而且是在相互交往中共同存在的，由此构成的“生活世界”必然具有社会性的特质。

---

① Alfred Schutz，*Alfred Schutz on Phenomenology and Social Relations*，edited by Helmut R. Wagner，Chicago and London，1970，p. 73.

② 《马克思恩格斯全集》第1卷，452页，北京，人民出版社，1956。

再次，现实生活着的人，从来就不是抽象的存在，而是一种感性的现实存在，不断地历史生成着的社会性存在。

既然人类实际活动与“生活世界”是交互规定的，那么，在“生活世界”中生活着的“人”又是怎样的存在呢？答案就是“现实的人”，即以从事实际活动的“现实的个人”。马克思把现实看作“感性的”，虽然他也曾批判费尔巴哈意义上的“感性”，但却始终认定现实的对象即“感性的”对象，即“已经变成实践的、可以通过感觉直观的”对象，① 非感性的存在是非现实的。由此看来，现实人的存在也就是“感性的”存在，“人的感觉、感觉的人性，都只是由于它的对象的存在，由于人化的自然界，才产生出来的。五官感觉的形成是以往全部世界历史的产物”②。同时，现实的感性存在还是一种自然向人不断“生成的过程”，马克思强调的正是通过人类实践活动来实现这一现实的过程，从而使人获得所谓“社会的感觉”、成为“一切社会关系的总和”。按照马克思的理解，人绝非某种抽象的存在物，而是置身于历史中生成性的存在，也就是一种社会性的历史生成过程。既然人的本质在人的社会关系之中，那么，这种社会的定性就向生活在不同的生活世界内的人开放，不仅不同历史境域中的主体，而且，同一历史时代中的不同主体也将具有这样的社会性与历史性。这样，“现实——不仅包括静寂的自然界，而且也包括人和生活，不但包括现在，而且包括事态所表现的过去和现在所准备的未来”③。

---

① 《马克思恩格斯全集》第 42 卷，131 页，北京，人民出版社，1979。

② 同上书，126 页。

③ [俄]车尔尼雪夫斯基：《美学论文选》，缪灵珠译，13 页，北京，人民文学出版社，1957。

最后，现实生活最终指向人的全面发展，在终极关怀的意义上，归属于人类的“自由王国”，这种理想境界具有一种现实的“审美精神”。

在马克思思想发展历程中，“人的全面发展”的观念很早就形成了，而且，始终是与审美精神纠结在一起的。所谓的“全面发展”就是指现实的个人“不是在某一种规定性上再生产自己，而是生产出他的全面性”。[①] 这种全面的方式，在《1844年经济学—哲学手稿》里表述为“作为一个完整的人，占有自己的全面的本质”[②]，在《1857—1858年经济学哲学手稿》里表述为“建立在个人全面发展……基础上的自由个性”，在《资本论》里表述为位于“必然王国”彼岸的“真正自由的王国”。马克思将这种全面发展又视为一种自由人的“联合体”，在那里，“各个人自由发展为一切人自由发展的条件”。[③] 在马克思的终极关怀系统里，这是一种最理想的生活境界，人们在其中既感受到自由又获得了审美享受，既感觉到了人性和谐又得到了全面发展。这是在“应然”的维度上所规定的现实生活之理想。但是，马克思更为注重现实生活的理想性追求与历史性必然的相互统一，他认为“全面发展的个人……不是自然的产物，而是历史的产物”[④]。最终，在马克思的思想深处：美的实现就是人的感觉的彻底解放，美的实现就是人的全面发展。

总而言之，马克思的“现实生活”就是“人们的实践活动和实际发展过程”及其结果的统一，人类正是置身在“生活世界”内，并与“生活世

---

① 《马克思恩格斯全集》第46卷(上)，486页，北京，人民出版社，1979。

② 《马克思恩格斯全集》第42卷，123页，北京，人民出版社，1979。

③ 《马克思恩格斯全集》第4卷，491页，北京，人民出版社，1958。

④ 《马克思恩格斯全集》第46卷(上)，108页，北京，人民出版社，1979。

界”互动的一种感性生成的现实存在，它最终指向“人的全面发展”的审美精神。可见，马克思不仅在最根本的意义上赋予了生活以实践的现实性，而且，在终极关怀意义上给予了生活以一种美的理想性，从而为美学奠定了生活实践的基石。

三、走向生活的“现代美学”基本路向：海德格尔、维特根斯坦、杜威

存在主义、分析哲学和实用主义这三种哲学思潮在当代欧美哲学界影响仍然深远。海德格尔、维特根斯坦、杜威无可置疑地成为三派的代表性哲学家，难怪罗蒂推崇他们三个人为最伟大的哲学家，这也足见他们在西方思想史上的地位。把视角转到当代，欧美哲学开始走了一条将英美分析哲学与欧陆人文哲学相互结合的新路，在这一道路上同行者有哈贝马斯、罗蒂、阿佩尔等著名学者，他们都在试图将语言分析与人文理性综合起来，并都具有某种实用主义的因素，也就是试图将这三种哲学传统融合起来，从而为新世纪的哲学开辟出可行的道路。

海德格尔、维特根斯坦、杜威分别开启了“存在主义美学”“分析美学”和“实用主义美学”的思潮。有趣的是，尽管这三种美学思潮对美与艺术的理解不同，但在他们的创始人那里却都出现了走向生活的路向。而且，这三位哲学家都对“主客二分思维”采取了一种拒绝的态度，海德格尔的“此在”，维特根斯坦的“生活形式”和杜威的完整“经验”都是如此，都要在艺术之中来本然地弥合物我。海德格尔虽然要求回到生活经

验，但却在非本真与(艺术的)本真之间做出了区分，而杜威则干脆将这种区分的根本抹平了，或者说，根本否认艺术与生活的划界。只不过杜威要求艺术消融在经验之流里，而维特根斯坦则将艺术归之于诸如生活形式的规定。而且，维特根斯坦和晚期海德格尔试图在语言上来理解这一问题，力图最终将艺术归结为语言的维度，就连杜威也将艺术看作"普遍的语言模式"。但三者还是都把艺术视为一种活动，无论是海德格尔的存在性活动，维特根斯坦的语言行动，还是杜威的经验的延续，都是艺术活动得以形成的本源。

(一)海德格尔：作为"存在真理"的艺术

海德格尔早在20世纪20年代初，就提出了"实际的生活经验"(die faktische Lebenserfahrung)的概念，到了《存在与时间》(*Sein und Zeit*，1927)"人的实际的生活经验"才被"此在"(Dasein)代替并固定下来，但是两者的基本思路却是一脉贯通的。由此可见，海德格尔在西方思想史上的逆转，正是来源于现实生活的活生生的经验，并用对这种生活经验本身的阐释来颠覆传统的形而上学。① 这样，"对于海德格尔而言，'存在'或'本体'必须通过人的实际生存状态才能得到非概念化的原发理解……他写道：'……哲学发源于实际的生活经验。并且，这源出于实际生活经验的哲学还要涌流回这经验之中。[所以]这实际生活经验的概

---

① 海德格尔也要面对思想与生活的悖论，虽然"实际的生活经验"是不能被纳入理性思辨之内，但海德格尔却偏要以最深奥的哲思来沉思生活的本身，这不能不说是一种悖论。海德格尔在驱除主客二分的迷雾里，仍然没有逃脱这一传统的影响，难怪他又被后现代主义者德里达称之为"最后一位的形而上学者"。

念是基础性的(fundamental)’。”[①]沿着胡塞尔“回到事物本身”的现象学方法之路，海德格尔发现最根本的“事物本身”就是“存在本身”，而非胡塞尔所归纳的“意向性”的存在，实质上这种本真存在就是一种原发性的、主客还未分离的生存状态。在海德格尔看来，“此在”一词的“Da”就可以理解为“这里”或“在此”，也就是在世界之内直接照面的东西，它是人们意识的最本源的状态。因此，“此在”即“指‘人’的一种主客、物我、思维与存在不分的原始状态”[②]。

按照海德格尔的规定，“此在”就是在现实世界中生活的生存本身。因而，“此在本质上就是：存在在世界之中”[③]，或者说，“此在”也就是“在世界中的存在”。这便关系到生存与世界的问题，“日常此在的最切近的世界就是周围世界”[④]，可以说，每个人都是在与周围世界打交道之中生存着的。进而，《存在与时间》里的“世界”被纳入“此在”结构里，它“既不是指共同的世界，也不是指主观的世界，而是指一般世界之为世界……而我们把在世认作此在的生存论规定性。由此看来，世界之为世界本身是一个生存论环节”[⑤]。这一思路(世界成其为世界)在海德格尔后来的思想中被传承下来，具体来说，“作为让存在者以因缘方式来照面的‘何所向’，自我指引着领会的‘何所在’就是世界现象。而此在向

---

① 张祥龙：《从现象学到孔夫子》，103页，北京，商务印书馆，2001。

② 叶秀山：《思·史·诗》，154页，北京，人民出版社，1988。

③ [德]海德格尔：《存在与时间》，陈嘉映、王庆节译，17页，北京，生活·读书·新知三联书店，1987。

④ 同上书，82页。

⑤ 同上书，80页。

之指引自身的‘何所向’的结构，也就是构成世界之为世界的东西。”①

但是，海德格尔又继续将存在区分为“本真状态”与“非本真状态”的两种样式，“此在本质上总是把它的可能性，所以这个存在者可以在它的存在中‘选择’自己本身、获得自己本身；它也可以失去自身，或则说绝非获得自身而只是‘貌似’获得自身……这是由于此在根本是由向来我属这一点来规定的。”②可见，“此在”的“本真状态”就是使存在得以存在的，或者说发现存在本身的可能性；而“非本真的状态”则是“此在”遵从匿名的“常人”的决定，或者遵从他人所预先给定的可能性，也就是“从它自身脱落、即从本真的能自己存在脱落而沉沦于‘世界’。杂然共在是靠闲谈、好奇与两可来引导的，而沉沦于‘世界’就意指混迹在这种杂然共在之中。我们曾称为此在之非本真状态的东西”。③

然而，艺术在晚期海德格尔的思路里却是一种“本真的存在”，它不仅让“世界世界化了”④，而且成为历史的源始发生。这些思考在海德格尔的晚期论著《艺术作品的本源》(*Der Ursprung des Kunstwerks*，1935/1936)里拓展开来，在早期“此在论”思想基础上，主要表现在三方面的发展：

①作为本真存在，艺术是存在“真理”的自行置入；

②在对“世界”的思考之外，引入了“大地”的概念，在“世界-大地”

---

① [德]海德格尔：《存在与时间》，陈嘉映、王庆节译，106页，北京，生活·读书·新知三联书店，1987。

② 同上书，53～54页。

③ 同上书，213页。

④ Martin Heidegger，*Poetry*，*Language*，*Thought*，New York：Harper & Row Publishers，Inc，1975，p. 44.

的张力之间来阐释艺术的存在结构；

③在对存在“时间性”的继续拷问里，确定了艺术是为历史奠基的本源的历史。

如果说，《存在与时间》中只是确定了存在的“在世界之中”结构的话，那么，在他的艺术思考中则具体提出了存在所居住的“世界”是如何形成的。直接而言，“作品的存在就意味着建立一个世界”①，而这个由诗化的艺术作品所揭示并创造的世界，究竟是如何建立的呢？一方面，正是艺术“作品起了作用”(the work works)，这种“作品的作用”(the working of the working)建立了世界。也就是说，艺术作品让世界成其为“世界”(亦即“世界化”了)，“它比我们自认为非常亲近的那些可把握的和可攫住的东西之存在更加完整”。② 另一方面，作品不仅创造了一个世界、揭示了存在的完整性，而且，还提供了“大地”(earth)，作为建立世界的空间，这亦使大地成为“大地”。与世界的敞开不同，大地是倾向于自我隐蔽的，这样在世界的暴露与大地的封闭之间就形成一种紧张的关联。而艺术作品却以其这种结构，触发并维持了世界与大地之间的某种特殊联系，使这矛盾的双方都成为存在自身。这样，在艺术作品与“自然”之间便建立了一种崭新的关联，它不同于日常生活与自然的非本真联系，而是一种与大地的本然亲密的维系。

如此一来，在海德格尔的心目中，“在艺术作品里，存在者的真理

---

① Martin Heidegger, *Poetry*, *Language*, *Thought*, New York: Harper & Row Publishers, Inc, 1975, p. 44.

② Ibid., p. 44.

在其中设定自身了”[①]。日常生活与“他人”的共同存在，只是一种沉沦的存在，是非本真的存在；而艺术的存在，则是一种本真的存在状态。艺术作品绝不是对那些时时近在手边的个别存在者的再现，相反，它是对物的普遍本质的显现。但海德格尔还并不满足于此，他虽然让人们的运思回归到实际生活经验，但是却又区分出本真与非本真的存在，将属于前者的艺术作为存在的真理的发生。当海德格尔说“艺术的本质是诗”时，并不是将所有的艺术都划归为诗歌一体，而是表明了如下的意思：存在的本真或本真的存在是完整的、也是诗化的，艺术正是要呈现这种存在的诗化本质。因此，海德格尔明确指出诗是安居的源始形式，“诗，作为对安居之维度的本真测度，是筑居的源始形式。诗首先让人的安居进入它的本质。诗是源始的让居”[②]。在时间性的追问里，晚期海德格尔认定艺术作品并不是时代的反映或回声，而是指示方向的初创性的历史事件，足见海德格尔思想里深层的审美底蕴。

(二)维特根斯坦：作为“生活形式”的艺术

所谓“生活形式”(Leben Form)，是后期维特根斯坦在《哲学研究》(*Philosophische Untersuchungen*，1953)中使用的术语，是他从前期《逻辑哲学论》(*Logisch-Philosophische Abhandlung*，1921)的人工语言分析回到日常语言分析之后提出的著名概念。“生活形式”是根据语言分析和意义的功能理论的逻辑提出的，人们反复引用和解释维特根斯坦

---

① Martin Heidegger，*Poetry*，*Language*，*Thought*，New York：Harper & Row Publishers，Inc，1975，p. 36.

② Ibid.，p. 227.

论述“生活形式”的那几节话：

①“人们很容易想象一种仅仅由战斗中的命令和报告组成的语言……想象一种语言就意味着想象一种生活形式。”[①]

②“在这里，‘语言游戏’一词的用意在于突出下列这个事实，即语言的述说乃是一种活动，或是一种生活形式的一个部分。”[②]

③“‘那么你就是在说，人们的一致决定了何者为真，何者为假？’——为真和为假的乃是人类所说的东西；而他们互相一致的则是他们所使用的语言。这不是意义上的一致而是生活形式的一致。”[③]

在这个意义上，“生活形式”通常被认定为是语言的“一般的语境”，也就是说，语言在这种语境的范围内才能存在，它常常被看作“风格与习惯、经验与技能的综合体”；但另一方面，日常语言与现实生活契合得如此紧密，以至于会得出“想象一种语言就意味着想象一种生活形式”这类结论。但是，人们赋予了这些论述以太多的文化内容的阐释，其实在很多方面维特根斯坦是语焉不详的，他仅仅指出：“命题是什么，在一种意义上取决于语句的形成规则，（例如德语的形成规则），在另一个意义上则取决于语言游戏中的记号的使用。”[④]在这种“语用学”的视角里，人们所说的是由他们所使用的语言约定的，而更进一步来说，这种规定是在“生活形式”上的协定。所谓“生活形式上的一致”，这就是维特根斯坦所能退到的最后的底线。这是由于，“私人用语”被无可置疑地证

① ［奥］维特根斯坦：《哲学研究》，第 19 节，李步楼译，12 页，北京，商务印书馆，1996。

② 同上书，第 23 节，17 页。

③ 同上书，第 241 节，132 页。

④ 同上书，第 136 节，80 页。

明是不可能的，只有使用语言具有一致性，我们才能进入“语言游戏”之中，才能在遵守共同的规则之中相互交流和彼此沟通。既然语言活动只是“生活形式”的一部分，那么，“语言的一致性”最终还是取决于“生活形式的一致性”，语言的运用终将决定于与之相匹配的生活形式，它才是人类存在的牢不可破的根基。

在《哲学研究》中，维特根斯坦明确强调了一些他称之为“普普通通的东西”或“最最具体的东西”，并且认定除了这些东西之外别无他物。维特根斯坦反对“在命题记号与事实之间有着一种纯粹的中介物。或者甚至企图把命题记号本身纯化和崇高化。——因为我们表达的形式使我们去追求虚构的东西，从而以各种各样的方式阻碍我们，使我们不能看到除了普普通通的东西之外这里并没有涉及任何别的东西”[①]。他还说，思想就像最纯净的晶体，“但是，这一晶体并不呈现为一种抽象；相反，它呈现为某种具体的东西，而且是最最具体的东西，简直可以说是最坚硬的东西。”[②]可以说，只有“生活形式”或现实的日常生活才是真正坚不可破的，语言正是由于同“生活形式”的契合，才没有丧失其基本的功能。无疑，人们是在以某种“共同的”方式生活着的，在语言交往中必然“共同地”遵守游戏规则。这种“生活形式”是人们所无从选择的，是最为原始、最为确定的，因而也是不证自明的。“所以，维特根斯坦反复强调，生活形式就是我们必须接受的东西，就是所给予的一切；而生活形式上的一致性，就是我们存在方式上的

① [奥]维特根斯坦：《哲学研究》，第 94 节，66 页。

② 同上书，第 97 节，67 页。

一致性。这种生活形式和存在方式，最终决定着我们的生活世界和文化氛围。”①

由此而来，正如语言是世界的一部分、语言归属于“生活形式”，那么，艺术问题在分析美学看来也是同样的。简言之，按照维特根斯坦的看法，艺术是也就是一种“生活形式”，比如“……欣赏音乐是人类生活的一种表现形式”②。换言之，“艺术同语言类似，也是生活形式。把艺术规定为生活形式就要求以下述观点为前提：艺术意向应当在艺术惯例的范围内去考察，选择表现手法的随意性程度可以在艺术创作的社会环境的范围内来确定”③。

这种独特的思路，在欧美占主流的分析美学中大行其道，尽管在维特根斯坦那里并未得到充分的展开。其中，影响最大的分析美学家是乔治·迪基，他提出了著名的“惯例论”(institutional theory)。他认为，一件艺术作品要成为艺术必须满足两个基本条件：一方面它必须是件人工制品；另一方面它必须由代表某种社会惯例的艺术界中的某人或某些人授予它以鉴赏的资格。④ 显而易见，所谓的“惯例”与特定的“生活形式”是如出一辙的，这些分析美学家正是从维特根斯坦那里拿来了方法论的钥匙，在最广泛的社会语境中把艺术看作“生活形式”的特殊形式的。正

---

① 江怡：《维特根斯坦：一种后哲学的文化》，116页，北京，社会科学文献出版社，1996。

② [奥]维特根斯坦：《文化与价值》，黄正东、唐少杰译，102页，北京，清华大学出版社，1987。

③ [苏]瓦·阿·古辛娜：《分析美学评析》，李昭时译，143页，北京，东方出版社，1990。

④ Matthew Lipman, *Contemporary Aesthetics*, Boston: Allyn and Bacon, 1973, pp. 219-234.

如分析哲学论者韦兹提出“开放性的概念”一样，他要求把“游戏概念”理解为开放的而非封闭的概念，这也正是要艺术向“生活形式”开放。这样，早期分析美学提出的诸如“惯例论”这样的思想，也就排除了用审美经验、审美态度以及相关的概念来界定艺术的传统理念，而是提出了诸如“艺术界”(artworld)这样的概念作为艺术的基本范畴。与之近似，也就是以维特根斯坦“生活形式”为范本，欧美分析美学将艺术归结于生活的概念有：“艺术界”“社会惯例”“艺术实践”“文化语境”，等等。但无疑，这种艺术理论的确“无穷后退”得太远了，它根本否定了艺术的审美特质，而仅仅将艺术本质归为一种社会性的“约定俗成”。显然，在早期分析美学的建构性理论里，艺术与生活的界限被消抹掉了，二者在根本上是同一的。

(三)杜威：作为“完整经验”的艺术

艺术与生活的同一这种主张，不仅限于分析美学的阐释，而且关注艺术的实用主义者们也往往导向类似的结论。但是，杜威的看法还是较为辩证的，他认为艺术虽然就是生活经验，但艺术既不能与日常经验整齐划一，又绝不是与之绝缘的，而是从日常经验中生发出来的。那么，生活究竟是如何转变为艺术的呢？转变的条件又是什么呢？这就要考察杜威的“经验”与“完整的经验”这两个概念及其转化。

其实，杜威美学理论的核心就在于：延续艺术与经验的本然的关联。他的专著《艺术即经验》(*Art as Experience*，1934)的主旨，就在于“恢复经验的高度集中与经过被提炼加工的形式——艺术品——与被公认为组成经验的日常事件、活动和痛苦经历之间的延续关系”①。那么，什么是杜威心目中的“经验”呢？杜威认为“经验”(experience)，属于实用主义哲学家詹姆斯所谓的“双义语”，“它之所以是具有‘两套意义’的，这是由于它在其基本的统一之中不承认在动作和材料、主观和客观之间有何区别，但认为在一个不可分析的整体中包括着它们两个方面。”②换言之，“经验”既指客观的事物，又指主观的情绪和思想，是物与我融成一体的混沌整体。在杜威的经验观看来，主体与客体、经验与自然是无法分开的，他的主观经验论是客体与自然消融于主体与经验之中。虽然杜威明确提出超越唯物主义与唯心主义，但是他将统一的经验整体作为本原，把经验这种主客体直接互动而获得的直接知识和体验作为基础，其实，仍是把客观存在的自然纳入经验的存在，亦把主观的经验自然化了，从而将经验无限扩大而成为本体。

那么，审美经验的位置是如何确定的呢？杜威首先把人类的经验分为“不完全经验”和“有意识的经验”，前者这种生动、个别的经验属于感性经验，而后者则主要是“思想经验”或“理智经验”。但这里的审美经验，则正是介于这两种经验之间的统一体，也就是感性与理性的统一。在这种经验观的基础上，杜威将生物学的“平衡说”引入审美经验的考察中：既然“经验就是有机体与环境的那种相互作用的结果”，那么，有机体与环境取得“平衡与和谐”就是审美经验了。但是，并不是所有普通“正常的经验”都能转化为审美经验，在杜威的眼中，审美经验必须首先

① John Dewey, *Art as Experience*, New York: The Berkley Publishing Group, 1934, p. 3.

② ［美］杜威：《经验与自然》，傅统先译，10页，北京，商务印书馆，1960。

具备“强烈性”“完整性”和“清晰性”才可以，它是最真实和最全面的，而缺乏这些特性的则是普通的经验。他解释道，与审美经验对立的非审美的经验，既不是实践活动，也不是思想活动，而是那种松弛无力、无精打采、混乱不整、在所做的和所得到的之间不平衡的经验。因此，杜威认为：“艺术，这种充满意义而且其意义能被即刻地和快乐地占有的活动方式，乃是自然达到的完满状态。”①

总之，艺术是活生生的人的经验的表现，这便是“艺术即经验”的核心界说。② 进一步，杜威给艺术下的具体界说是：

①艺术是完整的经验的表现，把对过去的记忆与将来的期望加入经验之中，这样的经验就成为完整的经验；

②艺术是指强化了的生命力的表现，或强度经验的表现，所谓强化了的生命力，就是指这种生命力与周围世界有着积极的、活跃的联系，实际上是指“活生生的人”，因为活生生的人，是与环境达到水乳交融的人；

③艺术是高度发展的经验的表现，所谓高度发展的经验，就是个人与客观事物完全相互渗透。

杜威的实用主义美学构成了美国重要的思想传统，不仅为艺术与生活同一的趋势提供了理论支撑，而且，在美学领域设立了审美走向生活的路标。在此意义上，德国的帕伦(Palen)称之为当代美学的真正基石。

---

① John Dewey, *Art as Experience*, New York: The Berkley Publishing Group, 1934, p. 26.

② 但要注意，杜威所谓的“live creation”指的是“活生生的生物”(包括人在内)，但是“作为艺术的经验”与“作为经验的艺术”则是专就“活生生的人”而言的。

杜威的继承者的继续探讨，与创始者如出一辙，“无论什么样的生活，大都是一种经验；无论什么样的经验，大都是永恒之中的一段持续流动的时间和婉转多变的插曲……生活具有一定的形式，就成为艺术；一旦根深蒂固的混乱的文化具有某种一致性，就是一部艺术作品。”[①]当代哲学也意识到了这一点，一部名为《实践着的哲学——实用主义与哲学生活》的专著就“对传统的哲学对立进行抨击”，因为“这种对立将审美实践好像变成了一种双重的矛盾”，从而要求在“二元论的具体批判”里开辟出新途。[②] 这显然都没有脱离杜威的影子。可见，在杜威的美学之中，生活与艺术之间的裂缝消失了，生活的完满就是艺术，对艺术的爱成为真正的生活的内容和艺术创造的继续。

四、结论：美学回归生活何以可能

美学回归现实生活世界如何可能？诚如海德格尔所言：“关键在于马克思对传统形而上学的倒转。”[③]回归现实生活，在根本上就要转换一种思维范式，它的意义体现在：

首先，从理论哲学的视角回归到——人类生活实践本身。

美学要获得基本理论的突破，还是要在哲学的基本思路上获得新的

① ［美］欧文·埃德曼：《艺术与人》，任和译，1～3页，北京，工人出版社，1988。

② Richard Shusterman, *Practicing Philosophy: Pragmatism and Philosophical Life*, New York and London: Routledge, 1997, p. 12.

③ 参见［德］F. 费迪耶尔：《晚期海德格尔的三天讨论班纪要》，载《哲学译丛》，2001(3)。

根基。我们试图通过回归现实“生活世界”的哲学转向，来重新定位美学基本理论的基石，从而为突破传统美学的局限提供新的途径。众所周知，从柏拉图开始到胡塞尔的整个西方哲学进程，都可以说是在寻求使得理论哲学的目标能够成立的这样一种理论活动的主体。柏拉图的理念世界，笛卡尔的拥有天赋观念的自我，黑格尔的作为大全的绝对精神，胡塞尔的先验自我，等等，无不是对这样一种理论主体的设定。这种理论哲学认为理论理性可以超越生活，在现实生活之外找到了自己的阿基米德点，因而，理论理性是高于实践理性的。与之相反，“马克思则将这样一种理论倾向颠倒了过来，将实践、生活世界视为奠基性的、根本性的，将哲学及其一切理论活动都看作是生活世界的一个部分”[①]。因为，任何理论活动的主体只能是现实的人，只能是生活在现实的生活世界中的有限的人，或者说存在于世界之中的此在。马克思所主张的正是从现实的个人出发，以生活实践为基点，来看待包括美的现象在内的所有问题的。

然而，西方几千年来对美的问题的审视，却一直是从理论哲学的视角出发的。“美看来应当是最明明白白的人类精神现象之一。它没有沾染任何秘密和神秘的气息，它的品格和本性根本不需要任何复杂而难以捉摸的形而上学理论来解释。美就是人类经验的组成部分；它是明显可知而不会弄错的。然而，在哲学思想的历史上，美的现象却一直被弄成最莫名其妙的事。”[②]如此看来，美的现象最应摆脱传统形而上学的樊

① 王南湜：《回归生活世界意味着什么》，载《学术研究》，2001(10)。

② [德]恩斯特·卡西尔：《人论》，甘阳译，175页，上海，上海译文出版社，1985。

篱，从而回归现实生活，回归经验现象来思虑。而马克思正是顺应这一趋势，他进而区分出两种思维范式：“意识决定生活”与“生活决定意识”，传统美学的阐释正是属于前者从“意识出发的”观察方法，殊不知“符合实际生活”却是后者这种反过来的观察方法。可以说，正是从这种“现实的、有生命的个人本身出发”来考察美的问题，才是解决传统美学困境的真正出路所在。

其次，从主体与客体二分的视角回归到——现实生活的本质直观。①

如前所述，古希腊时代美学被置嵌于感性与超感性(本质与现象)的理性思辨模式之中，由此造成了一系列的二元对立：主体与客体、此岸与彼岸、感性与理性、必然与自由，等等。而启蒙时代以来，“主体性”则霸据了欧洲美学的轴心和至上地位。特别是科学理性的原则确立以后，以自然与心灵的断然分裂为起点，笛卡尔的天赋观念的“我思”成为主体性美学的核心。这样的“主体性”更加深了“主客二分”对西方传统美学的框定。这种框定特别表现在，自觉与不自觉地将艺术作为一个对象，从而将艺术品与主体(创造者或欣赏者)置于物我两分的对立关系之中。

① 主客二分的思路，往往容易纠结于美到底是主观还是客观的论争。在苏联美学界，有论者坚决主张审美属性具有客观性，有论者则否定审美属性的客观存在，还有人认为审美属性是主客观的统一，具有代表性的是“社会说”(以斯托洛维奇为代表)与“自然说”(以波斯彼洛夫为代表)。这便与我国的美学界有很大的近似性，20 世纪 50 年代起，我国也曾出现了关于“美的本质”的四派主张：“主观说”(以吕荧、高尔泰为代表)、“客观说”(以蔡仪为代表)、“主客统一说”(以朱光潜为代表)与“客观性与社会性统一说”(以李泽厚为代表)，最后一说后来发展为“实践说”。其中，在 20 世纪 80 年代成为中国美学主流的“实践美学”又与南斯拉夫的“实践派”思想较为接近。

然而，在现实生活面前，这种主客两分的思维模式却被摒弃了。这便赋予了生活的一种现象学的视角，这种本质化的“直观”意味着“日常的、伸手可及的、非抽象的。正因为它是一个直观地被经验之物的世界，”①但是，胡塞尔的解说仅囿于日常生活经验来言说生活，并未回归到生活世界的真正感性本质上，尽管他看到了日常生活的直观性。马克思则认为要“把感性世界理解为构成这一世界的个人的全部活生生的感性活动”②，只有由此出发，生活才能获得人类实践活动论的基础规定。可见，现实生活是先于主体与客体之间的分化的，只有当从理论哲学的视角来看待生活之时，将理论主体设定在生活之外的时候，才会产生理论理性与实践理性这样的分化。马克思正是以实践活动为现实中介，来看待人与物之间的相互交融的：“只有当物按人的方式同人发生关系时，我才能在实践上按人的方式同物发生关系”③。正是生活实践联系起来了主体与客体，而且，这二者在现实生活那里仍是本然统一的。

再次，从感性与理性二分的视角回归到——现实生活的本真呈现。

感性与理性，这种两分自觉或不自觉地凸显在：把艺术作品仅仅看作是感性的，主体只能从艺术作品中得到感性认识乃至高峰体验，这样就把感性认识与理性认识继续对立起来，艺术作品也就成了与真理不相干的只供鉴赏的东西。这样，造成的结果就是，只从感性体验寻找艺术

---

① 倪梁康：《现象学及其效应：胡塞尔与当代德国哲学》，132页，北京，生活·读书·新知三联书店，1994。

② 《马克思恩格斯选集》第1卷，78页，北京，人民出版社，1995。

③ 《马克思恩格斯全集》第42卷，124页注脚，北京，人民出版社，1979。

的本质，把感性体验作为意识创造的标准。但在美学史上，感性的本质最终又被归结为某种“抽象理性”。自从柏拉图那种来自理念世界、内在地储有理念，从而能够回忆起理念，并回归理念世界的灵魂开始，将美归结于理念世界的方法在西方影响深远。直到黑格尔作为大全的绝对精神那里，西方的“主体性”美学终于攀升到了顶峰，但“艺术终结论”又闭合了黑格尔的美学体系，这正是主体性的悖论所在。

按照西方美学的传统，美与艺术的问题往往被归为某种抽象的理性，如德国古典哲学中费希特(Johann Gottlieb Pichte)的绝对自我、谢林的绝对理性、黑格尔的绝对精神，它们被马克思统称为“纯粹思维”的产物。然而，这些形而上的世界，显然已经脱离了现实生活，美也因而被移居到了现实世界的彼岸。回到现实生活，就需要以现实生活的“感性活动”为基础来看待美的实现。这样，传统思维那种感性与理性的割裂，也在现实生活中得到了相互的真正融合。马克思指出，只有通过生活实践，不仅使得“人周围的、被人改造的现实，变成了人化的现实”；与此同时，才能使“感觉通过自己的实践直接变成了理论家”,[①] 也就是以人的“全部的感觉”在对象世界中肯定自己。于是，人在按照“美的规律”建造的同时，人的感觉才能同人的本质和自然界的本质的全部丰富性相适应，“人的本质力量的书”就被打开了。

最后，从传统美学的视角回归到——生活美学的建构。

按照西方传统美学的观念，人们往往将“审美精神”寄托在艺术的身上，并坚持了一种“艺术否定生活论”，现实生活则一直为这种西方传统

---

① 《马克思恩格斯全集》第42卷，124页，北京，人民出版社，1979。

所遗忘。但美学恰恰诞生于传统形而上学的体系内，鲍姆嘉通认为“美学”是一种“低级知识的逻辑”，并以希腊语的拉丁写法“Aesthetica”来表示这门“感性的科学”。但吊诡的是，美学其实是最应该反形而上学、反抽象理论的桎梏的。这就涉及美学的二律背反：“美学最深层的两难抉择困境似乎如此：既不能从形而上(借助概念)，也不能从形而下(借助纯经验)的角度将其聚合为一体。在此情境中，辩证哲学的一个信条理应有助于此。该信条认为事实与概念并非截然对立的，而是互为中介的。”①然而，所谓辩证哲学的方法论，只能在这两难抉择间采取折中的态度，而回归现实生活的美学，才是超越美学两重困境的真正出路。正是这种回归生活的转向，从感性生活的人出发来理解美学，才能将审美过程与生活过程连续为统一的整体，才能对这种美学的悖论实现双向的反拨。

总之，忘记生活世界，终将为生活世界所遗忘，美学的重建更是如此。

---

① T. W. Adorno, *Aesthetic Theory*, London: Routledge & Kengan Paul, 1984, p. 471.

第四章 建构“生活美学”本体论

生活就是美的本质。

——车尔尼雪夫斯基《美学论文选》

艺术是日常生活不可分割的组成部分，这不仅仅断言，审美思维方式的前提条件和原初模型，是内在于日常思维的异质复合体之中，它同时断言，审美体验也总是以某种形式出现于这一复合体之中。

——赫勒《日常生活》

艺术作品迫使我们接受的这种态度，却与我们对日常生活所持的态度有所不同……艺术作品迫使我们超越自己……恰恰变成了我们在日常生活中所不可能是的人。

——莫里茨·盖格尔《艺术的意味》

一、“美是生活”：一种旧命题的新阐释

众所周知，“美是生活”，是车尔尼雪夫斯基(Никопай Гаврипович Чернышевский)提出的著名美学命题。原文是这样表述的：“任何事物，凡是我们在那里面看得见依照我们的理解应当如此的生活，那就是美的；任何东西，凡是显示出生活或使我们想起生活的，那就是美的。”[①]

那么，单就“美是生活”这一命题的内涵来说，可以做出三种不同的理解和阐释：

其一，美就是生活本身，反之亦然，美的本身也就是生活。

因而，美与生活是同一的。用车尔尼雪夫斯基的话解释说，“生活的本身就是美”，“客观现实中的美是彻底的美的”。[②] 这种观点在俄罗斯传统中影响深远并一直存在，当代美学家布罗夫在定义生活是“肉体和精神统一的活的整体”的基础上，就直接将“生活的丰满”视为美的客观基础，但对象之臻于美的程度则要依“人在多大程度上从中看到自身、自己的创造能力和自己的人的本质力量的丰富性而定”。自 20 世纪 50 年代中国学者普遍关注“美是生活”的主张以来，近些年来又出现类似的论点：“美与生活也就是趋向了本体论的统一，那就等于说，美即是生活，而生活也即是美。”显然，这些相通的论点面临着同样的难题：如果将美与生活完全统一，那么可以置疑的是，现实生活(如那种单调乏味的日常生活)并非都具有美的质素吧？难道现实生活本身就是不可解析

---

① [俄]车尔尼雪夫斯基：《艺术与现实的审美关系》，周扬译，6 页，北京，人民文学出版社，1979。

② 同上书，108 页。

的整钢一块？难道美的活动本身就不包含着内在超逾的潜能吗？

其二，美以生活为本质，或者说，生活构成了美的本质性规定。

根据亚里士多德以来的哲学传统，“本质”就是使某物是什么(是其所是)以及如何是(如其所是)的那个东西。车尔尼雪夫斯基虽然也看到了“生活就是美的本质”①，但他却是从“生活的本身就是美”的角度来理解这一点的。实质上，为车氏所同时看到的“生活的本身就是美”与“生活就是美的本质”并不是一码事，必须区分开来。由于只将美与生活笼统地加以等同，所以，“美是生活本身”的反命题自然是成立的，我们可以说“美的本身就是生活”。但是，“美以生活为本质”的反命题却不成立，我们不能说“美是生活的本质”这样的话，因为生活是让美“是其所是”且“如其所是”的东西，而并非相反，美并不能使生活成其为自身。

然而，生活是人类实践活动使之得以形成的东西，生活的本真就是“本真的生活”。我们试图证明的是——不仅美的活动在本源上是一种生活，而且，“本真的生活”也表征为美的。但不能由此说美就以本真生活为本质，只是说，本真的生活也具有一种美的特性。谢林所谓“客观世界只是精神原始的、还没有意识的诗篇”②，正是此意。这样，一方面，生活使美“成其为美”的本源性规定，使得“美是生活”的观念更加深入和准确；另一方面，“本真的生活是美的”也回答了美所呈现的究竟是非本真还是本真生活的问题，这是困扰了从柏拉图到海德格尔的几千年的

---

① [俄]车尔尼雪夫斯基：《美学论文选》，缪灵珠译，64页，北京，人民文学出版社，1957。

② [德]谢林：《先验唯心论体系》，梁志学、石泉译，15页，北京，商务印书馆，1977。

难题。

其三，生活是美的本源，反之则不必然，美并不能成为生活的本源。

按照海德格尔的界定，所谓“本源”就意味着“某物从何而来，某物是其所是与如其所是是通过什么。某物是什么以及如何是，我们称之为事物的本质。事物的本源则是其本质的来源”①。这样，“本质”与(作为其来源的)“本源”就被划分开了界限。当然，“本源”也并不等同于“来源”。毛泽东在1943年公开发表的《在延安文艺座谈会上的讲话》中提出：“人类的社会生活虽是文学艺术的唯一源泉，虽是较之后者有不可比拟的生动丰富的内容……但是文艺作品中反映出来的生活却可以而且应该比普通的实际生活更高，更强烈，更有集中性，更典型，更理想，因此就更带有普遍性。”这种“艺术来自生活又高于生活”的观念，正是就“源泉”的意义来言说的。但这种内涵已经为哲学观念上的“本源”所吸纳和升华了。

重要的是，在确定现实生活是美的本质性规定的同时，美的本源，即“美的本质的来源”却不能归之于生活的整体。当将现实生活解析开来的时候，就会发现，美的活动正是介于日常生活与非日常生活之间的。美的活动不仅以日常生活为“来源”，而且要在日常生活中得以“呈现”。但这只是指出了美的活动的内在结构，其实，“美的本源”正是本真的生活。如果笼统地将本质与本源问题混为一谈，那将不能很好地解决美的

---

① Martin Heidegger, *Poetry*, *Language*, *Thought*, Harper & Row Publishers, Inc, 1975, p. 17.

问题，或仍将退回到主体性美学观念那里去了。

总之，通过“本身”“本质”和“本源”的内涵厘定，我们开始确立本书的基本观念，现在再回过头来看美本身的问题。从人类活动的角度来看，美其实是个“动词”，美的抽象形态并不真正存在，存在的只是关于审美和艺术的活动，可以总称为“美的活动”。美的活动不仅包括狭义的艺术创作和艺术欣赏活动，而且涵摄着人类活动中一切审美创生、审美观照和审美参与活动。这是一种对美的广义的理解，同时也是从人类活动论出发的现实理解。艺术活动，只是美的活动中的凸现形态，它的物化形式才是艺术作品，人们一般简化称之为“艺术”。

进而言之，不仅存在着审美创生与审美观照的区分，在此之外，起码还可以进一步区分出审美参与。“参与者是狄奥尼索斯式的人、主使者、富有情感的人、具有即刻反应性的人、生活在娱乐的活泼的领域中。观照者是一种阿波罗式的人、理性主义者、延缓深刻反应性的人、拘泥于形式的人、客观主义者。”①狄奥尼索斯式(酒神)与阿波罗(日神)是古希腊的两位神祇，将他们用以形容人，意在表示两种在审美过程中的迥异性格：前者全身心地、动态地投入，后者则保持距离地、默默地静观。这就类似于朱光潜所说的“演的人生”与“看的人生”的差异。然而，即便是这种区分，它们之间的界限也是不明显的，甚至是相互交错的。

任何审美创生活动中都包含审美观照乃至审美参与的成分，比如艺术家在身为创造者的同时必然是观照者，而且更是观照者中的行家里手。审美观照其实也就是一种审美参与，只不过它是“浅度”的参与，而

---

① ［法］于斯曼：《美学》，99～100页，北京，商务印书馆，1995。

不像审美参与那种“全力以赴”的参与。当然，审美观照尤其是审美参与中，的确也在很大程度上伴随了审美创生。从接受美学的视角看来，审美观照绝不是一种被动的、毫无反馈机制的接受。恰恰相反，审美观照是一个面对审美对象的积极的应对过程。其实，审美参与也是一种创作，只不过它是“浅度”的创造，不如审美创造那样“完全投入”。如此看来，美的活动其实也是一种综合性的活动，它包孕了审美观照、审美参与、审美创生，它的确是一种复杂的生活流程。

这样，从人类活动论的角度看，美是生活，就等于是说，美的活动就是一种生活，现实生活成了美的本源性的规定。

显然，“美是生活”①的，而不是超出或脱离生活之外的任何东西，这是一种朴素的观念。美绝不是某种抽象的观念，它其实是最拒绝被抽象化的，它以其具体的、活生生的特质而存在于人类生活之中。从人类活动的角度看，无论是审美创生(艺术活动只是其中的凸显形态)、审美参与(其实也是一种浅度的创造)，还是审美观照(其实也是一种浅度的参与)，都是种种特殊的生活形式。当然，“在此，‘生活’一词不可取生理学的含义，而是指有目的的生活，它表明精神的创造性——在最广泛

① 车尔尼雪夫斯基这个著名的“美是生活”论，直接将生活与美相互同一，未对生活的内在结构加以区分。但这一理论的缺陷还在于：①对生活做出了生物学的理解：将生活解释为低级意义上的“生命”状态，在俄语里的“生活”与“生命”是同一个词。②反映论模式及其矛盾：“美是生活”的理论最终归结在机械直观的摹仿论，要求艺术去再现和摹仿生活。他一方面强调“艺术不过是现实的苍白的复制”，但又要求艺术“说明生活”而成为生活的“Handbuch”(教科书)。但艺术既然是如此的苍白和贫弱，又如何能对“对现实生活下判断”呢？③否定艺术美的价值，也无法解释自然美的难题，自然美并非只令人想到生活才是美的。可见，车氏的生活美学仍是不彻底的，在本体论上采取了现实生活的主张，却在具体问题上仍然滞留于传统思想里，从而未一道以贯之地解决问题。

的意义上说，它在历史之中创造文化。正是这种生活构成了种种精神科学的主题”①。不过不要忘记，这种指向意义的生活，广义而言就能形成人类的文化，它仍是建基在物质生活基础之上的。

然而，在西方的传统观念中，美却为现实世界的理性分化（真理、道德和审美的绝缘发展）所桎梏，为观念世界的理性抽象所掩蔽。这也就是说，“那种在黑格尔看来在历史进程中发展着的‘理念王国’，现在业已脱离了世界，美的东西则被移居到了‘现实生活的真正斗争’的彼岸。这以多种多样的变态形式进行着：以平淡无味而注重有用的现实世界的形式进行着，以诗的浪漫主义世界的形式（参阅诺瓦利斯等人的作品）、以谢林的宇宙这种上帝的艺术作品的美的形式、以叔本华的艺术形式（这种艺术作为‘美的王国’与‘意志’这种世界及其经验实在的真实内容相对立）、以尼采的‘美的’形式（这种美作为根本无力的假象与现实人的需要相脱离而孤立地存在）进行着；人们以这一切形式把美的东西与道德东西对立起来，而且美的东西像块纱幔一样，蒙盖着人的存在”的真正状态。② 但在现实的生活世界之中，美不仅呈现的是人类基本的经验世界，而且，真、善、美在这一世界中也是未经分化的，而没有后来的那种概念化与制度化的分隔。

“艺术否定生活论”只是这种观念的一种结晶，它显然是与生活美学相悖的。正是直面这种否定论，西方思想史上那些有识之士，如维特根

① ［德］胡塞尔：《胡塞尔选集》（下卷），倪梁康编，942页，上海，上海，上海三联书店，1997。

② ［德］埃哈德·约翰：《马克思列宁主义美学诸问题》，朱章才译，194页，昆明，云南教育出版社，1999。

斯坦及其后继的分析美学论者、杜威及其后继的实用主义美学论者，反其道而行之，提出了“艺术与生活同一论”作为思想的逆转。但吊诡的是，其实无论是“艺术否定生活论”，还是“艺术与生活同一论”，都具有共同的理论缺陷，尽管它们在理论形态上看似为两个极端。这就需要继续区分出现实生活的内在结构，亦即区分出“日常生活”与“非日常生活”之间的本然差异。

二、美的活动：在日常生活与非日常生活之间

所谓“日常”的生活，顾名思义，就是一日复一日的、普普通通的、个体享有的“平日生活”。每个人都必定有每个人的日常生活，它是人们得以生存和消费的根本基础。马克思把“生产物质生活本身”作为“第一个历史活动”,① 正是此意。但是，日常生活不仅包括这些基础的方面，而且，还包括在个体消费、家庭生活、私人空间内进行的主体间性的人际活动，还包括日常的从无意识到有意识的各种精神活动。日常生活的世界就是这样，从消极的角度看，它是一个自明的、熟知的、惯常的世界，具有私人化、反复性、封闭性的特点。“在平日中，活动与生活方式都变为本能的、下意识的、无意识的和不假思索的机械过程。物、人、运动、工作、环境、世界等等的创造性和可靠性是不曾被人感知的。它们未经考查、未被发现，但是却简捷地存在着，并被看作囊中之

① 《马克思恩格斯选集》第1卷，79页，北京，人民出版社，1995。

物，看作已知世界的组成部分。”[①]但如果从积极的角度看，它又是一种活生生的、基本经验的世界，具有混糅性、原发性、奠基性的特点。

在日常生活之中，现实的个人总以各种形式将自身对象化，一方面，他们通过塑造生活的世界来塑造自身；另一方面，日常生活的世界反过来也对人加以限定与规定。前者指的日常生活世界是人们活动的对象，后者指的日常生活世界是人们生活的背景，它们是交互规定着的关系。这意味着，“日常生活是基于一个特殊层面上的对象化是在‘既成的世界’的层面上，即是说，这是人出生于其中，他必须在其中学会演习，学会对之加以操纵的环境”[②]。但值得注意的是，在此意义上的“日常生活”并不是只是作为与公共生活相对待的私人生活，尽管日常生活要植根于私域空间，但是日常生活世界并不就等于私人生活领域，日常生活也有可能在一定的公域空间内实现。同时，它也不是与高雅生活对峙的通俗生活，整个世代的人们(无论如何划分阶层)其实都将日常生活世界视作“自然氛围”一般，从而曾经地、正在地而且即将地生活在其中，除非他们遭遇个体的死亡。

无可否认，在日常生活世界的边界之外，还存在有另外一个世界，它与日常生活恰恰成了相对物。这便是“非日常生活”世界。如果说，日常生活状态大致相当于海德格尔所谓的“当下的”“上到手头的”的“上手”(Zuhanden)状态的话，那么，非日常生活则保持着一种“现成的”“摆在

---

① [捷克]卡莱尔·科西克：《具体的辩证法》，傅小平译，53页，北京，社会科学文献出版社，1989。

② [匈]阿格妮丝·赫勒：《日常生活》，衣俊卿译，52页，重庆，重庆出版社，1990。

手头的”的“在手”(Vorhanden)状态。“上手的东西的日常存在曾是十分自明的，甚至我们对它都不曾注意一下”①，人们在日常生活中并不曾在意“为何上手”或“何以上手”的问题，从而保持着一种“无意”的自在状态。这样，上手的东西的“合世界性”②也就显现出来。但一旦人们“有意地”打断这种熟知的生活，那么，“上手东西的异世界化便同时发生。结果在它身上就映射出‘仅仅在手的存在’”，③ 这是日常生活过程的中断与非日常生活的凸现。而且，日常生活只有在这种非日常生活出现之时才成其为“问题”，才能显露出自身的存在，在手的东西就是“可以加以专题把握的东西”④。道理很简单，日常生活中的人们由于其“无意”性并不能返观自身，而只有在其时间被阻断后才能“有意”观之，从而尽显其平日性和日常性。日常生活与非日常生活的相互分化，正是在这种撞击中划分出边际的，“无意”要由“有意”来区隔和显现。

从历史的嬗变来看，非日常生活是从日常生活之中逐渐脱胎而滋生而来的；从理论的逻辑来看，日常生活针对非日常生活亦具有必然的“奠基性”，每个人都要过日常生活，但并不必都要时时过非日常生活，但二者却共同构成人类的现实活动及其世界。可以说，日常生活就是非日常生活的泛化而坚实的基础，甚至“日常生活是历史潮流的基础”⑤。非日常生活从日常生活的独立，实际上是较早人类历史阶段的产物，原始社会的祭

① [德]海德格尔：《存在与时间》，陈嘉映、王庆节译，93页，北京，生活·读书·新知三联书店，1987。

② 同上书，92页。

③ 同上书，94页。

④ 同上书，94页。

⑤ [匈]阿格妮丝·赫勒：《日常生活》，衣俊卿译，51页，重庆，重庆出版社，1990。

祀活动其实就是一种脱离日常生活的非日常生活形式。随着物质劳动和精神劳动分离的真正分工的开始，“不仅使精神活动和物质活动、享受和劳动、生产和消费由不同的个人来分担这种情况成为可能，而且成为现实”，[①] 这样，非日常生活的“制度化”的形成得以可能。这是由于，只有在原始社会末期社会再生产真正成型之后，特别是随着生产资料的私有化，社会的组织化和体制化(如阶级和国家)，非日常生活的“制度化”才能才得以形成，人类的精神和知识的生产才能稳固和传承下来。这样，作为维持社会再生产的活动，政治、经济、文化的公共生活，科学、哲学、宗教的社会化精神生产最终获得了形成的条件。这些赫勒所说的非日常生活的“制度化”方面，还是非日常生活历史发展的产物。

质言之，日常生活就是一种“无意为之”的“自在”生活，比较而言，非日常生活则是一种“有意为之”的“自觉”生活。这两种生活的情状区分类似于海德格尔所说的“上手状态”与“在手状态”的差异，前者是“合世界性”的，后者则使前者“异世界化”。

从这种基本的区分出发，再来考察“艺术否定生活论”与“艺术与生活同一论”的共同理论缺失。实质上，他们共同的误区在于——都未将现实生活解析为日常生活与非日常生活的两部分，都将生活视为绝对整一的，因而才得出各自的结论。“艺术否定生活论”直接将艺术与现实生活相“疏离”而成为“异在”事物，只见艺术与日常生活的差异，而未看到艺术与日常生活的本然连续性，把艺术本属于非日常生活的部分认定是超出生活本身的。“艺术与生活同一论”则将艺术与现实生活直接等量齐

① 《马克思恩格斯选集》第1卷，83页，北京，人民出版社，1995。

观，而忽视了日常生活与非日常生活的内在差异，忽视了艺术与日常生活、非日常生活还都存在着“同中之异”。

可以说，“艺术否定生活论”将艺术对日常生活的否定，扩大为艺术对整个生活世界的否定；而“艺术与生活同一论”则将艺术与日常生活的同一，或与非日常生活的同一，泛化为与整个生活的等同。

同时，持这些论点的论者又大都将艺术作为所有美的活动的代替品，未看到艺术之外存在的更为广阔的美的领域。海德格尔、维特根斯坦、杜威非但没有将艺术等同于艺术作品这类事物，而且都将艺术看作一种活动，一种生活。特别是海德格尔，他首先发现“艺术作品—艺术家”交互规定的循环链条，但他只视它们为导向本源性“艺术”的通道，他将艺术与美都视为存在真理的发生。维特根斯坦本人虽对美语焉不详，但总体上来说却是拒斥传统形而上学的美学思考的，他的后继者发展了其关乎“生活形式”的美学观念；杜威则将审美经验与日常经验直接贯通起来，艺术就是经验，艺术只是审美经验的凸显形态。这就涉及一个艺术与生活孰高孰低的问题，抑或根本同一？多数的“艺术否定生活论”者显然坚持艺术高于生活，认定艺术才是生活的最高范本。但与否定论的理论预设正相反，从传统的生活论美学角度看，“真正的最高的美正是人在现实世界中所遇到的美，而不是艺术所创造的美”①。但实际上，这种你高我低的比较是无意义的，艺术与生活处于辩证对话的关联之中，而不是简单的谁否定谁的关系。

---

① ［俄］车尔尼雪夫斯基：《艺术与现实的审美关系》，周扬译，10页，北京，人民文学出版社，1979。

这样，必须进一步提出的问题就是：美的活动究竟是属于日常生活，还是属于非日常生活呢？在这里，看法也是有截然相反的两类，或者认定美属于日常生活，或者将之完全归结为非日常生活。由此可见，这两类观点尽管都将美归之于生活，但是对生活的理解都是绝对的，都持一种“非此即彼”的思维方式，而没有看到艺术与生活的内在张力，没有看到美横跨日常生活与非日常生活的两重性。

在现代西方的哲学家看来，无论是杜威还是维特根斯坦，都将艺术归于“日常生活”的范围内，只不过他们的实用主义与分析哲学的视角是不同的。按照实用主义的经验观，经验就是人们日常生活的实实在在的经验，是融合了主体与客体的实际经验，杜威所要寻求的就是日常事件、活动、经历与艺术之间的延续关系。因而，艺术就是经验的高度发展的表现，即物与我完全相互渗透而对“活生生的人”的经验的表现。维特根斯坦注重语言是在人的日常活动过程中使用的，语言是人们日常运用的沟通的工具，他在《哲学研究》中所指的语言就应当是“日常语言”。维特根斯坦既然肯定了日常语言是世界的一部分，必然同其他活动联系在一起，那么，艺术也自然就是日常的“生活形式”，是被渗入人们无从选择的日常环境与文化氛围中的。赫勒的看法更为具体，“艺术是日常生活不可分割的组成部分，这不仅仅断言，审美思维方式的前提条件和原初模型，是内在于日常思维的异质复合体之中，它同时断言，审美体验也总是以某种形式出现于这一复合体之中”①。这种看法较为辩证，

① ［匈］阿格妮丝·赫勒：《日常生活》，衣俊卿译，115页，重庆，重庆出版社，1990。

既指出了艺术与日常生活的来源性关系，又提出了艺术呈现的场域就是日常生活；但是，却显然忽略了艺术与日常生活还是有“距离”的这一颠扑不破的事实。这种距离，其实正是艺术属于非日常生活的部分。

其实，以往的论者多数泛化地理解了美或艺术的“非”或不同于日常生活的方面，认为这一方面不同于日常生活因而也是超越于生活的，而没有看到这一方面正是属于非日常生活的。我们知道，这种将美或艺术与日常生活隔离的看法，其实是一种自康德时代以来的传统观念，它在现代的美学和艺术思潮中仍占据着主流。具有独创性的还是海德格尔，与杜威和维特根斯坦的日常生活取向不同，他将“与他人共在”的日常生活称为非本真的生活，而美或艺术则是一种本真的生活。换句话说，美或艺术作为一种本真的生活，它是超出了“日常的共同存在”的，因而，海德格尔倾向于将美的活动视为非日常生活。其实，大多数的学者仍自觉与不自觉地将美或艺术归属于非日常生活，认为与其他的非日常生活(主要是非日常生活的“制度化”活动领域)比较而言，艺术属于非日常的“精神生产领域”。具体而言，艺术世界与科学世界、宗教世界、哲学王国一道都是自觉的人类精神生产领域或人类知识领域。然而，尽管他们看到了艺术不同于日常生活的必要张力，但是，他们恰恰忽略了美或艺术世界的特性，忽视了它与日常生活的那种本然的连续性。

总而言之，作为一种特殊的生活，美的活动虽然属于日常生活，但却是与非日常生活最为切近的日常生活；它虽然是一种非日常生活，但却在非日常生活中与日常生活离得最切近、最亲密。美的活动，正是位于日常生活与非日常生活之间的特殊领域，毋宁说，美的活动介于日常生活与非日常生活之间，并在二者之间形成了一种必要的张力。

为什么这样说呢？实际上，从日常生活的无意识的、非理性的精神活动，再到科学、宗教、哲学这些非日常生活的精神生产领域，都具有一种本然的延续性。美的活动，就是介乎这两种生活之间的特殊类型的生活。胡塞尔就曾指出，就连科学这样的非日常生活，或者说“客观—科学世界的知识也是‘奠基’于生活世界的自我明见性之上的……只要我们不在陷于我们的科学思维，只要我们能够察觉到我们的科学家也是人，并且是生活世界的一个组成部分；那么整个科学和我们一起进入这个……生活世界”①。虽然我们并不能同意胡塞尔对生活世界的理解，但是，他带来的启示却是：非日常生活的确是奠基于日常生活之上的。只不过，非日常生活的不同部分与日常生活的之间的关联有亲疏程度的差异。与科学的量化世界、哲学的概念世界、宗教的超升世界不同，美的活动与日常生活是最具亲密关系的。试想，无论是用冷冰冰的科学范畴去区分和计量世界，还是用思辨概念去“抽象”世界、用宗教体验去与神明交流，都不如美的活动那样“活生生”地把握现实世界。

这是因为，美的活动与日常生活具有的本然的“亲合力”，在“来源与呈现：美与生活的日常连续性”这一节中，将详细论述。但是，美的活动与日常生活毕竟还有不同，这就是美的活动作为非日常生活提供给我们的东西，在“内在的超逾：美与生活的非日常张力”这一节中，将进一步加以探讨。

---

① Edmund Husserl, *The Crisis of European Sciences and Transcendental Phenomenology*, Evanston: Northwestern University Press, 1970, pp. 130-131.

三、来源与呈现：美与生活的日常连续性

美与生活，究竟具有什么样的连续性呢？美与生活的连续性，实际上，主要是就美与日常生活的辩证关联来说的。这种关联，简单说来是两个方面，一方面，日常生活世界构成了美的“来源”；另一方面，审美也是在日常生活世界中得以“呈现”的。为了显示这种连续性关系，我们准备从日常生活所具有的几种基质出发，来论述美的活动与日常生活这种相互契合性。

(一)从直观性到“本质直观性”

日常生活具有“直观性”，是可被直观到的平日事物的整体，这本身就是可以被直观到的事实。这是日常生活的最基本的特质，日常生活的其他特质都是在此基础上形成的。

那么，究竟什么是“直观”(Anschauung)呢？自从康德在知识领域提出他的直观理论之后，“直观”就被做了更广泛的理解，谢林“美感的直观”首先将这种观念延伸到美的领域。在谢林之后，费尔巴哈、马克思到胡塞尔都做出了独特的理解，特别是胡塞尔，他直接把康德的“经验的实在性”和“先验的观念性”熔铸为一种“本质直观”的学说。那么，艺术或审美的直观具有什么样的特质呢？它离日常生活的直观有多远呢？

谢林将“美感的直观”作为人类活动的最高的形式，并认定“美感的直观”是高于“理智的直观”的，从而推翻了后者在西方哲学史上一直占据的统治地位。他甚至认为，“理智的直观”只是哲学家的精神之需并不

具有客观性，而“美感的直观”由于是“理智的直观”的外化，从而具有客观性并广为接受。这样，在谢林看来，“先验哲学的整个联系仅仅以自我直观的级次不断提高的过程为依据，这个过程是从自我意识中最初级的、最简单的直观开始，而到最高级的，即美感的直观为止”①，也就是“到艺术里的自由与必然的最高统一”为止。这种审美至上论，极力崇尚审美直观的绝对完善性，但在审美与现实之间划开的沟壑却是难以逾越的，这种割断显然来自主客二分的思维模式。

费尔巴哈也不满足抽象思维而诉诸“感性的直观”。他所强调的是：“感性世界”具有“被直观到的客观本质”，而明确反对当这种本质成了“反思”和“神学”的欺骗的和幻妄的对象。这样，费尔巴哈就为走向所谓“现实的光明”的艺术铺平了道路，因而，艺术便在“感性形式”中表现出了“感性本质”。虽然这位思想前驱并没有明确提出“本质直观”的概念，但他却认为“直观提供本质、真理、现实”，② 而且，“只是形式的东西”亦是本质的，艺术那种(形式化的)“感性直观”可以说也是一种“本质化”的直观。这段具有启发意义的思想被表述为：“思辨哲学并没有在真正的光明中，现实的光明中理解和阐明艺术和宗教……然而事实上，思考认为只是形式的东西，却正是本质……艺术在感性形式之中所表现的也不是别的，只是与感性形式不可分离的，为感性所固有的感性本质。”③

马克思则在走向“现实的光明”的道路上树立了转折的路标。他批判

① ［德］谢林：《先验唯心论体系》，梁志学、石泉译，278页，北京，商务印书馆，1977。

② ［德］费尔巴哈：《费尔巴哈哲学著作选集》(上卷)，荫庭等译，270页，北京，商务印书馆，1959。

③ 同上书，172页。

了费尔巴哈对“感性世界”的理解“一方面仅仅局限于对这一世界的单纯的直观，另一方面仅仅局限于单纯的感觉”，[①] 从而将“现实的”对象等同于“感性的”对象，又将“感性的对象”置换为“感性的活动”，即共同的、活生生的、感性的人类实践活动。通过这种改造对象世界的实践活动——其根基是人的劳动——“自然界才表现为他的作品和他的现实。因此，劳动的对象是人的类生活的对象化：人不仅象在意识中那样理智地复现自己，而且能动地、现实地复现自己，从而在他所创造的世界中直观自身。”[②]这样，现实的生活世界就是“直观自身”的世界，在实践活动及其结果之中所直观到的世界，这种直观也是“通过感觉直观的”。所以，“人和自然界的实在性，即人对人说来作为自然界的存在以及自然界对人说来作为人的存在，已经变成实践的、可以通过感觉直观的”[③]。可见，马克思是在人类生活实践的基础上来言说“感觉直观”的，从而确证了现实生活的直观性的本质，这种直观性正是日常生活的基质。

同时，马克思还扬弃了费尔巴哈对“艺术”的阐释。在费尔巴哈看来，“艺术一目了然地证明：绝对精神就是所谓有限的主观精神，因此绝对精神与这种主观精神是不能而且不应该分开的。产生艺术的，是那种以此岸生活为真实生活、以有限者为无限者的感情，是那种以一定的

① 《马克思恩格斯全集》第3卷，48页，北京，人民出版社，1960。

② 《马克思恩格斯全集》第42卷，97页，北京，人民出版社，1979。

③ 同上书，131页。马克思来自费尔巴哈的“感性”概念，是经过实践哲学的改造了的“感性”，它显然与“感性学”意义上的“感性”（也就是与理性相对的“感性”）并不相同，它指的就是所谓的“可以通过感觉直观的”。这倒在某些方面接近于胡塞尔的“本质的直观”，其实二者倒是可以相互联通的。

实际本质为最高的神圣本质的热情”①。实际上，费尔巴哈的所谓的“主观精神”与“人的本质”是二而一的东西，这种对“人”的理解仅仅在情感范围内承认“现实的、单个的、肉体的人”，而将“现实存在着的、活动的人”划出视野之外。马克思则在人与人之间现实的“社会关系”中，剥离掉了费尔巴哈的人本学的维度，而在艺术活动中灌注入了生活实践的基石。如此这般，在马克思看来，艺术不仅来自“以此岸生活为真实生活”的世界，即现实生活世界，而且这个世界就是“通过感觉直观”的世界。但是，马克思主要是就(由人的劳动所维系的)人与自然的关系来说，其实，在这种“自然的环境世界”的基础上，胡塞尔所谓的“日常的环境世界”“历史的”或“文化的环境世界”都是人类实践活动的直观的世界。这样，日常生活也就必然具有直观性的基本特质。

在现象学的意义上，胡塞尔提出了“本质直观”(Wesensschau)的概念，并将所谓的“本质还原”作为在方法论上保证本质直观的过程。但在晚期的《欧洲科学的危机与先验现象学》(*Die Krisisi der europäischen Wissenschaften und die transzendentale*，1936)的讲座之中，胡塞尔提出了“生活世界”(Lebenswelt)的理论，并赋予了这种生活世界以“原则上可以直观到的事物的总体”的基本规定。胡塞尔的“生活世界”的相对物主要是科学世界，他试图将科学“奠基”在生活世界之中。由此，“生活世界的自然态度”与“客观科学的态度”“哲学反思的态度”就得到了区分，后两种都是在某种程度上将现实世界作为课题来加以探讨的。但胡

① [德]费尔巴哈：《费尔巴哈哲学著作选集》(上卷)，荫庭等译，105页，北京，商务印书馆，1959。

塞尔所谓的“生活世界”，也就是被他称为“周围的世界”(Umwelt)或“生活周围的世界”(Lebensumwelt)的东西，基本是就日常生活而言的，它显然不涉及非日常生活的制度化事物和精神生产领域，因为科学和哲学就是明显属于后者的。

胡塞尔既然赋予了“生活世界”以一种直观的本性，那么，这种直观的特质何在呢？胡塞尔首先反对近代认识论的这样一种看法：即“直观”只能将“个体之物”作为自己的对象，而“观念之物”或“普遍之物”则要通过抽象才能被把握。依照此定理推论，“直观”并不能使人们获得“本质性”的认识，美的直观当然亦是如此的。反其道而行之，胡塞尔却提出了“观念直观的抽象”的解释，表现出了突破传统关于“直观”思维的努力，但却仍受到先验的意识哲学的桎梏。“‘直观的现象学’本身在胡塞尔那里还包含有两种意义上的‘直观’：感性直观与本质直观。一个本质直观必须以感性直观为出发点，因此本质直观奠基于感性直观之中；但本质直观可以超越出感性领域而提供本质性的认识。”[①]这种区分是至关重要的，如果说，费尔巴哈意义上的直观更多还是一种“感性直观”的话，那么，胡塞尔则进一步区分出了“本质直观”，并赋予了直观以一种能够把握本质的能力。

根据我们的理解，如果说日常生活还是一种“感性直观”的话，那么，美的活动则是一种奠基于“感性直观”并与之相融的“本质直观”。

这样，由此我们就能推及美和艺术的问题，可以大胆地说，美的活

---

① 倪梁康：《胡塞尔现象学概念通释》，39页，北京，生活·读书·新知三联书店，1999。

动或艺术世界所呈现的正是对日常生活的一种“本质直观”[①]，这是一种对本真生活的把握，但日常生活的那些乏味的、混乱不整的方面则并不能进入这种直观的视角。在这个意义上，美的活动可以直接把握生活现象自身，也就是把握日常生活的那种活生生的质感。“胡塞尔在超验的精神现象意义上来理解生活世界。虽然胡塞尔没有说他的‘生活的世界’是‘艺术的世界’，但这个世界却是‘直接的’，是将‘本质’和‘意义’直接呈现于‘人’面前，是‘本质的直观’……这已经为他的学生海德格尔将‘诗意’引入这个‘生活的世界’提供了条件。”[②]

胡塞尔的日常生活分析可谓更深一步，美的活动正因此而被“本真地”加以呈现。也就是说，在美的活动之中，事物的直观为自身所给予，也就是生动地、原本地被给予出来的。其中，我们所把握的事物是色、香、音、味俱足的现实生活本身，而不是只关注从现实生活中剥离出来的某种东西，例如从中抽象而来的概念范畴或科学定律，从中规约而来的道德律令或信仰箴言，等等。这是因为，这些“非”美的活动，显然未将现实生活的其他可能角度加以全面地呈现，而只是从特定视角对生活加以某种“意指”性的理解。

如此看来，美的活动与所介入的世界，构成了一种现象学意义上的“意向性”关系。换言之，在美的活动中，一个意向的被意指之物，就是

① 胡塞尔虽然并未将“本质直观”归之于艺术，但是具有共同性的是，中国当代学者往往打通了这种关联，这似乎与中国传统的注重现世生活的本有传统不无关系。这些论点先后出现在薛华的《黑格尔与艺术难题》(北京，中国社会科学出版社 1986 年版)、叶秀山的《思·史·诗》(人民出版社，1988 年版)和《美的哲学》(人民出版社，1991 年版)、张世英的《进入澄明之境：哲学的新方向》(北京，商务印书馆 1999 年版)等著作之中。

② 叶秀山：《美的哲学》，23 页，北京，人民出版社，1991。

一个被直接把握的、“直观性的”“原初经验性的”和“原本给予性的”美之现象。

在希腊文中，“现象”(Phänomen)与“显现”(Erscheinung)是完全同义的，它就意味着“显现出来的东西”，即“被直观的对象”。[①] 当然，美的活动所“直观”的本质并非在现象时空之后，这种“本质的直观”与“直观的本质”是同时生成的，通过现象的审美看到本质的观点，仍预设了本质与现象的二分观。这样一来，美的活动，既不是主观的和精神的，又不是客观的或物质的实体性存在，而是超越了主体与客体、精神与物质二元对立的“意向性”存在。这种“意向性”存在不仅是非实体性的现象存在，而且，也是一种蕴含着意义的关系性存在。

美的活动在直观中才能达到本质，或者说，让本质就呈现于审美直观之中，美的活动就是“本质直观”。因而，美的活动，其实也就是“回到事物本身”的本真活动之一。

(二)从非课题性到“自身明见性”

“非课题性”也是日常生活所具有的基本特质之一，它是根源于日常生活的“直观性”。

事实也是这样，我们对待日常生活并不是把它看作问题，并不是把日常生活当作某种“课题”来加以探讨，如科学探索和哲学反思那样。假如将日常生活当作课题来看待的话，那么，日常生活也就不成其为日常

① 倪梁康：《胡塞尔现象学概念通释》，145页，北京，生活·读书·新知三联书店，1999。

生活本身了。这样，就会形成一种对象化的思维方式：也就是把生活看作研究对象，并把它“抽象”或“肢解”为科学命题和哲学范畴等，那就必然会将主体与客体相互拆分开来。这显然为日常生活的“直观性”所拒斥。

正因如此，现实的日常生活便具有了一种摒弃主客二分的特性。回到生活世界，才有可能避免传统哲学的主客两分框架。然而，人们常常把艺术活动置于这种主客二分的框架中去理解，无论创作者与艺术品的关系，还是欣赏者与艺术品的关系，都被强行纳入这种二分框架。

但实际上，日常生活和美的活动都是不能被这样看待的，在日常生活中物与我的混糅是一看即知的，或是不“言”自明的，美的活动之中的主客体更是如此。但是，既然我们已对生活世界加以言说，就必须将之纳入“言”说之中，否则我们就无法返身来认知日常生活。这便形成了一种悖论——虽然现实生活世界是不能被课题化的，但又不得不与人们的认识相连。哈贝马斯便敏锐地意识到“生活世界知识”本身所固有的悖论性质：在交往活动中发生“绝对确定性”作用的生活世界虽并不构成认识对象，但恰恰由于其成为人们处理事物的方式的可信赖的依据，因而又不可分离地同预先反思而得的认识相连。① 这正是我们所要说的意思。

然而，“非课题性”更多的是从否定的方面来规定日常生活的特质的，从肯定的方面来讲，日常生活更具有一种“自身明见性”(Evidenz, i. e. self-evidence)。

---

① Jürgen Habermas, *The Theory of Communication Action*, *Vol*. 2, Cambridge Polity Press, 1989, p. 135.

严格地说，这一概念的创始者是现象学宗师胡塞尔，哈贝马斯论述的生活世界之"非课题性"思想也正是援引于此。所谓"evidence"，即"明证性""自明性"或"明见性"，它其实并没有诸如证明或论证此类的意思，因为直观本身是不能被证明的。换言之，"明证性"不是证明，而是"非"证明。所以，在我们看来，"自身明见性"就是要把日常生活看作一个无可置疑的、足以信赖的、不言自明的客观前提，日常生活本身即具有一种自明确然性。因此，胡塞尔才总结道："生活世界是原初的自身明见性的领域。"①

但是，胡塞尔的"自身明见性"(Evidenz)仍是在先验构造的主体性的视角内得出的，他所谓的"生活世界"仍是现象学基本原则的某种延伸和发展。他明确指出了生活世界具有使人们在"自然态度"内直接面对现实世界的特质，"我们意识到我们一直生活在生活世界之中；为了我们自身，通常没有理由将生活世界作为普遍性的世界而加以明晰的主题化。我们意识到，在这个世界的视域中，我们总是为了特殊的目的而生活，不管目标是瞬间转变，还是持久地来引导我们的。"②显然，生活世界这种特殊的自明性是无可置疑的，胡塞尔虽在某种程度上超出了传统哲学的二元分裂，但却未在根本上突破主客框架。肇源于此，哈贝马斯进一步将生活世界的知识作为"一种深层的非主题知识，是一直都处于表层的视界知识和语境知识的基础"③。但这位后继者进而认定，这种

---

① Edmund Husserl, *The Crisis of European Sciences and Transcendental Phenomenology*, Evanston: Northwestern University Press, 1970, p. 127.

② Ibid., p. 379.

③ [德]哈贝马斯：《后形而上学思想》，曹卫东、付德根译，77页，南京，译林出版社，2001。

生活世界绝对明确性的现实基础之奠基，是一种理想化的先验意识落归在生活世界的实践中而造就的。当然，哈贝马斯对胡塞尔的批判，最根本的还是对其主体性哲学基础的抨击。随着从主体中心到交往理性范式的转换，哈贝马斯反复批判后者只从主体性的视角来看待生活世界，而严重忽视了有言说者、受言者和参与者共存的生活世界的主体间性。显然，从胡塞尔“经验的自身明见性纯粹发生在生活世界之中”[①]，再到哈贝马斯的作为“非课题化的知识”的生活世界及其交往行为理论，逐步扬弃了意识哲学而转向交往哲学，这仍是告别主客哲学视野而回归到现实生活的转向之一。

在这种回归现实生活的视角里，美的活动也同日常生活一样是“非课题性”的，或者说它就是一种“自身明见性”的生活。笔者将在美的活动与非生活的特性形态的比较中来加以说明。

显然，人们对艺术的理解是“非课题”的，不是要求证明的，不是认识式的，而是直接可以领会的、直观到的。或者说，这种自明确然性是来自“直观性”的，正如胡塞尔所说的，“这种自身明见性是被给予的、直观的，作为‘物自体’的经验的，直接当下，或者，在记忆中，作为物自体被记忆；而其他一种直观方式都是物自体的表现”[②]。美的活动所特有的“审美理解”，不是科学那种将生活抽象为定理和概念，不是哲学那种将生活反思为范畴和体系，不是伦理那种将生活规约为规范和习惯……这些事物对日常生活的把握其实不是全面的。也就是说，这些制

---

① Edmund Husserl，*The Crisis of European Sciences and Transcendental Phenomenology*，Evanston：Northwestern University Press，1970，p. 129.

② Ibid.，p. 128.

度化的事物对生活的把握都是片面的，没有回复到日常生活原本的、活生生的本身。与理性规范的普遍性相比，美的活动中的“审美理解”也是人与人之间共通的，也是可以获得普遍理解的，但这种理解显然是一种自明确然的“本质直观”之理解。

在此，我们可以做出两个层次的分析。首先，在非日常生活领域，来看理论活动是如何与那种原初的“上手存在”的活动保持距离的，这是第一个层次。根据海德格尔的分析，在“操劳”活动中首先照面的存在者并不是纯粹的“物”，而是用具器物(Zeug)，比如各类日常用品、加工工具、交通工具、测量器具，等等。其次在日常的生活之中，我们关注的并非手头工具的制成材料、内在构成、组合结构等方面，而只看是否能“得心应手”。“打交道一向是和用具相契合的，而唯有在打交道之际用具才能按本来面目在它的存在中显现出来。这样的打交道，例如用锤子来锤，并不是把这个存在者当成摆在那里的物进行专题把握。这种使用也根本不晓得用具的结构本身。”[①]所以，与这种日常实践比较而言，理论的考察则缺乏这种原初的“上手状态的领会”。如果说，日常实践的使用和操作是用特定的眼光加以引导的话(亦即所谓的“寻视”)，那么，理论活动则是在方法中自己造就规范的“非寻视方式”观看的。

实际上，使生活世界得以“主题化”有两种基本方式，理论活动只是一种彻底反思性的态度，此外还有一种素朴自然的直面态度，但前者还是根源于并不离于后者的。这样，理论活动与实践活动就都得到了全新

---

① [德]海德格尔：《存在与时间》，陈嘉映、王庆节译，85页，北京，生活·读书·新知三联书店，1987。

的理解：理论活动也是一种行动，行动原有它自己的眼光；实践活动亦离不开观察，或者说，考察原本也是一种“操劳”。但比较而言，实践活动虽然比理论活动更加切近存在本身，但二者全没有把握真正的“物”的存在。

其次，什么是真正的“物”，或“物之为物”的“物性”呢？第二个层次的分析，就是美的活动对“物”的把握与“上手存在”的亲合性，以及与“在手存在”的区分问题。正因为美的活动植根于日常生活，它也具有了源自日常生活的“直观性”和“非课题性”，从而同非日常生活的“课题性”迥然相异。人们在“操劳”的时候，往往采取一种实用化的态度，也就是不仅不关注事物的内在结构，而且，一旦用得“得心应手”，就会忘记了其真实性的存在。美学的研究中常常举出这样的例证，审美者与科学家、伐木者在看待同一片森林的时候，观感绝不相同。简略地说来，科学家与伐木者的不同态度大致相当于第一个层次的区分，而审美者与伐木者的区别则大致相当于第二个层次。这是由于，科学家是以研究的眼光把森林作为科学研究的“课题”来探究的，伐木者则只关注工具是否合手、森林是否好伐这类的实用性，而只有审美者才能全神贯注于大自然的美景。真正的“物”只能是纯然之物，它只有物的特性而没有其他特性，在海德格尔看来艺术作品所承担的物正是这种“物”。

不论是用理论的眼光，还是用实用的眼光，乃至用素朴的直面态度来看待物，“物”的特性只是其他的、物自身之外的，而没有归属和聚集于物本身。海德格尔在分析凡·高的名画《农鞋》的著名论述中提到，鉴赏者能通过画中的鞋看到农妇所生活的世界，“这器具归属于大地，并在农妇之世界里面得以保存，正是基于这种保存的归属关系，器具自身才得以居于自身之中”①。换言之，只有在艺术的本质状态里，各种“物性”才能真正地在艺术的呈现中回到自身，农鞋已不是常人实用的器具，而成为呈现人普遍性的生活世界的场所，“物”的本性也随之昭然若揭了。其实，这也就是揭示出“自身明见”的生活事物，这正是一种本真生活的生活形态，这也是为美的活动所具有的。

美的活动，恰恰是介于“上手状态”与“在手状态”之间，它以对“物性”的全面直观把握而逃避了主题化，从而与日常生活的“自身明见性”保持了连续性。

(三)从历时性到“同时生成性”

最后，让我们从时间维度来分析美与日常生活的连续性。“日常”，顾名思义，就是平常的、流动着的、一日接一日的时日，这个词本身就指明了生活的时间之维。英语的“day-to-day”与德语的“alltäglich”都被用来意指这种平常的生活，可见，约定俗成的用法已标明了时间意识与日常生活的紧密联系。

“日常”生活，就是“常日”的生活，日复一日的平常生活，这是非日常生活所并不具有的。“显然，与时间相遇，是用不着某种非同寻常的体验或者事件的。对于时间的意识乃是我们‘日常’生活的组成部分……自从海德格尔在《存在与时间》中对日常生存与本真生存作了区别之后，日常性和日常世界成了哲学中的流行概念。尽管如此，人们至今仍很少

---

① Martin Heidegger，*Poetry*，*Language*，*Thought*，New York：Harper & Row Publishers，Inc，1975，p. 34.

注意到，‘日常的’这个词的构成已经是某种时间经验的积淀了。”[①]既然时间是不断流动着的，那么，日常生活便具有历时生成的特性，这是个不争事实。

这种日常生活的延续，就是一种“历时性”的不断生成。其实，在哲学思想史上，“生成”观念来自古希腊的亚里士多德的《形而上学》(*Metaphysica*)，但实体化的理解尚未将之与人联系为一体。而真正将“生成”与“生命”相互联系起来，还是从尼采“权力意志”到柏格森“绵延”的生成观念。尼采最明确地将二者结合起来，“两种最伟大的哲学观点：a. 生成、发展；b. 生命价值观”，这两者被“以决定性的方式糅合在一起。一切都在生成，在永恒的回归”[②]。柏格森不仅洞见到了这种关联，而且，还将这种生成转化为创造并延伸到人的生活之中，“我们是自己生活的创造者，每一个瞬间都是创造……在某种程度上，我是自己行动的创造者，我们不断地创造自己”[③]。但是，真正将这种生活的生成奠基于现实基础上的还是马克思，他拒绝了任何先于人的本质存在，而认为人是在以劳动为根基的实践活动中生成的，人类的历史正是以个人的自我生成为地基的。“整个所谓世界历史不外是人通过人的劳动而诞生的过程，是自然界对人说来的生成过程。”[④]这样，日常生活的生成便构成

---

① [德]克劳斯·黑尔德：《世界现象学》，倪梁康等译，242～243页，北京，生活·读书·新知三联书店，2003。

② 转引自赵修义、童世骏：《马克思恩格斯同时代的西方哲学》，154页，上海，华东师范大学出版社，1994。

③ [法]亨利·柏格森：《创造进化论》，王珍丽、余习广译，10页，长沙，湖南人民出版社，1989。

④ 《马克思恩格斯选集》第42卷，131页，北京，人民出版社，1979。

了世界历史的现实基础，它并非任何类型的意识流变。

美的活动所占据的时间，即“审美时间”，亦是日常生活时间的一个组成部分。

在与其他类型的时间比较中，这种特质更可见一斑。在美学的分析中，“审美时间”显然不同于为“物理时间与逻辑—推论时间”“正确的算术时间”等，但却与“感觉的世界”和“回忆的时间”有千丝万缕的关联。其实，前者这类“时间真的就是逻辑的和算术的，也就是：可推论的和可度量的”，[1] 换句话说，是脱离了日常生活的“抽象时间”。审美时间却与日常生活的时间(感觉世界、回忆时间等)具有巨大的亲合力。

但是，“艺术否定生活论”则不这样认为，他们将美和艺术视作永存的事物，因而，这种永存不在时间之中，它既不为时间所包含，更不为时间所度量。实质上，这种言论的背后是一种“审美区别”的观念，即对审美意向事物和一切非审美特性的分辨，也就是美与现实生活的隔绝。这种区分恰恰定义了伽达默尔所反对的“共时性”(Simultäneitat)的审美意识。在审美意识中，“共时性”将一切使作品有效的历史性维度都过滤掉了，从而把遗留因素提升到“同时存在”(Zugleichsein)的层面。[2] 这样，艺术作品就被孤立出原本的生命关联和文化语境，审美意识也滤析掉了历史性条件，而保留且并置着被“抽离出”的审美质量。

与“共时性”相对的则是“同时性”(Gleichzeitigkeit)，它与前者的时

---

① Herman Parret, *The Aesthetics of Communication*, London: Kluwer Academic Publishers, 1993, p. 45.

② [德]伽达默尔《真理与方法》，王才勇译，184页，沈阳，辽宁人民出版社，1987。

间平面化相反，它是在“完满的现在性”中吸纳过去、现在和未来的历时三维，这种艺术的时间结构就是伽达默尔所说的“节日”[①]，节日可谓对日常生活时间的征服。一方面，作为美的本质的时间，要在不断的“演变和复现”中获得其存在，这是因为现在总是由过去而来才流向未来。同时，由于固化的审美对象总是在历史中不断地为一代又一代的人所理解。另一方面，这种时间形式又要在“不断自我更新”中创造其形式，这是由于过去又是现在内的过去，并指向崭新的未来。同时，因为即便是对同一件审美对象，每一次的理解也都会有所不同，从而形成现代解释学所说的“效果历史”。

所以，在“现在、回忆和展望的时间经验中”，人们不仅认识到节日的时间经验其实就是“庆祝的进行”；[②] 而且在节日贯通当时之时间里，经历着“过去、现在和未来之间”的那“一场活跃的对话”。可见，审美时间，也是美的本质性的规定，要在历史的演变过程中对其加以历时性理解。

如此这般，终于可以知道美的活动是如何置身于时间之流中的。一方面，美的活动是日常生活时间的延续，它的审美瞬间正是这种日常生活“绵延”的横断面，即“垂直地切断纯粹的时间流逝”[③]；另一方面，美

---

① 但是，值得辨析的是，中西关于“节日”的时间意识并不是相同的。伽达默尔的节日时间是指一般基督教节日那种寂静的聆听，是一种“静”的节日，但狂欢节是个例外(巴赫金曾经对此做过精到的分析)。而中国的节日则是一种“喜庆”，是一种相对“动”的节日，这可以以春节为代表。

② [德]伽达默尔《真理与方法》，王才勇译，178页，沈阳，辽宁人民出版社，1987。

③ [日]今道友信：《关于美》，鲍显阳、王永丽译，98页，哈尔滨，黑龙江人民出版社，1983。

的活动作为对日常生活的阻断，形成了一种“同时性”的生成状态，即“过去—现在—未来”的三维时间之对话的状态。可以说，美的活动之时间性生成，既是日常生活绵延的“延续—中断—延续”，又是在审美“同时性”层面上的拓展与迁跃，从而成为“向着无限和永恒展开的时间带”①。

四、内在的超逾：美与生活的非日常张力

我们知道，美的活动在本源上是一种现实生活。审美活动既属于日常生活，又属于非日常生活，是介于日常生活与非日常生活之间的特殊领域。

一方面，美的活动与日常生活具有本然的连续性，在如上所述的诸多层面上都是如此；但另一方面，美的活动又在日常生活与非日常生活之间形成一种“必要的张力”，这种张力的获得却是来自美的非日常生活的方面。这样，经由从日常生活中而来的连续性，对美的活动的考察，便自然进入非日常生活的领域。

本节所要探求的正是美的活动——从日常生活到非日常生活的——内在超逾的过程。这种向非日常生活的超逾是一种包含着日常生活的延续过程，也就是从日常生活而生的“内在超逾”。我们之所以用“超逾”一

---

① ［日］今道友信：《关于美》，鲍显阳、王永丽译，97页，哈尔滨，黑龙江人民出版社，1983。

词，就是为了与传统意义上的“超越”(transcendence)划开界限。传统意义上的“超越”由于构筑在主客二分之上，因而具有了超出现实生活的内涵，具有了超出特定对象的否定的规定。然而，存在意义上的超越则不然，它是在现实生活中的“内在的超逾”。这是不离于现实生活的一种内在超越，这种超越往往为具有“实用理性”的中国人所充分感知到。难怪“内在的超越”这一用语，常常被现代新儒家用以形容中国古代哲学(主要是从先秦儒家到宋明理学)的特质，在这里，我们的理解却具有更多现象学的内涵。

海德格尔在《论根据的本质》(*Vom Wesen des Grundes*，1928)中便赋予了“超越”以类似的本质，他道明超越不能再被规定为“主体—客体之关系”或“主体性的基本结构”，“超越意味着超逾(Überstieg)。实行这种超逾、在这种超逾中逗留着的东西，是超越的(超越着的)。这种超逾作为发生事件(Geschehen)为存在者所有。在形式上，我们可以把这种超逾把捉为一种‘关系’，一种‘从’某物‘到’某物的延续的‘关系’(Beziehung)。于是，超逾就包含着它所要实现的东西，这种东西往往不确切地被称为‘超越者’(das Transzendente)了”。[①] 由此引入对美的活动的思考，是最恰当不过的了。

“超逾”的确就是一种从日常生活到非日常生活的延续的“关系”，超逾包含着它所要超越的日常生活，并不离于日常生活世界。这与传统中国思想那种同现实生活的“不即不离”是相通的。但是，海德格尔的意图

① [德]海德格尔：《论根据的本质》，见《海德格尔选集》(上)，孙周兴选编，168页，上海，上海三联书店，1996。

是进而将“超越”与《存在与时间》中著名的“在世界中的存在”相互等同，因为“此在”向之超越存在者的那种东西就是世界，世界恰恰成为超越结构里的一部分。但我们却将之纳入从日常生活到非日常生活的内在超逾之中，尽管在反对超越被误解为“超越者”这方面，也就是反对超越成为“超越者——超越对象”的截然二分关系这方面，我们的主张的确是趋同的。

同时，如果仅仅将“内在超逾”理解为“超越意识”的一种，那么，美的活动则失去了现实的生活基础，这是不能为我们所同意的。由此出发，就会产生这样一种相反的看法：“美不具有像真和善那种一般超越，不具有内在超越性或超越内在性。美所具有的是非内在的超越。即，美并不内在于实在的存在物中，只存在于超越层次的意识中。”①其实，美的活动始终是“内在”于现实生活之中的，这个“内在”就包含着美的“超逾”，因而，“内在的超逾”又是一种“超逾的内在”。

具体来说，美的活动并不是对整个生活加以超逾，这就必须将生活解析开来探究。一方面，美的活动与日常生活具有本然的连续性，是日常生活不可分割的连续体；另一方面，美的活动还具有属于非日常生活的层面，这也就是从日常生活向非日常生活的“内在的超逾”，这种超逾的特质在于始终没有剥离日常生活，始终是在现实生活内部实现的。这便是“内在的超逾”之“内在”的基本内涵。

再从人类活动的角度来看，从日常生活到非日常生活也是具有延续

---

① [日]今道友信：《美的相位与艺术》，周浙平、王永丽译，7～8页，北京，中国文联出版公司，1988。

性的。许茨在《生活形式与意义结构》(*Life Form and Meaning Structure*)中，提出“生活”形式呈现从低到高的等级排列结构：①纯粹绵延；②作为记忆自我的记忆赋予绵延；③活动的主我；④处在主你关系(Thou-ralation)之中的主我；⑤ 说话的主我；⑥ 进行思考和解释的主我，[①] 它们是相互连续与彼此互动的。可见，从日常生活的非理性“绵延”到非日常生活的纯理性“思考”，是一个由人类活动来贯通的连续体。而美的活动，恰恰最能体现出从日常生活到非日常生活的连续性。

这是由于，美在生活世界中得以最亲密的呈现，“审美对象以一种不可表达的情感性质概括和表达了世界的综合整体：它把世界包含在自身之中时，使我了解了世界。同时，正是通过它的媒介，我在认识世界之前就认出了世界，在我存在于世界之前，我又回到了世界”[②]。但在美的活动之中的“我”，已经不是主客关系意义上的“主体”了，而是一种杜夫海纳所说的“准主体”或“类主体”(quasi-subject)。[③]

其实，这种“准主体”正是不离于现实生活的“活生生的人”，正是所置身于“活生生的”生活的意向性的主体，也就是马克思所说的“作为现实的、活生生的、特殊的”存在，[④] 只有他才能近乎人类存在基本经验中的根本自在。在美的活动之中，“准主体”一方面在审美对象中呈现自

---

① Alfred Schutz，*Life Form and Meaning Structure*，London：Routledge & Kengan Paul，1984，pp. 31-117.

② [法]米盖尔·杜夫海纳：《美学与哲学》，孙非译，26 页，北京，中国社会科学出版社，1985。

③ [法]米·杜夫海纳：《审美经验现象学》，韩树站译，179 页，北京，文化艺术出版社，1992。

④ 《马克思恩格斯全集》第 42 卷，25 页，北京，人民出版社，1979。

己，感受到生活世界的气息；另一方面，审美对象也在表现“准主体”，使“准主体”在同审美意义融会贯通之中把握人类生活的深层存在。可以说，这种美的活动中的“准主体”每一次向生活世界的投射，就是一次从日常生活向非日常生活之“内在的超逾”过程。

(一)理想性与现实性的会通

“内在的超逾”首先关涉的就是理想与现实生活的关系。在人类思想史上，审美精神已成为人们“应当如此生活”的象征，本书所要重构的正是一种现代的审美精神。当然，这种审美精神的命题还有必要前提尚待论证，那就是，美的活动在理想与现实之间达到了一种必要的张力，这便涉及“应然”与“实然”关系的问题。

理想与现实的矛盾，其实就是一个“理想的应当”与“现实的必须”的矛盾问题。我们知道，“应然”与“实然”的鸿沟(is/ought gap)被称为“休谟定律”(Hume's law)。休谟(David Hume)在《人性论》(*A Treatise of Human Nature*)里富有争议的论点就是“应然”不可能源自“实然”，换言之，在事实与价值的鸿沟之间并不存在逻辑的桥梁。他写道，似乎是“完全不可思议的事情，即这个新关系如何能由完全不同的另外一些关系推出来的”①。然而，休谟是就道德而言的，对于美的活动来说，事实果真是如此吗？这就必须回归生活世界来看待这些问题，而且还要考虑美的活动自身的特殊性。

实质上，艺术的理想世界正与现实生活形成一种“不即不离”的关

---

① [法]休谟：《人性论》，关文运译，509～510页，北京，商务印书馆，1980。

系，形成一种理想性与现实性的张力。

那么，理想与日常生活世界究竟是什么关系呢？如胡塞尔的现象学所指出的，“所有理想化及其意义基础都起源于生活世界，生活世界使得这些理想化得以可能并且引发了这些理想化。一旦这种理想化得以成功，被理想化了的东西便积淀下来并作为被动的凝聚物(以科学真理或技术的形态)而从属于生活世界本身”[①]。胡塞尔的理想性还是一种广义的理想性，他的思想还是就日常生活世界对科学的奠基性关系来说的，客观科学所具有的理想的、自在被规定的构成物是通过生活世界本身的存在方式而成为可能的，同时，通过这种存在方式而为日常生活世界所奠基和引发。

但是，当我们将之引申到艺术的理想性时，具有特别的适合性，理想——作为一种与个别事物相符合的理念——其实也适用于美的活动。关键是如何看待“理念”的问题，美的活动的“本质直观”所达及的“直观的本质”其实亦是一种现实性的理念。这是因为，美的活动这种被理想化的东西，“它们作为这样一种凝聚物重又规定着一个从这个历史的意义发生中形成的生活世界的各种意义；但却是以这样一种方式进行规定，即：理想化产生于其中的那些‘原构造’始终可以从其生活世界的来源基础中回复到它的意义同一性之中”[②]。也就是说，美的活动所呈现出的意义，正是来自日常生活世界并回归到日常生活的意义之中。这就是理想与现实生活的关系，日常生活是理想得以可能的条件，不仅如

---

① 倪梁康：《胡塞尔现象学概念通释》，294 页，北京，生活·读书·新知三联书店，1999。

② 同上书，294 页。

此，理想就是在生活世界中得以成型的，并最终回归到日常生活之中。这也就是我们所说的“内在的超逾”，来自日常生活并向非日常生活的“内在的超逾”。

必须承认，无论是现实生活的生成，还是美的活动的生成，都是人类实践活动的产物。正如谢林所指明的，“艺术的理想世界和客体的现实世界都是同一活动的产物；(有意识的活动和无意识的活动)两者的会合无意识地创造着现实世界，而有意识地创造着美感世界”①。艺术其实是一种准理性的活动，日常生活的创造虽然是无意识的，但艺术创造其实是一种暗伏理性的创造。如果将产生美的“理想世界”和“现实世界”的活动理解为人类的实践活动，那么，谢林的思想也就建立在坚实的基础之上。一方面，理想性显然是非日常生活的，是对日常生活的一种超拔和导引；但另一方面，由于美的活动来自日常生活的延续，日常生活的经验是现实的，因此，美的活动仍是现实的。

在与宗教活动的比照中，美的活动的这种特质表现得更加清晰，这便是宗教的外在超升与“内在的超逾”的根本不同之处。无论佛教的“西天乐土”还是基督教的“上帝之城”，或者其他宗教的超越境界，都指向一种彼岸性的超升。宗教和美的活动都具有安顿生存的功能，“因为人从单纯的内在生活，从纯粹的思考，从规律与普遍性的世界，还不能得到安身之所，他还需要有感性的存在……如果说艺术作品以感性方式使真实，即心灵，成为对象，把绝对的这种形式作为适合它的形式，那

---

① [德]谢林：《先验唯心论体系》，梁志学、石泉译，15页，北京，商务印书馆，1977。

么，宗教就在这上面加上虔诚态度，即内心生活所持有的对绝对对象的态度”①。可见，二者是相互接近的，尤其是在超然脱俗的方面，也就是说，它们都不是那种推理出来的“规律与普遍性的世界”，而都是超逾了现实的“感性的存在”。但尽管它们都是介入生活的活动，或用语言学家奥斯丁的话来说都是“执行行为”，但二者的超逾方式并不相同。

黑格尔还进一步看到：“精神把认识、科学局限于世俗方面；而把感受、信仰留给宗教领域。”②正是这种此岸与彼岸的决然分离，还有后者对前者的超越，使得宗教这种典型的非日常生活形态试图跨越这种难以逾越的鸿沟，从而实现一种对现世生活的“外在的超越”。然而，美的活动则一方面不离于现世的日常生活，这是与世俗接近的方面；另一方面又不改超逾的本性，这又与宗教活动有着千丝万缕的联系。这样，宗教活动指向无限的幻想世界，而美的活动则指向一种理想的境界，二者的区分在于：前者是否定了生活的超升，而后者则是不离于有限生活的理想。因此，与宗教所呈现的世界相比较，美的活动所呈现的生活世界是有限的，这正是由于现实生活经验是有限的；美的活动所呈现的生活世界是现实的，这正是由于现实生活经验是现实的；美的活动所呈现的生活世界是此世的理想的，这正是由于现实生活经验自身就包孕着理想性。可见，只有美的活动才是“理想性”与“现实的”之高度合一。

---

① [德]黑格尔：《美学》第1卷，朱光潜译，125、132页，北京，商务印书馆，1979。

② [德]黑格尔：《宗教哲学讲座・导论》，长河译，8页，济南，山东大学出版社，1988。

总之，美的活动就是从“现实的”日常生活向“理想的”非日常生活的“内在的超逾”，是介于这两种状态之间的居中者。美的活动所呈现的世界，既是“理想的”，又同时是“现实的”生活世界。

(二)可能性与现实性的融合

如前所述，“内在的超逾”并不等于不“超越”，但它仍向一种“可能的世界”积极开放，这一观点已为美学思想史所反复论证。

在古希腊时代，这一课题便已经被提出了。亚里士多德就指出：“诗人的职责不在于描述已发生的事，而在于描述可能发生的事，即按照可然律或必然律可能发生的事情。”[①]当然，古希腊时代的历史指的是那种简单的编年纪事史，在这一含义下的历史并不反映社会发展的规律，而只是历史事件的历时记载和罗列，诗歌也主要指叙事诗。这样，诗与历史(特定意义的)的区别，就在于如下的二分：描述“可能发生的事”/ 叙述“已发生的事”、按“可然律或必然律”来描述/按客观事实来叙述、描述“有普遍性的事”/ 叙述“个别的事”……在此，正由于诗所描述的事带有“普遍性”，所以，在亚里士多德的眼中，写诗这种活动比写历史“更富于哲学意味”和“更被严肃地对待”。这种观念直到新近的欧美后分析美学那里还存在着，这些当代美学家还进一步提出源于日常生活而看作是一般的可能性，即使在虚构的作品中，创造了一个想象之人的想象世界，某些东西在这个想象的世界中是“真实”的。

---

① [古希腊]亚里斯多德(今译亚里士多德)：《诗学》，罗念生译，28页，北京，人民文学出版社，1962。

更重要的是，亚里士多德看到了两点：其一，由于艺术描述“可能发生的事”，诗歌虽然要写个别的人物和事件，但却是按“可然律或必然律”来说话和行事的人或事，因此，它的目的在于一般而非个别。可见，艺术的真实是更高的真实，甚至比历史的真实还真实，这正是亚里士多德的本义。其二，也是往往为人们所忽略的，亚里士多德将“可然律”与“必然律”加以同义换用，可能性也就等同于一种必然(发生)性。或者说，“可然的”事情，也就是“必然的”事情，所以才具有更高的真实性，对于历史的事实而言即是如此。由此阐发，一方面，艺术比历史更加丰富地描述生活；另一方面，由于趋向于可能性而具有哲学一般的意味，艺术更具有存在的本真意义。

总之，美的活动就是从“现实的”日常生活向“可能的”非日常生活的“内在的超逾”，是介于这两种状态之间的居中者。美的活动所呈现的世界，既是“可能的”，又是“现实的”生活世界。

虽然在20世纪“可然性”被转化为符号学和模态逻辑的术语，但“可能的世界”的思想却一直在美学理论中被保存了下来。这种可能性与现实性的融会贯通，正是美的特殊性质所在。从现象学到存在主义美学思想，都阐发了这一思想，尤其是将“可能的世界”建基于存在论的基础上之后更是这样。无论如何，杜夫海纳的思想和“胡塞尔、海德格尔、雅斯贝斯以来的现象学、存在哲学的思想是相通的：艺术的世界，作为审美对象来看，不是一个既成的事实的世界，而是一个可能的世界，杜弗斯(杜夫海纳)把那个事实的世界叫作‘宇宙论的世界’(cosmological world)，而把这个活的世界叫作‘存在论的世界’(existential world)，也就是说，艺术的世界是‘表现了’人的‘存在性’的特征的世界，而不仅仅是一个在历史事件因果系列中的既成事实”[①]。这个世界所形成的张力，正是从日常生活中内在超逾而来的非日常的“可能性”张力，这是一种可能性的超逾。

其实，亚里士多德的诗与历史的比较，不如美的活动与科学活动的比较，后者更能体现出美的活动的“可能性”的一面。科学活动主要体现在如下的过程之中：从创新的科学思维到精湛的设计试验，从建立概念、演绎推理再到运用以数学方程式为主的形式准确地表达出科学的规律。无论科学活动还是美的活动，都是一种创造过程，都是对充满了人、物、事的客观世界的理解。但由于它们所观察的对象的差异，由于它们采取了不同的理解方式，所以，它们造成的活动结果就截然有别。科学活动的产物是自然定律和法则，而自然定律和法则是从大量的自然界的现象中抽象出来的“共性”，即共同遵循的科学规律。比较而言，艺术则是从大量生活原型中抽离出的“特殊性”，特殊性即可以展现出一种无限的可能性。所谓“科学是我们，艺术是我”[②]，就是这个意思。科学活动具有普遍化的“语言”，具有非主体性的科学成果明显排除了个性的因素。而艺术则是要表现个性，它恰恰要保持那些属于个体的独创性，反对“被科学和整个紧张的技术生命统一化的特点”。从另一个角度来看，美的活动这种“特殊性”恰恰呈现出“可然律”的共性，这是一种更丰富的现实生活的共性。由此而来，与科学那种以冷静的态度来“解剖”并“简化”世界不同，美的活动却以情感使得世界更加丰富了。

---

① 叶秀山：《思·史·诗》，319～320页，北京，人民出版社，1988。

② [苏]苏霍金：《艺术与科学》，王仲宣、何纯良译，44页，北京，生活·读书·新知三联书店，1986。

美的活动的这种可能性来自何处呢?美国哲学家查尔斯·莫里斯(Charles Morris)曾从“指号学”的角度指出,“美学言论以一种独特的方式强调指号结构本身”,相比较而言,“科学言论突出指号与对象的关系”,“科技言论重视指号在使用者的实践中的效果”。[①] 可见,科学言论要达到的是指号与对象的符合,也就是语言指号的实证性,技术只是科学的一种运用,所以科技就是就因其符合对象而被限制了可能的空间。与之相反,美学言论指向“指号结构本身”,指向直接感知的形象本身,而并不要求与它所能指示的其他对象是否符合,所以美的活动为人们拓展了可能性。

正是在这种可能性内,海德格尔才将艺术作为沉思技术的对峙领域,“技术之本质并非任何技术因素。所以,对技术的根本性沉思和对技术的决定性解析必须在某个领域里进行。此领域一方面与技术之本质有亲缘关系,另一方面却又与技术之本质有根本不同。这样一个领域乃是艺术”[②]。因而,与科学和技术相反,美的活动同日常生活具有亲密的关系,而科技则由于高度的抽象而远离了生活本身。科学的规律及其技术的运用,完全是现实性的抽象和践行,都不如美的活动那般能够将可能性与现实性完美地结合为一体。

---

① 车铭洲编、李连江译:《西方现代语言哲学》,103～105页,天津,南开大学出版社,1989。

② 海德格尔:《技术的追问》,见《海德格尔选集》(下),孙周兴选编,954页,上海,上海三联书店,1996。

五、回到“本质直观”：美的活动之为“本真生活”原发状态

生活的本真就是“本真的生活”。同时，这种本真的生活也表征为美的。反过来说，美的活动形成了“本真生活”的原发状态，“本真生活”亦构成了美的活动之“本源”。这是本书最核心的观念。

那么，究竟什么是“本真的生活”呢？美的活动何以成为“本真生活”之表征呢？

追本溯源，按照西方当代学者泰勒的意见，“本真性”(authenticity)的观念是欧洲启蒙时代以来“现代性”思想发展的结晶。在此之前，欧洲人对艺术或美是否具有“本真性”普遍持一种怀疑态度。

柏拉图认定理念才是唯一本真的存在，而现实中的美和艺术则俱为不真实的。他的模仿自然的艺术是“影子的影子”的理论，美的东西之所以美是因为“分有”着“美本身”的理论，诗人有说谎的毛病并摧残理性，因而要“驱逐诗人”的学说，便是源于这一理论。但早在智者派高尔吉亚那里，虽然他也称“悲剧制造一种欺骗”，但他的想法却与柏拉图有距离，“在这种欺骗中骗人者比不骗人者更为诚实，而受骗者比未受骗者远要聪明”①。这是由于，柏拉图作为一位理性主义者，真正推崇的是超越了感性界并使之得以形成的理念本身，这种理性至上的观念一直影响到“现代自我”的观念。然而，“十八世纪末发生了某些根本性的变化。现代自我不再仅仅由分解式的理性控制能力来定义，而且也由这种新的表现的自我阐述能力来定义——这种能力从浪漫主义时期以来就被归结

---

① [波]塔塔科维兹：《古代美学》，杨力等译，142页，北京，中国社会科学出版社，1990。

为创造性想象”①。这一历史阶段生发出一种新的认识：美所揭示与呈现的正是理性所无法呈现的，实质上也就是为科学化的理性原则所窒息的东西。

在这种历史情境下，“本真性”的构想也滥觞于18世纪末，但是，人们最初尚没有发现它是与美相互契合的，反而是在“本真性伦理”的观念中崭露头角。法国启蒙思想家“卢梭频频地将道德问题表述为我们遵从自身本性之声的问题……我们的道德解救来自恢复与自身的真实的道德接触。卢梭甚至为这种与自身的亲密接触取了一个比任何道德观都更为基础的名字，那就是，欢乐和满足之源：‘存在之感受’”②。的确，卢梭以返璞归真的所谓“自然状态”为至高理想，但是他的这种“本真性”思想却并未进入美的领域。相反，卢梭认定艺术才是蛀蚀人类心灵的腐蚀剂，“在艺术还没有塑成我们的风格，没有教会我们的感情使用一种造作的语言之前，我们的风尚是粗朴的，然而却是自然的……今天更精微的研究与更细腻的趣味已经把取悦的艺术归结成为一套原则了”③。

真正将美与本真性相互联通的，还是德国晚期启蒙运动思想家赫尔德(Johann Gottfried Herder)。根据赫尔德在《历史哲学的观念》(1784)中的观点，“每个人都有自己的尺度，仿佛能把自己的各种感受协调起

① [加拿大]查尔斯·泰勒：《自我的根源：现代认同的形成》，韩震等译，561页，南京，译林出版社，2001。

② [加拿大]查尔斯·泰勒：《现代性之隐忧》，程炼译，31页，北京，中央编译出版社，2001，译文有改动，该书中的“authenticity”译为“本真性”较之旧译“真实性”更切合原意。

③ [法]卢梭：《论科学与艺术》，何兆武译，9页，北京，商务印书馆，1963。

来的尺度"[1]。这种人之"尺度"(measure)的思想，在伦理学上强调了每个人都有一种做人(being human)的独到方式，并深植入西方现代意识当中；在美学上则有可能导出美的活动中(人的感觉相互协调)"内在尺度"的看法，马克思的"美的规律"思想与其有异曲同工之处。事实是，赫尔德继续将美与生活及其形式联系起来，他认为："美实际上仅仅是旨在表现健康、生活的形式"[2]，"只有在下列情况下艺术形式才能成为事物的核心，即它是活生生的，它是具有真实的意义，它作为整体是生活的形式，它是人的力量和健康的形式，是目的上完善的感性表现"[3]。这样，赫尔德便较早将美与人的全面健康发展勾连起来，从而暗示出美的活动与本真生活形式之间的内在关联。

马克思继承了这种关于尺度的思想传统，提出了著名的"美的规律"的思想。"动物只是按照它所属的那个种的尺度和需要来建造，而人却懂得按照任何一个种的尺度来进行生产，并且懂得怎样处处都把内在的尺度运用到对象上去；所以，人也按照美的规律来塑造物体"。[4] 由此观之，赫尔德虽然探讨了人的感觉活动及其尺度问题，但是却不能全面地回答感觉活动是如何在人类生活中形成的，不能真正解决"内在的尺度"与"物种的尺度"之间的根本区分问题，这是因为他无法从"现实的人"的活动及其生活实践来解释美。而马克思则从人类实践活动来理解

---

① [德]赫尔德：《历史哲学的观念》，转引自[加拿大]查尔斯·泰勒：《现代性之隐忧》，程炼译，145页注，北京，中央编译出版社，2001。

② 转引自[德]西·海·贝格瑙：《论德国古典美学》，张玉能译，64页，上海，上海译文出版社，1988。

③ 同上书，63页。

④ 《1844年经济学哲学手稿》，53、54页，北京，人民出版社，1985。

美的问题，使得美的活动建基在“现实生活”的基础之上。可以说，“这种活动、这种连续不断的感性劳动和创造、这种生产，正是整个现存的感性世界的基础”①。

马克思的“美的规律”的思想是建基在以下两种区分之上的，一是人与动物的区分，这就是上面所谓两种尺度的差异；二是全面的人与片面的人的区分，按照“美的规律”来塑造物体的人能够获得全面的发展，这是马克思的美学思想之精髓。

其实，在中国古代哲学的道家思想里面，返归于“本真”的思想萌芽更是闪现着光辉的。老子之“道”便是包孕“真”的，“窈兮冥兮，其中有精；其精甚真，其中有信”；② 作为观道者，亦要“致虚极，守静笃。万物并作，吾以观其复”③。由此出发，老子将本真的生活状态比喻为“婴儿”或“赤子”状态，比如：“我独泊兮，其未兆，如婴儿之未孩”“常德不离，复归于婴儿”“含德之厚，比于赤子。”④这种“涤除玄览”与“见素抱朴”的态度，显然与审美态度是极为亲合的，其状态就是一种庄子所谓的“反真”状态。所谓“真者，精诚之至也。不精不诚，不能动人……真在内者，神动于外，是所以贵真也……礼者，世俗之所为也；真者，所以受于天也，自然不可易也。故圣人法天贵真，不拘于俗”⑤。这种本真状态相应要求：万物顺其本性而动，保持和回复本然之态，这才是最

---

① 《马克思恩格斯选集》第1卷，77页，北京，人民出版社，1995。

② 《道德经》第二十一章，84页，北京，中华书局，2021。

③ 同上书，第十六章，64页。

④ 同上书，第二十章、第二十八章、第五十五章，77页、116页、225页。

⑤ 《庄子·渔父》，539页，北京，中华书局，2010。

美的素朴状态。所以，庄子断言“素朴而天下莫能与之争美”[①]，正如圣人“原天地之美而达万物之理”[②]所做的那样，效法天地自然法则才能达于“天地无言”的“大美”至境。

总而言之，所谓“本真生活”就是现实生活的原发的、生机勃勃的、原初经验性的状态，这也是按照“美的规律”来塑造的生活状态。或者说，这种活生生的原发生活经验一定表征为美的，因为它顺应自然而能够“法天贵真”，显现为一种“大美无言”的状态，从而使得现实生活本真地呈现。

这种本真的呈现也就是在美的活动中展现出人的“全面的丰富性”，一种总体性的本质力量。在美的活动之中，现实的人不仅走向全面的整体性，而且走向人的本质力量的丰富性，这才是对“作为整体的人”的现实复归。

与此同时，美的活动所具有的“本质直观”正是对本真生活的回复性“直观”，也就是“回到事物本身”的“本真性”的直观活动。作为现实生活的原发状态，“本真生活”根本就没有主体与客体的两分、感性与理性的割裂之憾，反而呈现为一种浑圆自足、混糅难分的“民胞物与”的状态。这种“本真生活”的本然状态在美的活动之中葆有和存留下来，从而表征为“情以物兴”与“物以情观”[③]相互交流的自然之态，或者说，表征为超越了主体与客体、感性与理性二元对立的“意向性”存在。一旦人们感觉不到美，回返不到生活的本真状态，那么，显然“是因为我们原本的体

---

① 《庄子·天道》，207页，北京，中华书局，2010。

② 《庄子·知北游》，362页，北京，中华书局，2010。

③ 刘勰：《文心雕龙·诠赋》，95页，北京，中华书局，2012。

验方式蜕化成现成的或二元区别式的了；也就是说，或是被动接受现成的被给予者，或是‘主动’地进行观念的规定、意愿的把握，于是，‘使现象能呈现’的前提虽然仍然在起作用，其本身却隐而不见了”①。

的确，本真的生活往往“失足”于日常生活与非日常生活的深渊。

日常生活倾向于“被动地接受现成的被给予者”。这意味着，在日常生活中，事物都以一种“上手”状态呈现给人们，它们通常呈现为上到手头的“自在状态”，人们只能被动地接受。比如对某一件实用工具的熟练使用，人们由于对其上手状态的熟知而常常对其“视而不见”。这样，生活的本真，往往就被日复一日、惯常重复、熟知自明的平日生活“遮蔽”。人们有如被固定到日常生活的重复性之中，他们不能与日常生活保持一定的距离，从而把人生消磨在那种无意识的机械化过程之中。

非日常生活倒是使人们偏离了日常状态，但是却倾向于对现实生活“主动地进行观念的规定、意愿的把握”。这意味着，在非日常生活之中，事物都以一种“在手”状态呈现给人们，它们通常呈现为摆在手头的“自觉状态”，人们特别主动地对其进行规定。比如具有高度自觉意识的哲学思辨，便以一种反思的态度将现实生活抽象为概念、范畴甚至体系，从而使得原本活泼的生活有如被钙化了一样。如此一来，生活的本真往往也为非日常生活(特别是那些“制度化”的事物)所“异化”，这意味着非日常生活剥离出其“本真生活”的母体，反而成为与之相悖甚至将之禁锢的事物。

① 张祥龙：《从现象学到孔夫子》，372页，北京，商务印书馆，2001。

美的活动之所以介于日常生活与非日常生活之间，就因为这一双向的原因。原初经验性的“本真生活”，一方面为日常生活的平日绵延所逐渐“遮蔽”，另一方面为非日常生活及其制度化所日渐“异化”。如此一来，作为“本真生活”的原发状态，美的活动在某种程度上也就具有了日常生活与非日常生活的双重状态，但最终仍指向本真的生活状态。反过来看，“美的活动”也就是一种人的生存实践未为日常生活所遮蔽的、未为非日常生活所异化的生存状态，它超乎了直接功利之目的与抽象概念之僵化，从而呈现出一种生机勃勃之青春活泼的态势。

从历史的发展来看，非日常生活奠基于日常生活，美的活动的内在结构规定，也经历了从日常生活到非日常生活的历史过程。美与生活、艺术与生活确实具有原始的“天然合一”的阶段，后来才在人类文明社会中逐渐分离与独立出来。既然非日常生活是脱胎于日常生活的，那么，美和艺术最初也是属于日常生活的，所以它们才保留了那种活生生的力量。但是，这种力量实质上还是来自“本真生活”的，美和艺术为人们保留和延续的正是这样的一个基本经验的世界。这种“基本的经验世界就是一个充满了诗意的世界，一个活的世界，但这个世界却总是被‘掩盖’着的，而且随着人类文明的进步，它的覆盖层也越来越厚，人们要作出很大的努力才能把这个基本的、生活的世界体会并揭示出来。所以，‘艺术的世界’竟常常表现为与‘现实的世界’不同的‘另一个世界’”①。这真是一个有趣的事实，原本是属于生活世界的美的活动或艺术世界，却因为自然与人、客体与主体、存在与思想相分立的(“掩盖”生活世界

① 叶秀山：《美的哲学》，61页，北京，人民出版社，1991。

的)方式占据主宰，而反倒成了现实生活之外的“异在世界”了，这也是“艺术否定生活论”的深度基础。

由美和艺术所建构出的这“另一个世界”，正是与日常生活保持距离的“陌生化”的世界，因为“艺术使我们对现实的感觉彻底加以‘陌生化’，从而摧毁了司空见惯的感觉方式，使我们以新眼光来观察这个世界”①。但是，这种“陌生化”并非是离于日常生活的，也不能完全归之于非日常生活。美与艺术都是根植在日常生活中的，美的活动具有了与日常生活的本然契合性，但又由于其非日常生活的存在而具有了与生活的必要张力。

在原始社会末期，随着非日常生活的逐渐定型，美的活动才成为位于日常生活与非日常生活的居间物。然而，启蒙时代以来，人们却将美与艺术纯化为超离日常生活的“超越物”，这与欧洲“主体性哲学”和“艺术自律论”的出场是密切相关的。“美学”作为哲学的一个分支之所以产生，其实，正是来自主体性哲学生成(这种非日常生活)对美的问题的返观。然而，如此的观念在回归现实生活的美学视角看来，却是具有无法修补的缺憾的。但美的活动历史性地被注入了非日常生活的维度，这的确是毋庸置疑的，它们与美的活动本然具有的日常生活之维度一道，共同构成了美的活动的内在结构。

---

① Jonathan Culler, *Structuralist Poetics*, Ithaca: Cornell University Press, 1975, p. 134.

六、“外展的臆断”：美的日常生活“语用学”维度

我们的语言不能分离于我们的生活世界。

现实生活自然无法缺失其语言之维度，从人类活动论的角度看也无法缺失其语用的维度，无论是日常生活还是非日常生活都是如此。语言及语用与生活契合得如此紧密，以至于现代欧美哲学对之关切尤甚。德国哲学家阿佩尔就曾简明地说，古代哲学是物的分析，近代哲学是意识分析，而现代哲学则是语言分析。

在现代语言观念看来，我们“即是”语言，这是有别于我们作为人是有意识的存在的观念，以区别于近代的哲学模式。也就是说，我们是在“符号化”地和“自我反射”地认识自身，甚至如海德格尔提出的极端的“语言说人”的思想①，都是沿着这个思路发展的。

扩展来理解，我们通过分享共同的“符号世界”而真实地存在。除非通过我们符号世界的中介，否则，我们不能分享其他的现实，因为人就是一种语言符号性的存在。按照从海德格尔到伽达默尔现代解释学的思路，只有“语言”才是存在的模式，能被理解的存在就是语言，真理的意义就包孕在语言中。这不仅因为理解对象和活动本身都具有语言性，而且正是语言构成了“对话”，使人类在经验世界的语言性中实现自身。进一步来讲，“诗意的言说”也就成了伽达默尔艺术真理观的更贴近的根源。“诗的语言是通过整体上解除习惯的词语及其用法来发现的。……诗不是理念，而是一种能再次激起无限生命的精神……而是为我们打开

---

① 海德格尔的语言观，参见[德]海德格尔：《在通向语言的途中》，孙周兴译，北京，商务印书馆，1997。

一个神和人类的世界。”或者说，只有诗意的言说，才能“指称和保证”“诉说的‘真理’”，[①] 才能废除现实经验的禁锢和打破日常用语的局限，从而生成着存在之真理，整合着意义之连续。

但近些年来，西方哲学界又出现了一种“语用学”转向的新思潮，生活世界与语用学的内在关系逐渐得到关注。用维特根斯坦奠基性的思想来说，“言词就是行动”[②]，但他主要是就日常用语而言，那种具有高度自觉意识的非日常用语并不在此列。

哈贝马斯则将整个交往行动理论建基在一种“普遍语用学”的基础上，相应的，他提出“语言所构成的生活世界”的思想。这种将语用学加以普遍化和实用化的趋向，就顺应了欧美西方哲学的这种新动向，凸显出哈贝马斯试图在英美分析哲学与欧陆人文哲学之间走出一条新路的努力。虽然哈贝马斯也曾批判伽达默尔把语言看作理解的唯一基础的缺失，指出语言只是现实的构成而非全部，但他也并未脱离语言决定论的影响。哈贝马斯毫不含混地认定，生活世界就是“语言地建构起来的”，具体而言，语言的中介和内在于它的达到理解的符号是相互构成的，正是语言构成了协调行动的交往媒介。然而，哈贝马斯的缺陷更在于，并未看到语言背后的物质基础和实践根基，其实，“语言是思想的直接现实”[③]。只有在这种人类实践活动的基础上，语言才能获得其坚实的基础。

---

① Hans-Georg Gadamer, *Truth and Method*, New York: The Crossroad Publishing Company, 1975, pp. 528, 445.

② ［奥］维特根斯坦：《文化与价值》，黄正东、唐少杰译，66 页，北京，清华大学出版社，1987。

③ 《马克思恩格斯全集》第 3 卷，525 页，北京，人民出版社，1960。

回归现实生活正是从人类活动的视角来看待美的问题，在语言分析方面则相应地要求“语用学”的分析。既然美与日常生活具有本然的连续性，日常生活中人们说话本身就是实践的和行为的，那么，对美的活动采取这种分析也是不可避免的了。

在现代哲学看来，既然我们就生活在世界中，这个世界又具有语言性的本质规定(语言直接即是人的存在本身)，那么，产生“语言性是艺术的真正主体”①这种观点便是自然的了。显而易见，阿多诺认定艺术的真正主体是语言性，而并非创作者和接受者，因为这些参与者都是说话的人，这的确是更深层地勘探了一步。依此来说，美的活动所呈现出的“我”，就并不是作为参与者的“我”，而是语言自身的“我”。或者，更广泛地理解，“艺术是一种更加普遍的语言模式，而不是种种以深奥难懂的形式相互交流的语言”②。但是，这种泛化的分析还是不够的，语言亦并非现实生活的全部，还必须进入语用学的层面，进行日常生活的语用分析。

按照奥斯汀(John Langshaw Austin)和塞尔(John R. Searle)这些规定的基本原则——“说话就是行事”，这倒与马克思所说“语言是一种实践的、既为别人存在并仅仅因此也为我自己存在的、现实的意识”③有几分类似，它们都强调了语言在运用中的实践力量。其实，这两方面可以综合起来，以后者为基础形成一种“实践的语用学”，来对日常生活及

---

① T. W. Adorno, *Aesthetic Theory*, London: Routledge & Kengan Paul, 1984, p. 239.

② John Dewey, *Art as Experience*, New York: The Berkley Publishing Group, 1934, p. 335.

③ 《马克思恩格斯全集》第3卷，34页，北京，人民出版社，1960。

美的活动加以规定。在语言的使用中，语言直接就是一种践行的活动。那么，美的活动究竟是如何执行“语用学”规定的呢?

质言之，从语用学的角度来说，美的活动属于C.S. 皮尔斯(Charles Sanders Peirce)所谓的“外展的臆断”(abductive understanding)，这也是美的深层的理性规则和语用特质。[①] 可以说，只有通过“外展的臆断”的语用途径，才能达到“本质直观”。对“外展的臆断”的分析，正是对本质直观之语用过程的分析。

一方面，“外展的臆断”必然具有“外展的”特质，也就是呈现一种日常生活的鲜活丰富性，也就是指向一种“诗意能指”的可能性意义空间。这种“外展”显然与纯理性的“内收”或“内缩”对峙，它不同于那种以原因、规则、结果为结构的纯理性推断，后者恰恰要简约丰富地生活并将之纳入理性的轨迹之中。

另一方面，“外展的臆断”也还是一类“臆断”，即一种提供给理性以“模糊的逻辑”(implicit logic)的方式，这种方式对于人们来说是恰恰是最基本的，这也是审美判断的内在特质。这种“外展臆断”是不同于科学逻辑，亦不同于明晰推断的，它的“模糊性”的确来自日常生活的连续性。

这里便可以区分出两种视角：一个是“指示的”(indexical)视角，它使人们形成假设并去验证某物；另一个则是“图像的”(iconic)视角，它才能导出一种“外展臆断”的美学。用现象学的思想加以对应，前一种视

① Herman Parret, *The Aesthetics of Communication*, London: Kluwer Academic Publishers, 1993, pp. 63-86.

角能把握的是"精确的本质"，而后一种视角把握到的则是"不精确的本质"，美的活动所呈现出的意义正是如此，但二者又都是达到不同本质的不同方式。如果说，在美的活动中，被"意向性"意指之物是直观性的、原本性地被给予的话，那么，以"指示的"视角观之，对象不是自身被直接给予的，而是借助于代表着它的、直观显现的符号中介间接地被给予的。

总之，作为一种"本质直观"的方式，美的活动是对世界的一种具体的、特殊性的把握，而这种把握的语用规则就是"外展的臆断"。

如此看来，"外展臆断保留着对现象统一性的直觉，使得它在特殊性之中得以塑形。在这一时刻里，对这种塑形的较好的理解可以使我们按照外展臆断的方式推断。这足以证明这样的事实，个体通过这种外展臆断的推理意识到'个体性的质'回到了我们自身"①。这种"个体性的质"(qualitative individual)近似于康德所说的"主观的普遍性"，它明示了审美判断既具有主观性和个体性，又能达到普遍性和本质性，双方的统一正是美的活动的特质。必须指出，正如皮尔斯还将"习惯"看作逻辑解释的本质，将意义标准最终归结为人的行为习惯，所以，美的活动的"外展臆断"其实也是来自人们日常生活的审美习惯，它是一种历史性累积的实践结果。

最后，"外展的臆断"还有一个重要的特质就是"对话性"。比较而言，纯理性的明晰逻辑推断基本上是一种"独白"和"自说自话"，是一种

---

① Herman Parret, *The Aesthetics of Communication*, London: Kluwer Academic Publishers, 1993, p. 69.

理性强权般的规约和统领。而美的活动则要求参与者与审美对象之间的不断对话，从而同时呈现出全面性的人和丰富性的世界。也就是说，这种“外展的臆断”必须通过提问来施行，在审美对象的不断提问之下，处在生活世界和生活历史中的人们就要不断地就此做出自己的解答，这种过程看似是无限延伸着的。可见，“外展的臆断的逻辑……基本上是一种对话：永久参与的对话者将自身分化在‘问—答’的永恒游戏之中”，[①]这便同美与生活的对话性相互契合。

七、结论：美与生活的“对话辩证法”

简单地说，本章所要探求的正是美与生活的本体关系，独特之处在于，美与生活被置于一种“辩证对话”的关系中来考察。

按照传统的观念，美与生活是一种否定与被否定的关系，所谓“艺术否定生活论”就是其中的凸现形态。而按照当代的观念，美与生活却走向了同一，现代分析美学和实用主义美学的当代变体都具有这个趋势。的确，美与日常生活是具有一定的差距的，但“否定论者”往往将这种差距变换为“否定”的关系；反之，“同一论者”则常常将美与日常生活、与非日常生活的近似，转化为美与整个生活的趋同。

我们已指出，这双方虽然形态迥异，但缺陷却是相同的，也就是都

① Herman Parret, *The Aesthetics of Communication*, London: Kluwer Academic Publishers, 1993, p. 72.

未将现实生活解析为日常生活与非日常生活来加以分析，美的活动其实构成了更为复杂的辩证结构。

实质上，这种辩证结构是“对话性”的。根据词源学的考察，辩证法(dialectic)，它的希腊文写作“dialecktikē”，其本义就是指交谈或论争的艺术。这样，就能将辩证与对话在本原上沟通起来，可以说，“辩证法就是对话……辩证过程的结束并不在于一方被另一方吃掉，而是在于双方作用和意义的改变，而在改变过程中，它们仍继续保持着力量”①。据此而论，无论是一方否定一方的关系，还是双方相互同一的关系，都是“非对话性”的。一方面，不平等不足以达到对话的平衡，另一方面，彼此等同就根本谈不上对话了，这样，我们所要论证的基本观念就限定了其自身的界限。

那么，我们是如何论证这种“辩证对话性”关系的呢？从逻辑关系上看，经过了如下三步的论证：

首先，美究竟是生活的，还是非生活的呢？

答案是美是生活，而且，美与生活之间是一种“对话性”关系。美是生活，就是说美的活动就是一种生活。现实生活成了美的本源性的规定，或者说，美以生活为本源。这种对话关系，既不同于“美否定生活”，也不同于“美是生活本身”或者“美与生活同一”。

其次，美究竟是日常生活的，还是非日常生活的？

答案是美介于日常生活与非日常生活之间，这也是一种双向的“辩

---

① [匈]阿诺德·豪泽尔：《艺术社会学》，居延安译编，80页，上海，学林出版社，1987。中国古代道家哲学和西方现代哲学都特别表现出一种“对话意识”，参见滕守尧：《文化的边缘》，北京，作家出版社，1997。

证对话”，与日常生活和非日常生活的双方进行的“辩证对话”。作为一种特殊的生活，美的活动虽然属于日常生活，但却是与非日常生活最为切近的日常生活；它虽然是一种非日常生活，却在非日常生活中与日常生活离得最切近、最亲密。美的活动正是位于日常生活与非日常生活之间的特殊领域，毋宁说，美的活动介于日常生活与非日常生活之间，并在二者之间形成了一种必要的张力。

最后，美的活动所呈现的，究竟是本真的，还是非本真的生活？

答案是本真的生活也是美的，本真的生活就具有一种美的特性。更进一步说，美的活动的最深层本源就是本真的生活。这样，美的活动就成为本真生活的原发状态，只不过它为日常生活的平日绵延所逐渐遮蔽，为非日常生活的制度化所日渐异化，从而表现出介于日常与非日常生活之间的形态。

总之，美与生活，构成了一种“对话的辩证法”。作为综合现实生活的不同因素的思想和历史过程，这种辩证法不仅仅是一个理论描述过程，而是一种“对话性”的实际过程。美的活动在直观中才能达到本质，或者说，让本质呈现于审美直观之中，作为“本质直观”，美的活动其实也是“回到事物本身”的本真生活方式之一。

第五章 | 美的“生活真理”意蕴

按照较深的意义来说，真理就在于客观性和概念的同一。譬如，当我们说到一个真的国家或一件真的艺术品，都是指这种较深意义的真理而言。

——黑格尔《小逻辑》

艺术的本质就应该是，存在者的真理自行设置入作品。可是，迄今为止，人们总还以为艺术与美的东西或美有关，而与真理毫无干系。产生这类作品之艺术也就被称为美的艺术……在美的艺术中，艺术本身并无所谓美，它得到命名是因为它产生美。真理与之不同，它属于逻辑，而美却被人们留给了美学。

——海德格尔《艺术作品的本源》

在艺术中不应存在某种认识吗？在艺术经验中并不存在某种真理要求吗？……那种独特的认识方式也无疑是不同于一切道德上的理性认识的，而且，甚至不同于一切概念认识，但它却是一种传导真理的认识。

——伽达默尔《真理与方法》

一、“真理符合论”及其对美的拒斥

当古希腊哲学从原始宗教的遮蔽中日渐彰显之时，首先登场的伊奥尼亚哲人仰观俯察天地万物而追溯本源，毕达哥拉斯学派则由数的本源推及天体运行如音乐般和谐，美的思想尚被包孕在宇宙论之中。德谟克利特最早提出的艺术摹仿说，率先在理论上将美和艺术从其自然胚体里剥离出来。随后，智者派终于实现了哲学视点从自然向人类文化的转向，苏格拉底向内发展了摹仿说，特别强调了绘画还应摹仿心灵即“精神方面的特质”①。

这一时期，就是海德格尔所谓的“前柏拉图—希腊”(pre-Platonic Greece)的“大艺术”(the Great Art)阶段，② 具有历史整体性的艺术包孕于其历史母体之中，真与美、技与艺、知与行浑然未分而同一。然而，随着历史发展，主客二分的思路最终把诗从技术中抽离出来，人与自

① 北京大学哲学系美学教研室编：《西方美学家论美和美感》，20页，北京，商务印书馆，1980。

② Martin Heidegger, *Nietzsche*, *Volume* Ⅰ: *The Will to Power as Art*, Routledge & Kegan Paul, 1979, pp. 69-76.

然、认知与践行的分化才使美和艺术得以独立，也就是从历史整体中离异出来。

在前柏拉图时期，“真理”一词(aletheia)尚保存着其去蔽、展现、揭示的原初内涵。真理作为一种 Unverborgenheit(去蔽状态)，并非指对主体(即认识、陈述、判断的范围)的解释，而意味着对存在的解释，① 所以，混沌的艺与存在之真本然无二。只是在发展到主客二分的思想构架里，真理才脱离了其原初的意义，而被赋予了“真理符合论”(correspondence theory of truth)的本质规定。实际上，后期海德格尔正是基于这种对早期希腊真理观的解释，立足于古希腊“大艺术”(如希腊神庙)的存在论诠释，从而建构起其“艺术-真理”沉思的。

但从亚里士多德开始，占据了西方两千多年知识论传统的“真理符合论”得到了完善的表述，“哲学被称为真理的知识自属应当。因为理论知识的目的在于真理，实用知识的目的则在其功用……每一事物之真理与各事物之实是必相符合的”。② 然而，符合论的早期形态还是从“主体—客体”相互统一来理解真理的，将真理视为认识与对象之间的一致或符合。到了黑格尔那里，他反思说：“通常我们总是认为我们的表象与一个对象相符合叫做真理。这说法预先假定有一个对象，我们的表象应与这对象相符合。但反之，从哲学的意义来看，概括地抽象地讲来，真理就是思想的内容与其本身的符合。”③

① 《哲学基本概念手册》第3卷，1651页，慕尼黑，1974。

② [古希腊]亚里士多德：《形而上学》，吴寿彭译，41页，北京，商务印书馆，1997。

③ [德]黑格尔：《小逻辑》，贺麟译，86页，北京，商务印书馆，1980。

随着西方知识论的逐步成熟，那种从抽象的客体表象来规定真理性质的看法已不被坚持，而是从“命题—事实”之间的关联来理解命题成其为真的条件及真假问题的。换言之，近代认识论那种真理观，还是要求认识与其所指符合且一致，这里的所指是经验性的事物；但在现代分析哲学那里，所指则变成与命题对应的经验型陈述，一个命题的真实性则在于它与“经验事实”相符。在20世纪语言分析哲学里，符合论亦得到了从罗素（Bertrand Arthur William Russell）、摩尔（Georgr Edward Moore）到维特根斯坦之主流思想的支持，尽管立足点各不相同，但他们都是在语言哲学的立场上重新阐释真理符合论的。

正是这种源远流长的“真理符合论”，造成西方主流思潮对美与真理、艺术与真理的内在关联的拒绝。即便是认定艺与真具有统一性的理论，也基本上持这种符合论，可见其影响之深远。海德格尔一眼洞穿了这种美与真的断裂，“迄今为止，人们总还以为艺术与美的东西或美有关，而与真理毫无干系。产生这类作品之艺术也就被称为美的艺术，以便与生成器具和手工艺相互区分……在美的艺术中，艺术本身并无所谓美，它得到命名是因为它产生美。真理与之不同，它属于逻辑，而美却被人们留给了美学”①。

的确，人们一般的看法就是如此：艺术只关乎美，哪里还与真有关呢？所谓真，就是思想使自身与之符合的东西，它是作为规定人的思想的逻辑学的对象；所谓善，就是使人的品性和行为使自身与之符合的东

① Martin Heidegger，*Poetry*，*Language*，*Thought*，Harper & Row Publishers，Inc，1975，pp. 38-39.

西，它是作为规定人的品性和行为的伦理学的对象；所谓美，则是规定感性的东西，它是美学的对象。因而，真对应着逻辑学，善对应着伦理学，而美则对应着美学，三者是相互绝缘而互不相干的，美与真的绝缘正如真与善的绝缘一样。

在柏拉图出场的时候，不仅真的本然存在被遗忘了，而且，整个艺术氛围始终视艺术为“技艺”的一种，艺术与真理关系的思索也开始上升为理性的自觉。柏拉图的追思同时表现出某种内在差异性，这一定程度上是来自古希腊时代（依据技艺的）艺术与（依据灵感的）诗的区分，表现为《理想国》（*Politeia*）里绘画对理念的外形“摹仿的摹仿”与《斐德若篇》里诗神“迷狂”境界的描述差异。一方面，作为原本的理念与作为绘画的“影子的影子”的间距，隐喻着真与艺术的高下等级关系，摹仿型的艺术只是理念的摹本（即感性事物）的再度摹仿，艺术因与真的落差和隔着两层的差距而遭到贬抑。就连在艺术功能层面，柏拉图“驱逐诗人”的理由，都部分在于非理性的激情欲望对理性的摧残侵蚀。另一方面，艺术与真这种原初断裂关系又经由了膜拜诗神的中介，“当美与其他真实在一起存在于那个世界（天的彼岸世界）之时充满了光辉，我们（得到肉体、来到地上的世界）之后，美通过我们所具有的最鲜明的感觉而最明亮地”[①]闪烁。而只有通过诗神凭附感发的贞洁心灵，才能在神飞色舞、喜悦癫狂的心灵回忆中与至真至善的理念至境相契合。所以，诗神和爱神的顶礼膜拜者高居灵魂轮回附身的至高处，而诗人和摹仿艺术家们只

① ［古希腊］柏拉图：《巴门尼德》（250b1～3），译文参见［日］今道友信编：《美学的方法》，李心峰等译，207页，北京，文化艺术出版社，1990。

能投身灵魂于“第六流种子”。

尽管路径不同，但总归于一点，柏拉图无疑是艺术与真“非和谐”关系的始作俑者。不过他所谓的“真”实质上是理念自在的超感性的真，“真”的程度是以与至真理念的距离为度量的，超感性/感性的鸿沟最终使真与艺术彼此决裂。

亚里士多德则批判作为柏拉图美学基础的理念形上构架，批判柏拉图把“理念”视为先于个体事物的“多外之一”，从而试图击溃超感性世界得以存在的根基。在他看来，诗人的职责就在于描述按照可然律或必然律可能发生的事，也就是说，艺术不仅可以摹仿“过去有的或现在有的事”(客观实存的对象)，而且更应摹仿“应当有的事”(符合本质和规律的对象)。所以，艺术才能比现实更真实，比历史更具哲学意味，甚至在它不合于一般认识规律的时候，也可能是符合艺术真理，只要它达到了所谓的“艺术的目的”。在被纳入西方学术知性领域的《诗学》(*Peri Poietikes*)里，亚里士多德论述了悲剧的问题，悲剧情节虽然是意外发生的但却彼此有因果关系，而最终还是能引起了“恐惧与怜悯之情”,① 这便是对艺术目的的符合。

可见，亚里士多德美学对艺术与真的关系的启示是双向的：一方面，艺术同哲学一样可以揭示个别不居现象背后的内在规律，这一点得到从鲍姆嘉通到谢林的极端发展和黑格尔的折中总结；另一方面，即使对一般性的展现有了一定偏差，只要合于“心理真实”，如引起悲剧效果

① [古希腊]亚里士多德：《诗学》，罗念生译，37 页，北京，人民文学出版社，1962。

而达到预期目的，则艺术真实也是存在的，这亦与浪漫主义执着于艺术家的内心情感真实不谋而合。总之，无论是客观再现的真实（亚里士多德著名的艺术摹仿说），还是主观表现的真实，都在《诗学》里得到最初的表述。

历史指向“美学之父”鲍姆嘉通那里，他的伟大贡献首先就是确定了美学是“感性”与“认识”的奇异的结合，这种“奇异”是由于，在此前的思想里，认识是理性抛弃了主观感性局限而对普遍性规律的把握。而感性认识与理性认识颉颃并列，无疑肯定了审美的感性个别里面也包孕着真的普遍性，同时美学自创建伊始便以认识论为基调。更为重要的是，鲍姆嘉通进一步指出“逻辑的真”与“审美的真”是不可得兼的，“逻辑的真”必然清楚清晰，但其抽象必然损害现象的丰富性和多样性，亦即“审美的真”表现出的现象完善。所以，对艺术而言个别现象比一般真实更真。[①] 由此看出，鲍姆嘉通要表达的是：审美思维对应的“现象完善”，要比逻辑思维对应的“概念正确”更加真实，二者的关系就有如源自亚里士多德的“质料的完善”对“形式的完善”。此时的美与真，还是存在着本然关联的，但这并未构成西方近代美学的主流，真正的主流思想是由康德哲学加以确定的。

康德的纯粹主观的审美界阈，是建立在所谓“自然”与“自由”世界的先在断裂的基础上的，在美学史上，也是他最终圈定了审美活动与理性认识和道德实践的隔离。在审美契机的主观的非功利性、无目的的和目

---

① [德]鲍姆嘉通：《美学》，简明、王旭晓译，后记，北京，文化艺术出版社，1987。

的的规定之中，美和艺术从而成为独立自存的自为存在而把真理排除在外。但是，康德必须同时面对这样的矛盾：与科学判断或规定判断先有普遍、后有特殊不同，审美判断或反思判断则是反向运作的，它虽然不直接源自理智的规定，但却又为何具有“普遍有效”的真理本质规定呢？这一悖论，在康德先验的“共同感觉力”的主观范例必然性之中得到了某种程度的解决，[①] 但难题的症结却并未真正得到解决，这正触及美的本质特性。正如伽达默尔所阐释的，“在科学的确证与未沾染科学法则但却规定着判断的随意感觉之间，正是艺术判断的用武之地”[②]。

所以，康德才会在《判断力批判》里区别艺术一般与自然、科学、手工艺等一系列的差异，而最终把纯然的美和自律的艺术在趣味（即想象力与知解力的自由游戏）的濡化下升华出来。或许是审美自律与道德自律共同源于人类超感性的能力，所以康德更为注重美对善的象征性关联，但却将真与美决然分开。但毕竟，他还是轻描淡写地提及自然（理性）的合目的性概念可以成为“形而上学智慧的箴言”，[③] 这也在一定程度上肯定了审美判断对真理的形式化认知。不过，在总体趋向和思想影响上，康德对美与真（即明晰认知的领域之真）的割裂是毋庸置疑的。启蒙时代以来的那种客观科学（真）、普遍道德（善）和自律艺术（美）的分裂统辖和交流阻断，不能不说都有着康德哲学的浸渍与影响。

---

① Immanuel Kant, *Critique of Judgment*, Indianapolis: Hackett Publishing Company, 1987, p. 89.

② [德]H. G. 伽达默尔：《美的现实性：作为游戏、象征、节日的艺术》，28页，张志扬等译，北京，生活·读书·新知三联书店，1991。

③ Immanuel Kant, *Critique of Judgment*, Indianapolis: Hackett Publishing Company, 1987, p. 21.

当然，在康德这种主流思想之外，与他的路向截然相反的首推谢林。他史无前例地论证和高扬了美的哲学真理内蕴，因为“哲学的工具总论和整个大厦的拱顶石乃是艺术哲学”①。这样，自然、艺术与真理就被归属于同一领域，如同对哲学来说，绝对的东西就是真的原型——对艺术来说，绝对的东西即是美的原型，所以真和美只是同一绝对的东西的两种不同的观察方式而已。如此观之，谢林哲学与艺术在真实内涵方面的一致性，导致了艺术真实与哲学真实的统一性和无差别性，这实质上是后者对前者的抹杀。其消极后果在于，将艺术封闭于其先验唯心体系，而却将其自身真实维度于艺术之中抽离出去，这必然造成其整体美学体系的瓦解。

其后，黑格尔建构起来的艺术哲学体系更具折中和辩证色彩，他亦认定：“艺术的功用就在使现象的真实意蕴从这种虚幻世界的外形和幻相之中解脱出来，使现象具有更高的由心灵产生的实在。因此，艺术不仅不是空洞的显现(外形)，而且比起日常现实世界反而是更高的实在，更真实的客观存在。”②在黑格尔那里，艺术正是介于“观念性的思想”与“直接的感性事物”的中介点上的，它一方面可以显现抽象的真的理念，如悲剧之中伦理实体的胜利即是如此；另一方面，又要契合具体的真实，即以感性显现的形式表现的现实真实。这种经过艺术“理想”洗礼过的现实比直接的现象更美，因为后者(自然和日常世界)的“真实却被直

---

① [德]谢林：《先验唯心论体系》，梁志学、石泉译，15页，北京，商务印书馆，1976。

② [德]黑格尔：《美学》第1卷，朱光潜译，12页，北京，商务印书馆，1979。

接的感性因素所污损了，隐蔽了”,[①] 其坚硬外壳“使得心灵难于突破它而深入了解理念”。总之，艺术正是在理性与感性、内容与形式的两极张力中合于抽象和具体的两类真实，黑格尔的美学已内在包含了这不可分的两面。

纵观整个历史，自柏拉图伊始，真理被超拔为超感性的理式，美和艺术因与理念原型的隔离而遭到贬抑。这美与真、艺与真的隔阂，随着鲍姆加通逻辑之真与审美之真的分殊，在康德批判哲学的界定中得以最终确立，并在西方美学中占据主流。界定即否定，康德断然阻绝了审美活动与逻辑思维、实践欲念的本然联系，美的艺术由此被彻底拒斥于真理界域之外。

与这种“隔阂论”平行，由亚里士多德奠基的艺与真统一论，中经法国古典主义和德国浪漫主义的发展，在谢林的艺真绝对同一观那里达及顶峰，并在黑格尔那里获得保守的发展。但是，无论哪派观念，在“真理符合论”上却是共同的，这必然会遭遇到内在的理论缝隙。

显然，美之成其为美，绝不仅是审美主体对审美客体的符合，就连最简单的艺术摹仿论，也不能仅以与对象的完全趋同为标准。按照英国艺术史家 E. H. 贡布里希(Ernst Hans Josef Gombrich)的解释，除掉“表现的”艺术不论，在“再现的”(representational)艺术里，也可分为“像”(like)与“不像”(unlike)两类，“不像”就是指不同种类和不同程度的抽象、形式和表现。在“像”里面，还包括“真实的”(real)与“理想的”(ideal)两类，前者又包括事实的(actual)如肖像画(portrait)和想象

---

① [德]黑格尔：《美学》第1卷，朱光潜译，13页，北京，商务印书馆，1979。

的(imagined)如类型画(type)，后者则包括古典的(classical)和浪漫的(romantic)。真理符合理论只能指称那些“再现的”的“像”里的“真实的”“事实的”层面，显然，它不能囊括更广阔的美的形态。在艺术中，即便是以与对象符合程度为度量的美，也还有个艺术抽象的问题。这种符合理论就连典型化理论也不能完全适用，因为典型在某种意义上也要对对象进行某种提炼。

但问题的另一方面则是，黑格尔却主张美与真理的统一，这在“美是理念的感性显现”中即可得见。理念就是真理，因为真理即是客观性与概念相互符合。为什么真理符合论本然拒斥了美，但黑格尔却认定美与真是相契的呢?

在《判断力批判》中，康德曾分析作为审美判断的著名命题“这朵花是美的”(以区别于“这朵花是红的”的逻辑判断)，与之不同，黑格尔在《小逻辑》也分析了相同的命题，但他却将“这朵玫瑰花是红的”与“这幅画是美的”看作同样的命题。他认定，当我们说这两种命题的时候，所要表达的并不是从外面去把红加给这朵玫瑰花，把美加给这幅画，而只是说红、美等是这些对象自身特有的诸多规定。显然，这是黑格尔将美与真视为统一的理论根基。黑格尔美学内核便是真之理念的感性显现，他的审美理想也是“美与真这种较高的，不可磨灭的理想的联系”①的同一，绝对理念向更真阶段的无限演进使得艺术成了过去式。

黑格尔整体上承袭的是自柏拉图以来的真理本质主义路线，即把

① [德]黑格尔：《美学》第3卷(下册)，朱光潜译，335页，北京，商务印书馆，1981。

“真”作为知识领域内对象与认识的相互符合。“按照较深的意义来说，真理就在于客观性和概念的同一。譬如，当我们说到一个真的国家或一件真的艺术品，都是指这种较深意义的真理而言。”[①]然而，黑格尔表面的符合论，其实是真理融贯论的变易表达式，他所谓的真理是属于某个系统中各个命题之间的融贯性。这便体现出黑格尔思想的缝隙，尽管他的真理是以“融贯论”为本质的符合论，但艺术必定显现真理深度意义方面，也为黑格尔所看到。

这样，在两种思想张力之间便出现了裂缝，黑格尔只是用艺术显现低级的真理来加以辩护，宗教和哲学则递进地呈现更高的真理。这种内在悖论——一方面持真理符合论，另一方面又不能放弃美与真理本然关系——直到在尼采、海德格尔、伽达默尔那里才真正开始得到关注和解决。只有重新解释真理观念才能解决这种体系的非自洽性，解决美与真、艺术与真理的绝缘难题。

二、几种“美的真理观”：尼采、海德格尔、伽达默尔

从尼采、海德格尔到伽达默尔，具有内在的思想传承关系，从而形成了逻辑演进的次序。海德格尔曾写过研究尼采的两卷专著：《尼采》第Ⅰ卷(1936—1939)和第Ⅱ卷(1939—1946)，其中前者副标题就是《作为艺术的权力意志》(*Der Wille zur Mahct als Kunst*)，此外还有《尼采：

① ［德］黑格尔：《小逻辑》，贺麟译，399页，北京，商务印书馆，1980。

欧洲虚无主义》等一系列的讲座。而伽达默尔则更是研究海德格尔的专家，专著《海德格尔之路》(1979)和《海德格尔与哲学史》(1981)以及在海德格尔研究中具有奠基性意义的大量论文。

自尼采颠覆艺术与真理的关系之后，海德格尔便重走了这一思路，但是并没有像尼采那样以酒神本能冲动来消解真理，而是重新发现了艺术与真理、美与真理的本然关联。作为海德格尔的嫡传弟子，伽达默尔直接继承了老师的基本观念，但他的想法却更为具体和丰富，从现代解释学的角度拓展了美的真理观。

(一)“用艺术家的眼光来考察真理”

正是黑格尔真的理念的无限演进和突破，在形而上学领域引发了艺术终结论，这种解体是由于“思考和反省已经比美的艺术飞得更高了”①，向宗教和哲学的更高的真的领域飞升从而将艺术扬弃为过去时。在黑格尔的历史上最先做出艺术葬礼演说之后，经由叔本华的中介，尼采采取了最激进的形式来反对从柏拉图开始、于黑格尔身上集之大成的欧洲形而上学传统。艺术与真理的关系，亦重新被尼采翻过来，从而试图彻底颠覆传统的思维框架，影响至深至远。

在整个西方思想历程中，尼采破天荒地高呼出振聋发聩的呼声——艺术比真理更有价值！

纵观前尼采时代的美学史，哲学美学基本仍是奠基于认识论基础上的，就连唯意志主义鼻祖叔本华也不能摆脱，即便他力求以表象世界来

---

① [德]黑格尔：《美学》第1卷，朱光潜译，13页，北京，商务印书馆，1979。

吸纳传统意义上的主客体，然而，艺术仍被视为独立于根据律之外观照永恒真理(叔本华所谓的“理念”)的方式，而且，在此之上建构的生命意志哲学和审美形而上学对尼采影响颇深。更为重要的是，直至尼采的整个西方的形而上学，都把真理理解为对象与认识的相互符合(物与知的符合或知与物的符合)①。真，命名着本质和符合于该本质的东西。而且，真还被狭隘地局限于知识论领域，所谓“真，即真的知识，是事实。真被真的东西所建构，仅仅为了知识自身”②，就是这个意思。

尼采极具洞见的思路，昭示出传统形而上学内部的深层裂痕。正如海德格尔所指出的，尼采的权力意志思想，实质上就是“柏拉图主义的翻转或反转”③(overturning or inversion of Platonism)。相应地，尼采把柏拉图艺术与真的原初性断裂，也翻转成为二者之间更为激进的不协调。其实，实证主义思潮也在实现着类似的反转。但是，实证主义所反转的只是柏拉图主义超感性/感性的“在上与在下”的结构，在保留其思想实质的情况下确立了感性超于超感性的极端价值。而尼采的反转则不同了，他实际上是对柏拉图确定超感性地位以来虚无主义的战胜和反动，随即颠覆了以超感性为真之标准的整个西方思想传统，从而最终确立了感性的基础地位。④

进一步，艺术作为“权力意志最透明、最亲切的赋形”，正是对这种

---

① 参见[德]海德格尔：《论真理的本质》，《海德格尔选集》(上)，孙周兴选编，216页，上海，上海三联书店，1996。

② Martin Heidegger，*Nietzsche*，*Volume* Ⅰ：*The Will to Power as Art*，London：Routledge & Kegan Paul，1979，p. 149.

③ Ibid.，p. 200.

④ Ibid.，pp. 151-161.

“虚无主义最卓越的反抗”。[①] 其实，这种反转还存在未被海德格尔所体察的另一面中。经由尼采叛逆式的思想颠覆，原本永恒的超感性层面沦为心理表层的意识，而不居的感性层所包孕的本能冲动则被发掘出来，从而内转为深度心理的潜层。这样，超感性/感性的构架就被原始本能的深层心理所消解，被绵绵不息的生命源头所侵蚀，以酒神冲动为表征的权力意志本体也对理性真理观提出了质疑。

尼采对待艺术与真理的关系的总看法，可以用一句话来表述：以人生的眼光考察真理，用艺术家的眼光考察真理和科学。[②]

按照他的观点，真理具有一种消极的毁灭性力量，古希腊悲剧时代的人们以艺术为缓冲带而不至于毁于酒神真理，而尼采所置身的科学时代的人们也依赖艺术而与真理的毁灭相隔离，因而“不能靠真理生活，‘求真理的意志’已经是衰退的征象”[③]。所谓的“求真意志”，就是自柏拉图开始奠基的“真实界”“天国”“物自体”等，但尼采却认定艺术的感性较之这些超感性的真更加真实，艺术是自苏格拉底以降宗教、道德和哲学的人的颓废形式之反运动。[④] 这是因为，尼采将艺术与生命的自救最高地联通起来，他反对叔本华视艺术为生命的“清洗剂”而对意志加以涅槃式的离异，而极力张扬艺术为生命伟大的“兴奋剂”而最高肯定生命意志地冲创和提升。

---

① Martin Heidegger, *Nietzsche*, *Volume* Ⅰ: *The Will to Power as Art*, London: Routledge & Kegan Paul, 1979, p. 75.

② 参见[德]尼采：《悲剧的诞生：尼采美学文选》，周国平译，272页，北京，生活·读书·新知三联书店，1986。

③ Nietsche's Werke, Band 14, p. 368，转引自《外国美学》第二辑，第204页。

④ 参见[德]弗里德里希·尼采：《权力意志：重估一切价值的尝试》〈794〉，张念东、凌素心译，468页，北京，商务印书馆，1991。

在《权力意志》里，尼采所谓意志本身是处于人的艺术活动之中心的，可以说，权力意志本身就是艺术家，“世界乃是自我生殖的艺术品”①，即意志自我冲创的产物。由这种普泛“艺术形而上学”的目光审视，哲学也应从亚里士多德式的“发现真理的艺术”转化为“仍是生命的艺术”。② 因为，知识业已成为权力意志的工具，建基于其上的真理由生命价值衡量是一种谬误。所谓“真理的标准在于权力感的提高”③，相反，那些超感性的真理只会引诱生命力趋于堕落和萎缩，它无力于意志的创造和毁灭。与作为艺术的权力意志的充溢和上升恰恰相反，它只会造成与酒神智慧对立的虚无状态。

这种对西方思想界整体虚无状态的反动，也正是尼采反传统形而上学的动因所在。而海德格尔进一步以独特的视角发现，尼采的思想实际上还是西方形而上学的完成者，是遗忘存在的最完满表现。在只追问存在者而遗忘“在”的全部形而上学的历史重压下，要将存在由遮蔽而重现澄明进而超越形而上学，这条思想之路，在起点上就要面对尼采的思想。由于权力意志是尼采自始至终追问的唯一本体和全部始基，所以他也被海德格尔归于形而上学的“本质哲人”(the essential thinker)之列。尼采的权力意志思想相应地决定了他对真理的看法，也遵循了西方形而上学的这条本质路向，也视真理为知识领域内真的本质与符合该本质的特质。但他确认艺术作为存在(权力意志＝存在)的基本发生比知的真理

① [德]弗里德里希·尼采：《权力意志：重估一切价值的尝试》〈796〉，张念东、凌素心译，202页，北京，商务印书馆，1991。

② 参见上书，〈449〉，272页。

③ 同上书，〈534〉，702页。

更有价值，这一思路对美的真理观具有奠基性的作用。

但在海德格尔看来，这位生命哲学家仅能形而上学地思考存在和真理问题，并未触及存在之为存在和存在真理本质的真谛；而他却在对艺术的追思中发见了真理，因为“艺术就是真理的生成和发生”①。

(二)“美是真理的生成与发生”

“西方艺术本质的历史，相应于真理之本质的转变”②——海德格尔如是说。

海德格尔既立足于古希腊艺术与真理的状态观，又站在“艺术—真理”隔阂论和统一论的历史交汇点上。他首倡“此在”真理并将之自行置入艺术，实现了艺术真理观的根本转向。黑格尔的艺术终结处，正是海德格尔艺术沉思的起点。艺与真的亲合性虽为后者所继承，但认识与对象相符合的真理论却被他所抛弃。

海德格尔视传统认识论真理观的“处所”为判断陈述，实质上，就是知识论之中的物与知的符合论。随之而来，这种真理观造成了真理(属于逻辑)与美(留给美学)的断裂。根据传统的观念，“那规定着思想的东西，也就是逻辑学的东西，思想使自身与之相符的东西，就是真……那规定着人的感受的东西，也就是美学的东西，人的感受使自身与其相符的东西，就是美。真、善、美分别是逻辑学、伦理学和美学的对象”③。

---

① Martin Heidegger, *Poetry*, *Language*, *Thought*, New York: Harper & Row Publishers, Inc, 1975, p. 71.

② Ibid., p. 81.

③ Martin Heidegger, *Nietzsche*, *Volume* Ⅰ: *The Will to Power as Art*, London: Routledge & Kegan Paul, 1979, pp. 77-78.

但海德格尔却试图超出这种主体与客体的隔离，使真理溢出逻辑领域而为美的领域所共享。因为，真理本身就是存在的真理，它“自行置入”艺术并从中定位自身，使艺术走进存在的光亮，也就是“存在者的存在进入其显现的恒定中”。①

进而，海德格尔回溯到古希腊文“真理”（αληθεια 或 aletheia）的本源古意，“α”指非、去、解除的意思，“αληθεια”则有德文“Verborgenkeit”的隐蔽、遮蔽之意，合为一体意指去蔽、解蔽、由被遮蔽的状态而呈现出敞亮，② 就犹如进入到被阳光所投射的“林中空地”一样。可见，真理就是显与隐之一体的发生。

然而，在存在的遗忘史中，随着真的本真意义的忘却，执着于存在者的欧洲形而上学传统始被建构，同时，“自始，美学对艺术作品的认识，就将艺术置于对一切存在者的传统解释之统领之下”③。这就决定了海德格尔所要建构的新美学观，正是对传统的反叛和革新。他一方面反对根据自在的美来理解艺术，那种把美只囿于趣味对象或仅依据于形式的美学，是不能发见真理于艺术中的自行发生的；另一方面，他亦拒绝由体验而出发阐释艺术的主观主义，正如真并非主体认知活动，艺术和美也绝非主体的体验，而只有从物性出发才能追思艺术本源的客观之途、追溯真理的本真内涵。

---

① Martin Heidegger，*Poetry*，*Language*，*Thought*，Harper & Row Publishers，Inc，1975，p. 36.

② 参见［德］海德格尔：《存在与时间》，陈嘉映、王庆节译，258 页，北京，生活·读书·新知三联书店，1987。

③ Martin Heidegger，*Poetry*，*Language*，*Thought*，New York：Harper & Row Publishers，Inc，1975，p. 39.

海德格尔的这种艺与真的两面出击，其实是基源于对“质料-形式”二分的悖反。因为，在传统西方美学里，这种二分“以各种各样的变式，绝对是所有艺术理论和美学的概念图式”，① 从感性与理性、主体与客体到内容与形式，均可以归结为这一概念机制的变体。总的来说，海德格尔真正要创建的是一种从根本上超越了主客二分的美学，真理发生于其中，历史也建基于其中。

古希腊神庙就是这种“大艺术”的典范。海德格尔分析道，“单朴地置身在岩石上的神庙作品”“将那些道路和关联嵌合为一体，同时使这统一体聚集于自身周遭：在这些道路与关联之中，生与死、祸与福、胜与辱、忍韧和堕落——从人类存在那里获致的人类命运的各种形态。这些敞开的作用范围，正是这个历史性民族的世界。正是出自这个世界并在这个世界之中，这个民族才回归到自身，从而实现了其使命”②。按照海德格尔的理解，希腊人很早就把这种露面、涌现本身和整体叫作“φύσιs”。Φύσιs 同时也照亮了人赖以筑居的东西，他称之为大地(Erde)。所谓“大地”就是一切涌现者的返身隐匿之所，并且把一切涌现者返身隐匿起来。在涌现者之中，大地才现身而为庇护者。质言之，“阒然无声地，神庙作品开启着世界。同时，把这世界重又置身于大地中。如此一来，大地本身才作为家园般的地基而显露”③。

“建造一个世界”和“制造大地”，乃是艺术作品之为作品的基本

① Martin Heidegger, *Poetry*, *Language*, *Thought*, New York: Harper & Row Publishers, Inc, 1975, p. 27.

② Ibid., pp. 41-42.

③ Ibid., p. 42.

架构。

一方面，作品为作品开拓出世界，张开了世界之敞开领域，使得“世界世界化了”。这就是说，不仅个人的生存世界(《存在与时间》中所谓的“存在于世界之中”)，而且民族发展的生存世界(如古希腊神庙所建构的“历史性民族世界”)都在艺术中揭示了自身本质形态，这就是开放性与“世界化”之所在。艺术作品为存在本身的显现提供了敞开的场所，亦即使真理形象自行现身了。另一方面，艺术作品制造大地，把本质是自行锁闭着的大地带入到敞开领域里，“作品让大地成为大地”①。也就是说，在建造世界的同时，作品得以承载的无生命的纯物作为自身也得以显现。大地实质上就是载基艺术的自然物品、天地万物，是具有本有封闭性的、人的栖居所在和家园基地。只有在艺术活动之中，方能使大地归其自身，从而艺术作品使物、使大地投入到真理里，即揭示了真理的“封闭与隐匿”的内在张力。

世界建基于大地，大地穿过世界得以涌现。世界对大地张开自身和立身超逾，大地对世界的隐匿关闭和摄入庇护，双方形成了一种对话的张力，即所谓“争执”(streit)。这种关系绝非对立统一，而类似于阴阳的相反相成，二者首要的是于返身运动中显现出世界和大地的自身本质，从而在差异对峙中达到“质朴的恰如其分的亲密性”。

的确，希腊语“真理”的“去蔽”(显隐的一体发生)之原意，其实就等于说“真理作为澄明与遮蔽的原始争执而发生”，这与艺术本源的发生无疑是

① Martin Heidegger, *Poetry*, *Language*, *Thought*, New York: Harper & Row Publishers, Inc, 1975, p. 46.

同构的。所以，海德格尔说艺术同牺牲和思想等一样都是存在真理发生的本源性方式，即存在者之存在现身于其中的本质来源发生的“事件”。

质言之，艺术本质就是“存在者的真理自行置入作品”[①]。而真理乃通过诗意创造而发生，所以海德格尔进一步将一切艺术的本质归结为“诗”。诗的本质也就成为真理的创建(stiftung)，集赠予、建基、开端三重意义于一身。“作为创建，艺术是历史性的……实质上，艺术乃是为历史建基的根本性意义上的历史”[②]。艺术也就成为一个民族历史性的存在本源，即真理历史性生成的突出方式。

(三)艺术本体、观者参与、存在扩充

伽达默尔以历史开放性的途径、从历史接受的变动角度，追随海德格尔的脚步，继续将真理拓展到艺术领域。进而，又在“本体”“接受”和“存在”三个维度，对艺术真理观做出了现代解释学的发展。

①本体之真：游戏本体及“意义的连续性”。透过解释学的视角，伽达默尔将艺术真理导向“文本—自身”的双向理解活动。主体在理解文本的同时，还可以“理解自身”，而且是“在他者中理解自身”。[③] 而这“他者”，就是伽达默尔的“游戏”，也就是海德格尔的“艺术”。

海德格尔首先发现“艺术作品—艺术家”相互规定的循环链条，但他只视它们为导向本源性“艺术”的通道。而伽达默尔直接由“游戏”入手这

---

① Martin Heidegger，*Poetry*，*Language*，*Thought*，New York：Harper & Row Publishers，Inc，1975，p. 72.

② Ibid.，p. 77.

③ ［德］伽达默尔：《真理与方法》，王才勇译，140页，沈阳，辽宁人民出版社，1987。

一循环锁链：一方面，艺术家成其自身是因为他投入到游戏当中；另一方面，艺术作品也就是游戏向创造物的转化形式。这“游戏”既独立于主体的意识，又外在于客观的物性；它既不在于“主体性的自为存在”，又不允许主体“像对待对象那样去对待游戏”。而是，游戏主动地去触动主体并使其卷入其中，主体因“被玩”而忘却自己；同时，主体向游戏的归复让游戏被动接受他，从而使游戏不断更新从而表现自身。如此而来，主客双方都消融在游戏本身的一体化之中，都内化成游戏本体的积极驱动力，使游戏“成其自身”又“更新自身”，从而达到本体真实的境界。

其实，游戏本身又是“一种意义整体”或“意义的连续性，这就是观者生活于其中的固有世界的真理”。① 这是因为，众多艺术理解最终要瓦解在意义的连续性内，即要在“此在的连续性中废除”“体验的非连续性和确定性”。艺术真理就存在这意义整体或连续体中，它超越出个体(创作者或接受者)的体验，而表征为一般体验本质方式的经验整体。它拒绝体验所导致的非连续性，拒绝化为个别体验而对普遍意义加以疏离。伽达默尔将这种意义整合称为通过“特殊性”而发生的“废除—生成的活动”，即废除断裂化体验和生成意义整体的活动。

艺术就是这样的“真理”的动态发生，它是通过特殊性而揭示出特殊的东西和真理的显现。因而，艺术真理就落归在存在栖居的完整的和丰溢的世界，它本然具有回归感性特殊的本源性质，而并不在于那些所谓超感性的普遍性。

---

① ［德］伽达默尔：《真理与方法》，王才勇译，170、186页，沈阳，辽宁人民出版社，1987。

②接受之真：观者参与其“对意义的期待”。游戏不仅是存在真理的“自我表现”，而且在接受维度上还是“对……的表现”。这是因为，“对于观者来说，并在观者中，游戏才进行着”，艺术真理也由游戏者过渡到了“观者所表现的意义整体之上”。[①] 同时，“艺术作品—艺术—艺术家”的三方结构(海德格尔)也被缩简在“游戏—观者”的两极关联里。

伽达默尔认为，游戏必将在主体的理解活动中实现其意义，观照为游戏带来了“整体性”。面对要求并期待“兑现”的艺术作品，能动的观者用生活积累和真实感受灌注其中，积极主动地提供着自己的回答。这样，在观照中“游戏才赢得了其完整的意义”，恢复了由游戏者和观者共构的游戏整体；同时，又“把观者存在的整体交还给了观者”,[②] 使观者借意义连续性的体悟，把自身融进意义的整体内。可见，游戏通过表现与观者“对话”，使得观者“忘却自我”而投注入游戏内。如此而来，观者的敞开必然使游戏的封闭性消失，本体真理最终要在接受真实里获得实现。

而且，在对游戏意义的整合中，观者具有“对意义的期待”。具有先在理解结构的观者，必然对艺术做出不同的预期和希望，而这期待的差异也就决定了接受的变动性和多元性。相应地，艺术真理也就始终立于“一种可能性的未来视野中”，“立于期望背后”而允许“期望过量的未来的非确定性”。然而，期待的未来性之根源，并不在于接受者的主观变

① [德]伽达默尔：《真理与方法》，王才勇译，158～159页，沈阳，辽宁人民出版社，1987。

② 同上书，159、186页。

化，而在于“作品自身的存在可能性”。[①] 所以，“观照的进行……要理解为虚构进入了此在本身中”，使得游戏作为意义整体能反复被表现，并能反复在其意义中被理解。

由此出发，伽达默尔才推导出一系列等式：“由游戏者所表现的东西”(创造者的“虚构”)=“由观者所见出的东西”(接受者的“虚构”)=游戏“塑造活动和行为本身”。[②] 由于这三者归根在“此在本身”是相同的，因而艺术表现、审美接受和艺术活动都是向真实存在的复归，它们的同一性也是“审美无区别”的另层含义。

与此同时，观者真理的获得，必然要在历史变迁里被赋予时间性维度。观者积极参与其中认同而全面地介入审美特性，但并不是稳定重复的静态接受。观者会随时随地而变化，相应的审美特性自然会随着观者而变。因而，观者不仅使不同的游戏得以整合，而且也“看到”了不同的内容意义。而艺术真理，无疑就是在时间和情形变迁中、在观者接受的历史差异内，如此不同的表现出的艺术作品的“同一性”。

③存在之真：绘画表现及“对存在的扩充”。毋庸置疑，伽达默尔的任何艺术真实最终都归结于此在真理，它凸现在艺术“自我表现”而带来的存在活性里，绘画则是该表现的具体形式。伽达默尔一反“原型是摹本的本源”之传统绘画观，而倒置性地认为是原型通过摹本达到了表现，这种表现要比摹本多得多。因为，原型只有通过绘画才能具有“一种自主的真实”，使“所表现的”事物回归到无限的生命世界和特殊的存在领

---

① ［德］伽达默尔：《真理与方法》，王才勇译，164、171页，沈阳，辽宁人民出版社，1987。

② 同上书，170页。

域，并随着“所是的”而完全存在。

艺术作为“一种存在过程”，正是要解除日常经验的观照局限，导引人们回复到“存在之为存在”的无限丰满和变动不居的经验世界，让“存在走向了富有意义的可见的显现”。① 由此，所表现事物的经验也就“给存在带来了一种形象性的扩充”。相应地，对艺术作品的“再认识的快感”，也并非所熟悉东西的再现，而是“见出了比只是熟悉的东西更多的东西”。② 这样，接受者才能在“本质上”把握所熟悉的东西，也就是在存在层面上把握意义整体。同时，受理解环境和语境变化的制约，对艺术的理解必然具有偶然性和变异性。正因为艺术意义的经验是流动发展的，所以绘画原型才会不断随之而“扩充”其自身的存在。

三、美与真理的相互拓展及其多义性

从尼采、海德格尔到伽达默尔的真理观，都把真理置于美的视角之内，“美的真理”观念得到了各种极端的表达。但他们的批判所向却是趋同的，即都反对传统的各色真理观，特别是真与美的绝缘得到了他们的一致反击。反过来，我们不禁要追问，为什么会产生“符合论”真理对美的拒斥呢？或者说，美与真相互割裂所产生的历史根源又是什么呢？

这种美与真的割裂，主要在康德哲学那里得到最终确定并成为西方

① ［德］伽达默尔：《真理与方法》，王才勇译，205、201页，沈阳，辽宁人民出版社，1987。

② 同上书，208、166页。

的思想主流的，这是有目共睹的。伽达默尔就称这种割裂为“美的外观”与“实践真理”的对峙。在他看来，这种对真理本然参与艺术活动的忽视，正是由于“自然科学认识模式的主宰”导致的对其他“认识可能性的非议”。① 因而，就只能在认知概念和科学真实下，去测定认识的真理性，从而胁迫着审美特性仅局限在审美外观之内。

事实也的确如此，近代科学的发展造就了一种科学世界观，从而深刻地影响了美的观念的建构。“笛卡尔曾经创立了一种思想体系，使日后的哲学在某种程度上和科学保持了接触……直到本世纪，哲学学派才把上述两个传统结合起来，表达了一个从科学中导引出来的世界观，因此也就结束了科学跟美学以及伦理经验所肯定的东西分道扬镳的状态。”②也就是说，这种科学世界观稳固地作用于审美经验的历史直至20世纪初才有所改观。

具体到美学自身，康德赋予了先验的趣味判断以普遍有效性的要求，这种思想转向的合法化，就把道德自律的“方法前提”最终内化为趣味的“内容前提”，③ 自律化的艺术因此与真理绝缘。然而，从更宏观的角度看，“一切科学和艺术的使命都是要尽力了解整个世界的和谐，透过事物和感受的五光十色的外壳发现它们之间的简单关系，透过漫无头

---

① [德]伽达默尔：《真理与方法》，王才勇译，121页，沈阳，辽宁人民出版社，1987。

② A. N. [英]怀特海：《科学与近代世界》，何钦译，149—150页，北京，商务印书馆，1959。

③ [德]伽达默尔：《真理与方法》，王才勇译，118页，沈阳，辽宁人民出版社，1987。

绪的各种事件去寻找其中的规律”[①]。或许，真理的确至少有两种，一种是“指引道路”的真理，就是科学真理；另一种则是“照亮生活”的真理，这才是“美的真理”。这两方面其实是异曲同工的，具有同样的终极追求。

直面康德思想这种割裂，自尼采激进的颠覆开始，西方具有洞见力的思想家都提出了自己的解决方案。海德格尔所建构的基本存在论的本体论，力图将康德由传统存在论的“知识论转向”重新颠倒过来，使源自康德的主观美学彻底丧失了存在的根基。进而，他又发现尼采的独特意义——权利意志是“柏拉图主义的反转”，它将可感知的、生命的和变异的世界上升到存在者之列，而把那些超感性的真理观翻踏于地，从而昭示出一种全新真理观的萌芽。因而，海德格尔追溯古希腊词语 Aletheia “显—隐”同体发生之“去蔽”原意，并发见艺术的“世界—大地”或“澄明—遮蔽”的原始争执与真理具有同构性，从而最终认定，艺术就是“存在者在其存在中的开启，亦即真理之发生(Geschehnis)”。[②]

海德格尔这种存在真理论、反传统真理局限、艺术与真理同构论深刻影响了伽达默尔的艺术真理观。而在伽达默尔看来，艺术本身就存在着真理性的要求，它既不同于科学的甚至是感性的认识，也不同于道德上的理性认识，乃至有异于一切概念认识，艺术也是“一种传导真理的认识”[③]。伽达默尔就是要在更广阔的“精神科学”领域来透视艺术，使

① [苏]苏霍金：《艺术与科学》，王仲宣、何纯良译，23 页，北京，生活·读书·新知三联书店，1986。

② Martin Heidegger，*Poetry*，*Language*，*Thought*，New York：Harper & Row Publishers，Inc，1975，p. 38.

③ [德]伽达默尔：《真理与方法》，王才勇译，141 页，沈阳，辽宁人民出版社，1987。

艺术突破仅囿于审美经验的樊篱，使真理打破仅限于科学理性的窠臼，从而让双方得以开放性地相互延展。

但回归到存在本身，不如回归到现实生活本身来谈问题，才能将“美的真理”建基在坚实的基础上。因为，无论是海德格尔的“此在”还是伽达默尔的更广义的“存在”，毕竟在某种意义上还都是一种主体性的建构，虽然海德格尔也在尽力逃脱传统主客二分的框定。但是，这种规避仍不能走出传统形而上学的视角，难怪后现代主义者从更激进的观点看，海德格尔成了“最后一位形而上学家”。同时，这种规避亦是从西方内部来逃避西方思想的困境，难以根本消弭欧洲中心主义的影响，

其实，真正的超逾是来自非西方的世界的。当我们从现实生活出发，来重新审视美的活动及其相关问题的时候，其深层底蕴上还是来自东方古典的某些启示。那种奠基于春秋时代的华夏天人合一的思想，那种超越世界与现实生活“不即不离”的态度，都是对现实生活的一种亲近。而只有当我们回归到现实生活世界，才能从根本上找到解决西方思想困境的某种途径，从而在美与真理之间搭建起真正的桥梁。

那么，从现实生活的视角来看，“真理符合论”究竟具有哪些缺陷呢？关于这种符合论的特质与来源，海德格尔归纳得非常准确：“1. 真理的‘处所’是陈述（判断）。2. 真理的本质在于判断同它的对象相‘符合’。3. 亚里士多德这位逻辑之父既把判断认作是真理的源始处所，又率先把真理定义为‘符合’。”①

---

① ［德］海德格尔：《存在与时间》，陈嘉映、王庆节译，258页，北京，生活·读书·新知三联书店，1987。

进一步的问题，还必须对“符合”的内涵加以勘定，究竟是物与知的符合呢，还是知与物的符合呢？看似这极为相似的两方面，其实是不同的，还有一个物与知孰“先”孰“后”的问题。在此，按照海德格尔在《论真理的本质》(*Vom Wesen der Wahrheit*，1930)中的理解，所谓“符合”具有这两方面的含义，“一方面是事物与人们对之所作的先行意谓的符合；另一方面是陈述的意思与事情的符合”①。其实，这双重特性都归属于传统真理理论，前者是一种“命题真理”，后者则是一种“事情真理”，前者建构在后者的基础上才能得以可能。但无论是何种类型，都是先行区分开了主体与客体、命题与对象之间的分立。

从现实生活的角度看，这种符合论真理观的确陷入了理论的困境。首先，这种真理观预设了“主客二分”的内在结构，具体来说，也就是预设了认识与经验性事物、认识与同命题对应的经验型陈述的对应关系。从更深层来看，这种真理符合论其实先在设定的是“实在世界”与“语言世界”的相互对应关系。而我们从现实生活的视角出发，主客二分的视角并不具有可能性，生活的存在本是无所谓认识与所指这类关系的。

进一步考察，符合论的真理观相应地要求一种超出主客两面的绝对立场，这种看似决然中立的判断立场所要求的超越性，其实也并不可能完全实现，超出主客的“第三判断者”只是个虚妄的存在。哈贝马斯还看到问题的另一面，他认为这种真理观“不仅预设了主体与客体、话语与

---

① [德]海德格尔：《论真理的本质》，《海德格尔选集》(上)，孙周兴选编，215页，上海，上海三联书店，1996。

实在之间的对称关系，而且要求话语主体间的绝对同一”[①]。这是由于，哈贝马斯将真理置于“主体间”的视角之中，看到了真理实际上是要求主体间的普遍赞同的。由此观之，真理符合论则根本无视这种视角，而单纯地在参与交往的“主体间”里面做出相互决然同一的理解。这也无疑看到了符合论真理观的内在缺陷之一。

当我们回归现实生活的视角之时，不应忘记“美的真理”观还具有多层面的结构。美的真理，并非是(谢林意义上的)完全绝缘于或(肇源于康德意义上的)基本等同于知识论的真理，也并不与(海德格尔意义上的)存在真理完全同一，它实质上是个具有多维结构的存在。

这里，还必须区分出“美的真理”与美的真实、艺术真理与艺术真实的问题，尽管二者往往是纠缠到一块的，而且还具有多方面的含义。罗曼·英伽登(Roman Ingarden)就曾分析“艺术真实”的多义性：“(Ⅰ)表现对象与现实之间相互符合；(Ⅱ)巧妙地表现艺术家的观念；(Ⅲ)忠实性；(Ⅳ)内在的统一性。”[②]单就艺术作品而言，就存在着一种艺术作品本身的内在统一的真实问题。这种作品的真实，包括文学作品中“与理智和理性相一致”的意蕴(这在造型艺术中并不明显)，亦包括20世纪初的艺术理论中附加性的艺术真实意蕴：这种真实既指结果与方法的一致，也是指上面所说的“忠实性”(艺术作品表现了艺术家所想所感的真实)。在这种艺术作品的真实之外，从传统的主客分立的观点看，既存

① [德]得特勒夫·霍尔斯特：《哈贝马斯传》，章国锋译，77页，上海，东方出版中心，2000。

② [波]塔达基维奇：《西方美学概念史》，褚朔维译，418页，北京，学苑出版社，1990。

在再现世界的客观真实(主要是指情节、画面和雕塑以各种形式真实地表现现实，还有后来才出现的作为审美经验条件的“可信性”)，又存在表现主体的心理真实(包括创造者体验的评价真实和接受者的鉴赏真实这两方面)，同时又有着主客体关系之间的审美真实。

随之而来，艺术真理也成为多层面的，也就是说，在艺术真实的各个层面上都有真理的存在，只不过它是艺术真实的最高层面而已。的确，在每个成功的艺术真实的方面，都包孕着一种深层意蕴，这也就英伽登所说的现象学的“形而上的质”①，它涵盖着生命感、历史感、宇宙感等多重本体内蕴。

因而，“美的真理”并不是剥离真实的独立层面，而是依附于诸多真实层面的边缘存在，在与其他真实层面相互交叉联系和差异的张力中，“美的真理”和艺术真理才得以现实地呈现。本书所探讨的正是一种美的本体真理的问题，也就是美的活动所呈现的深层意蕴。从“世界——创作者——美的对象——接受者”这四维结构来说，“美的真理”既有审美对象的真理，又有审美关系的真理；既有美的创作的真理，又有美的接受的真理，但它们的最高构成乃是一种本源意义上的真理呈现。这种本源性的真理就是一种本真生活状态的全面自由地显现，也就是伽达默尔所说的“向真实存在的复归”②。实际上，美的真理正是这样一个多维结构和动态系统。

---

① [波]罗曼·英加登：《对文学的艺术作品的认识》，陈燕谷、晓未译，62页，北京，中国文联出版社，1988。

② [德]伽达默尔：《真理与方法》，王才勇译，163页，沈阳，辽宁人民出版社，1987。

如此看来，任何一种美的真理观都是不全面的，尼采仅仅是艺术胜于真理的首倡者，而海德格尔也只看到此在本体论上的真理内涵。就拿具有更丰富思想的伽达默尔而言，他也全然摒弃了原本同摹本相合的真实，而导向表现摹本自身的存在真实；他放弃了与创作者观念性符合的真实，而囿于文本与鉴赏者的互动、接受者对存在真理的整合；他拒绝艺术形式的内在统一性，而彻底掀翻审美区别的基石，归旨在连续意义的整体真理，但这种现代解释学的真理观显然仍有挂一漏万之嫌。同时，伽达默尔虽将艺术真理拓展到了读者的广阔界域，但是在“创作——本体——接受”之真的动态系统里，仅囿于本体与接受真实的封闭体及其互动，而忽略了真理系统的全体性和流动性。

这种本源性真理并不是超越现实的一种“超感性”的存在，而是深深地植根于现实生活本身的。这种“美的真理”，正是介于日常生活与非日常生活之间的一种现实存在，一种理想性与现实性、可能性与现实性的融会贯通。

按照美国后分析美学家琼·布洛克(Gene Blocker)的观点，“我们的假设都是由我们日常生活中觉得十分可能发生的东西所激发和引导的。一个故事，不管是真实的、虚构的还是彻头彻尾的谎言，其可信性同样都取决于它们是否像真实世界发生的事情……凡是使人感到可信的故事(不管是真的还是想象的)，都不是根据某时某地的事情编写的，而是根据一般可能性的事件编写的”①。由此可见，仅从可能性这一方面，就

① ［美］H. G. 布洛克：《现代艺术哲学》，滕守尧译，286页，成都，四川人民出版社，1998。

能阐明“美的真理”在日常生活与非日常生活之间形成的张力结构。正如我们已经论述的，美的活动就是一种“本质直观”，在本源性上能达到可能性与现实性的融汇。因此，“美的真理”不仅是可能的而且是必然的，换言之，美的活动能“直观”地显现出真理。

但是，按照传统的观点来说，美的世界是脱离生活经验世界的，“人们可以从中看出这一世界和经验世界的部分重合，但是从它的自我连贯的可理解性来说它又是一个与经验世界不同的独特的世界”①。但这种经验世界与美的世界的典型二分法，将美超离于生活之外，并没有看到现实的真实与想象真实之间的连续关系。而“美的真理”，恰恰正好走在日常生活与非日常生活的中间线上。

的确，美的世界具有非真实性的一面，根据现象学的经验，“审美对象的世界是一个它所是的世界，但却是一个不真实的世界；它是审美对象的现实性的内在非真实性，它是审美对象的意义，而不是作为意识的非真实的外部真实性的外部世界，它是意识的意向性对象”②。然而，这种非真实的世界，却显露出人与世界的真理，这种真理可以说是一种“不真之真”或审美之真。这种真理，一方面是不同于日常生活的真实的，但却来自这种日常生活的连续体；另一方面则是形成了与非日常生活的张力的，因而显现了更为深邃的本源之真。

总之，“美的真理”，就是一种生活真理，可以说是后者的一种变异

① ［美］勒内·韦勒克、奥斯汀·沃伦：《文学理论》，刘象愚等译，30页，杭州，浙江人民出版社，2017。

② ［美］R. 玛格欧纳：《文艺现象学》，王岳川、兰菲译，192页，北京，文化艺术出版社，1992。

形态。与科学真理比较，它是离日常生活最为切近的；但与日常经验比较，它却显现出本真的生活，是一种能呈现本源性真理的显现。这种美的活动对真理的显现，实质上，就是一种对本真生活形态的“本质直观”。

四、美的真理：共识观与解释学的统一

既然“美的真理”就是一种生活真理，那么，作为能显现本真生活的真理形态，它的本质规定又是什么呢？

答案是自由，而且更准确的答案是一种“具体的自由”。而“真理的本质乃是自由（Das Wesen der Wahrheit ist die Freiheit）”[①]，这乃海德格尔的独特的洞见，对我们很有启发意义。

一般来说，自由往往被视为是人的特性，同真理似乎是根本不搭界的。所以，自由的规定常常与意志相互关联，在伦理学领域之中特别凸显出来。但海德格尔所反对的这种主流的观念——把自由视为人的特性的观念——如此根深蒂固，以至于深受海德格尔影响的萨特的存在主义观念也未能脱其樊篱。海德格尔将自由当作真理的本质，这是因为他是从“存在之为存在”的角度来阐释自由的。换言之，自由让存在者成其所是。“向着敞开之境的可敞开者的自由让存在者成其所是。于是，自由

---

① ［德］海德格尔：《论真理的本质》，《海德格尔选集》（上），孙周兴选编，221页，上海，上海三联书店，1996。

便自行揭示为让存在者存在(das Seinlassen von Seiendem)”[①]。

《真理的本质》(1930)中的这一著名论断，又自然令人想到《艺术作品的本源》(1935/1936)里面对“真理”一词的“去蔽”的阐释，二者是基本相通的。“让自在，即自由，本身就是展开着的，是绽出的 ek-sistent。着眼于真理的本质，自由的本质显示自身为进入存在者之被解蔽状态的展开。”[②]

再联系到海德格尔将艺术和美作为真理的发生，人们就会发现一系列的推断：美(艺术)→真理→自由。一方面，真理自行置入美和艺术之中，或者说，美的本质在于存在之真理；另一方面，真理又以自由为本质。

我们似乎可以进一步得出这样的推论：美的“本质之本质”才是自由。的确，这道明了美与真理、美与自由、“美的真理”和自由之本质关联，而海德格尔却始终是从“存在本体论”的视角来看待这些问题的。但实质上，如果我们回归到现实生活来观之，便可以发现海德格尔思想的某种虚妄成分，其实还是在存在的视域内来解释真理的。而任何形式的真理，都是归属于现实生活的，归属于人及其存在的生活世界。自由是真理的本质，从现实生活的角度来看并不全面。因为大多真理(例如历史的真理、事实的真)的本质并不能由自由来确证，而是有其各自的本质规定的，这是我们有异于海德格尔的地方。如果说“美的真理”之本质是自由，则是无可争辩的，这是由于自由本来就是美的终结关怀，使

① [德]海德格尔：《论真理的本质》，见《海德格尔选集》(上)，孙周兴选编，222页，上海，上海三联书店，1996。

② 同上书，223页。

“美的真理”成其为真的东西就是自由，别无他物。

进而，我们认为，只从主体的结构来阐释真理，并不能真正解释真理的本质。而是要从日常生活与非日常生活的张力结构来看待这个问题，这才是现实地解决问题的路径。“美的真理”之所以一方面呈现出“具体的”自由，正是来自美与日常生活的本然连续性关联。另一方面“美的真理”之所以又是以具体的“自由”为旨归的，则是来自于美的本真生活的规定。

最具有比较意义的是，科学真理由于纯理性的“高度抽象”生活现象，因而以一种“抽象的真理”而高居于日常生活之上。但“美的真理”则由于直观地呈现着现实生活，因而成为最切近日常生活的形态，它的真理亦是包孕在现实生活呈现的具体性之中的，这是它与科学真理的不同之处。但与任何一种真理相同的是，真理并不能只到日常生活的表象中去寻找，而且还要在与日常生活形成张力的准理性结构中去探寻。“美的真理”正是这样一种不离于日常生活的“本真之真”，它所指向的“自由”正是其本真生活的本质。

总之，“美的真理”的本质乃是“自由”，这是由美的活动的本质性规定所决定的。当然，我们还需要一种对“美的真理”的外在形态描述，也就涉及“美的真理”存在形态的问题。

总括起来看，美的真理形态一方面是“共识”的，另一方面则是“历时”的。“美的真理”绝不是与客观事物的某种符合，而是“主体间”所达成的共识；“美的真理”虽是一种“同时”的生成活动，但却是被“历时性”不断地“解释”着的。这两方面的启示，在理论来源上说，分别来自于哈贝马斯的“共识真理观”和伽达默尔的“解释学真理观”。

(一)“真理共识观”的启示：走向“共识”的真理

首先来看哈贝马斯的“共识观”及其提出的理论背景。众所周知，哈贝马斯是在“普遍语用学”的基础上，通过“交往活动”与“生活世界”的相互阐释，建构起自己独特的交往活动理论的。然而，在这种被西方学界认为过于理想化的理论看来，交往活动在其实现的过程中，必然需要一定的话语情境为交往提供背景性的支撑。在哈贝马斯的视角看来，这种话语情境是建基在交往理性的基础上的，它是一种准先验的、反事实的理想性前提，它是一种普遍的、抽象性的规范的假设。而且，这种“理想的话语情境”并不是孤立的，它与“共识真理观”及其“话语理论”紧密相连。

由此来看，哈贝马斯所反对的，也是传统的“符合论”真理观。那种“话语所陈述的内容与实在事物的相符”遭到了哈贝马斯的驳斥。但哈贝马斯对符合真理论批判的特殊之处，在于他是从“主体间性”的角度来阐发的，由此才可能提出一种崭新的“共识论”真理观。

以这种“主体间性”为基点，他比别人更深入地看到陈述与其对象的相互一致，必然导致他设定了主体间性的绝对同一，否则走不出“主体性哲学”或“意识哲学”的范式。因而，哈贝马斯的贡献就在于：他提出了真理乃是“话语主体通过语言交往而达到的共识”。这意味着，以共识为本质的真理必然是主体间性的，检验真理的尺度并非是任何一种客观性，“话语真实性的判断标准只能是它的主体间性。即是说，只有在话语主体的交往对话中，话语的真实性才能得到检验。当所有人进入平等对话，并就同一对话对象进行理性的探讨与讨论，最后达成共识时，该话语才能被看做是真实的”[①]。这里的“真实”，按照哈贝马斯的原意，就是人际语言交往的一种“有效性要求”，而“真理”不过是这一真实要求的实现。

但是，哈贝马斯最大误区就在于：他直接将“共识”这本属于真理的存在形态方面，当作了真理的本质规定。虽然抓住了真理形态的主体间特质，但却并未洞悉真理的本质。因为，日常生活本身也具有主体间的特质，日常生活又是美的活动的来源，所以日常生活的主体间性其实是与“美的真理”息息相关的。

当然，哈贝马斯主要是从伦理视角来阐发其真理观的，这种观念其实是西方学者所谓的“程序主义的话语伦理学”。他关于“理想的话语情境”何以成立的论证甚为周详，[②] 而并没有过多涉及美的问题，这不能不说是一大遗憾。而我们则要从伦理学来实施向美学的转切，认为美的活动所实现的交往形态亦是一种特殊的“理想的话语情境”。因为按照原意，在理想的话语环境中，这种共识作为伦理规范，体现所有人的平等权利和相互尊重。用爱尔兰根学派的代表人物库诺·洛伦茨(Kuno Lorenz)的话来说，“至少在这一点上是清楚的：‘共识’的概念……并不是一种用来表示人与人之间特殊关系的描述性表述，而是要说明，这个

---

① 《哈贝马斯访谈录》，载《外国文学评论》，2000(1)，38页。

② 哈贝马斯认为，要创造“理想的话语情境”，必须具有如下四个条件。其一，要求一种话语的所有潜在参与者均有同一参与话语论证的权利；其二，所有话语参与者都有同等权利作出解释、主张、建议和论证，并对话语的有效性规范提出疑问，提供理由或表示反对；其三，话语活动的参与者必须有同等的权利实施“表达式”话语行为了；其四，每一个话语参与者都必须有同等的权利实施“调节性”行为。参见[德]哈贝马斯：《迟到的革命》，35页，转引自[德]得特勒夫·霍尔斯特：《哈贝马斯传》，章国锋译，80～81页，上海，东方出版中心，2000。

词在话语环境中的恰当运用已经包含了至少两条原则的普遍承认，即话语的平等和行为的自由”①。这恰恰是话语交往行为的规范性前提。当我们抽离掉哈贝马斯思想中的语言决定论，将话语活动看作一种“美的活动”的时候就会发现，在美的活动所造就的交往之中，是真正能够实现这种“话语的平等”和“行动的自由”的。

美的交往就是要求人们进入到“审美交往”的情境之中，这也是一种“理想的话语情境”。

在与日常生活的连续性中，美的活动其实具有一种“我—你”交往性。马丁·布伯(Martin Buber)就将艺术和美归之于“我—你”关系之中，这是由于艺术“绝不会容忍我滞留逍遥于‘它’之世界”；“艺术——业已清楚地表明：直接无间的关系包含有对与我相遇的‘你’之作用。作为人真性活动的艺术决定了形式之转化为艺术品的进程，惠临的形式因与人的相遇而充实自身，她由此便莅临物之世界。”②在美的活动中，我们所体认的那个活生生的世界，是“你与我”和“我与你”相互交往的世界，它与人们保持了一种人性化、亲密的关系。而那种受到外物制约的“我—它”交往的关系，造就的则是一种物性化的、冷冰冰的、外在于

---

① [德]库诺·洛伦茨：《对话性真理概念》，载《新哲学评论》1972年第2、3期，117页，转引自章国锋：《关于一个公正世界的‘乌托邦’构想：解读哈贝马斯〈交往行为理论〉》，149页，济南，山东人民出版，2001。

② [德]马丁·布伯：《我与你》，陈维纲译，25、29页，北京，生活·读书·新知三联书店，1986。德国“宗教存在主义”哲学家马丁·布伯区分出“我——你”(I—Thou)和“我——它”(I—It)的两种交往方式。他首先认为“关系世界”呈现为三种境界：与自然相关联的人生、与人相关联的人生和与精神实体相关联的人生。在这三种境界之中，针对“我”而言，布伯在指明了世界二重性(亦即“你”之世界与“它”之世界的对立)的同时，又规定了人生的二重性(亦即“我——你”人生与“我——它”人生的对立)。

“我”的交往关系世界，这显然与美的活动的世界截然不同。

美的活动在呈现出真理的时候，这一生活世界便成为以自由为本质的世界，其中的“审美交往”亦是一种自由的交往。用华夏古典美学的语言来解释，就更不难理解了，“人看花，花看人。人看花，人销陨在花里边去；花看人，花销陨到人里边来”[①]。审美交往，可以用这种“来去自由”的交流来比拟。在这种自由情境之中，人与人、人与物之间的关系是平等对话的和趋向自由的，而不是一方倾轧另一方的功利关系，这是由美的本性所决定的。从这个意义上说，美的交往所形成的情境才是“理想话语情境”之典范形态，或者说是“理想话语情境”的最理想形态。

因而，“美的真理”就是在这种理想情境里建立起来的“共识”。这种“共识”，其实还是建基于一种现实的“情感共同体”之上的，如果没有这种共同体的客观积淀，那么，这种“共识”则不可能达成。因为，美的对话关系的形成，必须在同一“情感共同体”的范围内才是可能的，反之就可能走向互不理解的对抗了。

从另一角度看，所谓“潜在的赞同”成了人们进入美的交往的前提，是美的活动得以成立的主体间性的基础。我们一般的判断如“这是艺术”或“这是美的”，都在暗伏或前设着这种共同性或主体间性，否则美的活动及其相互认同就很难成功，这绝对是一个事实。“只有在所有其他人均进入与我的对话，赞同我对某一对象的谓语性陈述时，我的陈述才可被认为是真实的。我认为，为了区别真实与虚假的陈述，必须依靠别人的判断，即所有与我进行对话者的判断……陈述的真实性条件在于所有

① 金圣叹：《金圣叹文集》，150页，成都，巴蜀书社，1997。

人的潜在的赞同，即每一个人都必须确信，我所加于某一对象的谓语性陈述是准确的，必须予以赞同。"①同理可证，"美的真理"也相应要求人们的普遍认同，从而形成一种对话性的关系。

总之，"美的真理"是一种"共识"，在其中，每个认同者之间都形成了一种对话伙伴的亲密关系。这种共识真理所要求的交往是一种自由的交往，正如"美的真理"的本质就是自由。

(二)"现代解释学"的启示：走向"历时"的真理

从整体来看，哈贝马斯更为关注真理的共识性，而往往忽略了真理还有历时性的一面。在这一方面，伽达默尔的现代解释学所提出的原则值得探讨，假如能将这种时间性原则注入共识真理论之中，那么，我们将获得"美的真理"的完整形态。

但不要忘记，哈贝马斯不仅对"理想的话语情境"进行了共时性的描述，而且还进行了历时性的阐释，这与其话语伦理学的"程序主义"思想紧密相关。但他的重点在于指出真理共识性的过程性，也就是说，真理共识是一个过程。一个新的理想话语情境被达及可能仅仅是暂时的，它是动态地实现着的，当一个理想话语情境不再适应于新的情形时，旧的话语情境就可能被另一个更为理想的新的话语情境所取代，直至最终就同一对象达成最终的一致。但比较而言，这种论述还是相对"抽象的"，并没有将真理问题真正地置于历史的维度里面，这不能不说是一个

---

① [德]哈贝马斯：《交往行为理论的准备性研究及其补充》，136页，转引自章国锋：《关于一个公正世界的"乌托邦"构想：解读哈贝马斯〈交往行为理论〉》，143—144页，济南，山东人民出版社，2001。

遗憾。

还是回到美的问题来继续言说吧。传统美学持这样一种观念：美学把艺术体验看作是从时间中的一种超脱，或者说是“超时间”的。有学者将之比喻为一种“历史中的假期”，很有意思，也很准确。[①] 从这种观念出发，“美的真理”随之也成为一种“超时间”的存在，从而与时间性根本绝缘。

追本溯源，黑格尔就从其辩证法的意义上指出：“真理不是静止的，永远在那里现成存在着，而是自我运动着，活生生的。”[②]的确，黑格尔的真理观始终是在其思想体系内完成的，是从他的理念的自我运作之中实现的，真理的流动性观念从中可见一斑。然而，真理本身是流动着的，这本身却是一个真理。这里还包孕着黑格尔美学的合理内核，艺术的真理内涵是从它丰富的现象性中透露出来的，它亦是自我运动着的。

海德格尔最先将艺术置于历史的坐标系里，将艺术视为历史的事件，这一观念最初来自他的“此在”时间性和历史性的内在置入。晚期的海德格尔“把艺术看作一种具有历史意义的现象，看作在那里能够产生存在、诸物、诸思想和诸活动之历史上崭新的协调关系。在美学史上，没有人(狄尔泰也许是个例外)能像海德格尔所愿意的那样，赋予艺术这样一种塑造和建树历史的力量，这样一种展示被遮蔽的人自身历史存在的使命”[③]。但在现代解释学看来，时间起到了十分有益的作用，否则

---

① [美]迈克尔·默里：《美国现代艺术哲学的新潮流——解释学和消解哲学》，汝信主编：《现代外国哲学》(九)，67页，北京，人民出版社，1986。

② [德]黑格尔：《黑格尔通信百封》，苗力田译编，241页，上海，上海人民出版社，1981。

③ [美]D. W. 欧文斯：《海德格尔的艺术哲学》，载《哲学译丛》，1990(4)。

作品和解释者之间就不可能存在中介物，两者也不可能形成伙伴关系。另一方面，诗化作品在本质上起着在时间中追忆过去、呈现现在、预示未来的多重作用。

当然，最强调真理的“历时性”维度的，还是伽达默尔创建的现代解释学哲学。我们知道，在《真理与方法》这部名著中，其中的三个部分分别论述艺术、历史和语言中的解释学问题，美学成了伽达默尔走向解释学的前导部分。“正如解释学观念的普遍有效符合歌德的原话一样，在一种突出的意义上，解释学经验唯有通过艺术经验，才是被实现了的。”[①]可见，在广泛的意义上，解释学包容了美学，同时，美学沉思更是导向现代解释学原则的前提。伽达默尔自己也承认，“如果我想创立一种哲学的解释学，那么它的史前史已经表明，有关‘理解’的科学构成它的起点。除了这些理解的科学外，还要补充一种迄今为止尚未引起注意的东西，即艺术的经历。艺术和诸历史的科学一样，都是一种经历的方式，我们就是通过这些经历方式而直接参与对自己的具体存在的理解”[②]，这的确极富洞见。

既然艺术是一种传导真理的认识，那么，在伽达默尔视角内的“美的真理”也必然符合解释学原则。这是因为，历史是在改变的，“美的真理”亦不可能一成不变，反而必然表征为历史性的解释与解释性的历史。

即使审美对象或艺术作品不变，那么，参与美的活动的主体还是随

① [德]伽达默尔：《伽达默尔集》，严平选编，480页，上海，上海远东出版社，1997。

② [德]伽达默尔：《自我介绍》，见《德国哲学论文集》(13)，214页，北京，北京大学出版社，1993。

着历史而更替的。对同一审美对象或艺术作品，不同时代的不同的人们，在不同的地方也会有不同的解释。西方有一句名谚，“一千个读者心中有一千个哈姆雷特”正是描述的这种现象，由此推断，“每个时代的人们心中都有每个时代的哈姆雷特”。前者所说的是同一时代的人们对同一审美对象的差异，后者所说的是不同时代的人们对同一审美对象的差异，但这种解释的不确定性并不能由此而走向一种“相对主义”，伽达默尔自己也不能摆脱这种消极影响。否则，这些参与美的活动的人们之间就不可能达成共识的真理，虽然解释随着客观环境的变化而变化，但是其基本的东西却是趋于相同的。至少人们不是对不同作品进行解释，只要面对同一对象，即使再充满差异的解释也是具有共性的。这种相对稳定的共性所在，就包含着“美的真理”的基本内涵，它是“变与不变”的辩证统一。

这种对“美的真理”的理解，最初来自这样的事实：艺术作品往往被后代人做出不同于创作者的解释，这就使得“时间距离”浮现在人们的视野之中。时间距离对于理解来说是至关重要的。假如我们持一种历史发展观的态度，文本的意义超越它的作者并不只是暂时的，而是永远如此的。“艺术作品的现实性及其表现力不可能被严格地局限于其原初的历史视界——其中，观者实际上曾是创作者的同时代人——之内……艺术作品是一种真理之表现，此表现不可能被还原为它的创作者在其艺术作品中实际所想的东西……从观者的观点出发，去考虑每一种艺术表现概念的不可穷尽性。”①

从伽达默尔所谓的“观者”视角出发，“美的真理”才能得到不断地扩充和真正的发展。与超时间的艺术经验不同，艺术作品始终具有它自己的“现刻”或“同时性”。艺术作品唯有以这样一种历时的方式，才可将其历史源泉保留在它自身之内，从而达到艺术作品或美的对象与其自身、与不同解释者的双向交流。

如此一来，无论是“同代人”还是“后代人”，他们从“观者参与”的角度参与美的活动，从而使“美的真理”形成了历史之流。他们每个人，都具有自己的“理解的前结构”(海德格尔)或“理解的前先见”(伽达默尔)，以此为基础来进行理解就必然会有差异。理解所具有的开放性和开放可能性，不仅在于此，还有理解活动不只是重复性行为，更是创造性行为的原因。进而，这些不同的解释便形成了各自的“视界”，当他们理解审美对象的时候，并不能将自身与创作者同一或进入创作者的内心状态，而是置身于这种形成不同意见的“视界”之中。当该“视界”在特殊的历史情境里与审美对象相遇时，就形成了所谓的“视界融合”(Horizontverschmelzung)。

如此看来，从审美对象到解释者，再从解释者到审美对象，理解就形成了循环的运动。这种循环经常是从整体到部分，再从部分到整体，最终要达及被理解的“意义的统一体”或“美的真理”。随着历史的发展，形成一种解释学意义上的“效果历史”便是自然而然的了。

---

① [德]伽达默尔：《伽达默尔集》，严平选编，473页，上海，上海远东出版社，1997。

但另一方面，理解的前结构其实还是根源于我们所说的“情感共同体”，所以才会对“美的真理”有基本的共识，理解的共性正是植根在这里。“美的真理”正是这种共性与个性的辩证统一。如此这样，在“美的真理”之中，其实就被内在地注入了一种“历时性”的维度。从这一意义上说，真正的美的活动的对象根本就不是对象本身，而是“自身与他者”彼此对话的统一体，或者说是一种交互的关系，在这种关系中，美的实在与美的理解是共存的、不可分的。

(三)“共识观”与“解释学”：走向“生活”的统一

如上所述，通过哈贝马斯和伽达默尔的启示，可以得出这样的结论：“美的真理”既是一种“共识”的真理，又是一种“历时”的真理。

所谓“共识”是一种“生活的共识”。这是因为，从现实生活的视角看，美的创造活动与美的接受活动都可以归属于现实生活，都是一种特殊的现实生活形式。因此，在这里面达到的“共识”实质上就是一种“生活的共识”，这是由美的生活本质来规定的。而“历时”也是一种“生活的历时”。这是因为，人们是在历史生活中来解释美的真理的，不同的时代里不同的人都不能离开当时的环境。因而，解释学的现实的根基其实也应植根于这种“生活”的历史之中的，正如共识观也以其为基础一样。

以现实生活为基础，“共识观”与“解释学”相互统一的基点，就在于现实生活。“美的真理”其实就是一种“共识”的生活真理，同时也是一种“历时”的生活真理，乃是二者的辩证统一，这才是美的形态的基本特质。

五、结论：美是“生活真理”的直观显现

本章论述的是真与美的关系，这种关系被置于现实生活的视角之中来重新勘查。整个思路是从对立面“真理符合论”开始谈起的，从中找到相应的缺陷和对应的突破口，然后才提出我们正面的观点。

反题：美与真的割裂，或者说，真理符合论是对美的拒斥。

这种观念在康德那里得到了确证。这样，“照康德看来，关于趣味的先验原理是存在的，正如关于理论知识的先验原理也是存在的。不过，自然与艺术、真和美，仍然大相径庭；它们不可能被一个公分母通约”①。

实质上，我们所要对康德哲学进行的改造有两个方面：一方面，我们认为，康德所谓的审美的任何“先验(a priori)原则”都并不存在，存在的只有美的活动之现实规律，把美的活动奠基于现实生活的基础上来看待正是来寻找这种规律。另一方面，从这种生活视角出发，美与真并不是不可通约的，而是具有本然的联系的。一句话，回到生活，打通真与美，才是我们的理论任务，从此出发才能得出最后的正题。

正题：美显现生活真理，而且这种显现是一种“直观显现”，“美的真理”的本质仍是自由。

“美的真理”与科学真理比较，它是离日常生活最为切近的；但与日常经验比较，它却能显现出本真的生活形态。可以说，作为一种生活真理，“美的真理”就是一种对本真生活形态的“本质直观”。

---

① [德]卡西尔：《卢梭·康德·歌德》，刘东译，121页，北京，生活·读书·新知三联书店，2015。

因而，“美的真理”也必定经由直观才能达到“本真之真”，当美显现真之时，即是这种本源性真理的直观显现。这近似于费尔巴哈对黑格尔美的基本理念的解释，“‘艺术在感性事物中表现真理’这句话正确地理解和表达出来，就是说：艺术表现感性事物的真理”。①

的确，美显现事物的真理，这种“生活真理”是被直观地显现的。

① ［德］路德维希·费尔巴哈：《费尔巴哈哲学著作选集》(上卷)，荣震华、李金山译，171 页，北京，商务印书馆，1984。

第六章 美的"伦理生活"之维

美丽的灵魂，能和美丽的形式和谐无间，再使两者铸在一个范型里面，所得结果，岂不是凡有眼的人都视之为最美的美景？

——柏拉图《理想国》

美是道德善的象征；并且也只有在这种考虑中(这对每个人是自然的，也要求着每个人作为义务这样为之)，美使人愉悦并提出人人赞同的要求，人内心同时意识到某种程度的高贵化，超越了单纯对于感官印象的愉快感受，并对别人也按照判断力的类似准则来被评价。

——康德《判断力批判》

艺术作品是看到普遍的性质的事物。美好的生活是看到普遍的性质的世界。这就是艺术和伦理的联系。

——维特根斯坦《1914—1916年笔记》

一、“伦理自由观”及其与美的亲合

关于“道德”与“伦理”的界分，从黑格尔的辩证伦理学到哈贝马斯的商谈伦理学，都有不同的理解。但在本书中，我们采取当代哲学家威廉姆斯(Bernard Williams)合乎亚里士多德伦理学传统的意见，“道德应被理解为伦理的特定发展”，以“伦理”表示广义的系统，以“道德”表示狭义的系统：“道德”侧重的是责任、义务，以及如何按照一般的原则去做；而“伦理”则关注品格、德性、幸福，以及如何生活。①

这样，“伦理”就与我们所说的“生活理想”联系在了一起。

这种走向生活的伦理观早在德国哲学家施莱尔玛赫(Friedrich Ernst Daniel Schleiermacher)那里就被阐发出来，“如果我们将伦理学做一个广义的理解，不把它仅仅理解为道德和义务的学说，以致在伦理学中提出了人类精神自由活动的规律问题，那么，由此出发，由这种自由活动而成为可能的一切东西就必然被把握，因而，它也必然成为现实”②。如果从“人类精神自由活动的规律”来理解美与善，理解美学与伦理的关系的话，那么，就给我们回归生活重新阐释二者的关系提供了新的途

① Bernard Williams, *Ethics and Limits of Philosophy*, *Fontana Press*, 1985, p. 6.

② [德]施莱尔玛赫：《美学讲演录》，见《十九世纪西方美学名著选(德国卷)》，李醒尘主编，329页，上海，复旦大学出版社，1990。

径。本章的主旨就在于，从生活的视角出发来“发见”美与善、美学与伦理的本质关联。

在欧洲的哲学传统之中，美与善很早就具有了互渗的亲合力。如果说，“美善统一”的观念在古希腊时代就被加以规定——如苏格拉底奠基性地将美与善混为一谈——的话；那么，“美真统一”的观念在德国古典美学那里才得到更为完善的表达，这在从谢林到黑格尔的思想脉络中就可见一斑。这其间的历史距离竟有数千年之久，以至于美的真理内蕴往往被西方思想界所遗忘，而美与善的关系却被置于较高的地位，正如传统主流思想所展现的。其实，美的内涵中并不能祛除掉伦理的内容，那种将美纯化为无任何伦理因素的纯形式主义理论并不能站得住脚，在哲学家和美学家心目中的那种“纯美”理想只是一种乌托邦。美与善、美学与伦理具有内在的不可分的关联，在美的思想萌芽之时这种联系就被建立了起来。

道理虽然是如此，但西方思想界对美与善关联的理解，却经历了一个的“历史的圆圈”。从美的思想诞生之初，善对美的包含及其二者的同一(以苏格拉底的思想为奠基)，经历了感性与理性、主体与客体的割裂，美与善彼此拉开了距离(以康德思想为基础)，到现代哲学家再度意识到美与善其实是一回事(以维特根斯坦为代表)，这期间累积起来的人类思想可谓是蔚为大观。但当人们再度意识到美与善的本质关联的时候，已经不是在原初的视域内来理解美与善了，而是站在更高的层面上看到了美学与伦理的统一。与此同时，这种发展是同隐匿在其背后的哲学思想的变化相匹配的。从物我的原始同一，经历了主客体的两分割裂，到主客体的再度同一，人类的哲学思想划出了一道回归的轨迹。但这貌似的回归却是扬弃了先前思想的基础上的回归，是在更高层面上的经历了物我分裂了的主客弥合，是登上了更高阶梯的融合。

从词源学上来梳理，当欧洲人将“美学”的词源推及古希腊语 aisthesis，也就是关于感知、感觉和感受行为的知识的时候，是在一种极为广义的语境里来言说的。因为，在这个历史阶段，与现代的所谓“美学”相关的审美，并没有只面对后来才产生出来的“艺术”，而是在现实生活的各个层面上都可实现的审美感知和行为。这样，在古希腊人的眼中，美不是“独立自存”的存在，而是与现实生活保持了本质关联的存在，因而就与善息息相关。

追本溯源，美与善的统一最早在色诺芬(Xenophanes)的著述里出现，但它的完善形态还是在古希腊的智者派的思想那里。苏格拉底则进一步规定了这种统一性：美、善统一于有用，合目的性的功用才是美的前提。“任何一件东西如果它能很好地实现它在功用方面的目的，它就同时是善的又是美的，否则它就同时是恶的又是丑的。”[①]这就与近代以降的欧洲美学传统形成了鲜明对照，因为，康德美学规定了审美判断的非功利的特质，也正肇因于此，美与善才从根本上划分开了界限。

历史流变到古希腊的柏拉图和亚里士多德哲学那里，美与善之间的关系得到了充分的展现，从而奠定了整个西方相关思想的基石。柏拉图的以“善”为巅峰，以“美”与“真”为构架的金字塔结构，以下的层级则依次是“普遍的理念”“具体的次要的理念”“感性的现实要素”和“灵魂——

① 北京大学哲学系美学教研室编：《西方美学家论美与美感》，19页，北京，商务印书馆，1980。

行为准则——粗俗的肉体”。[①] 从我们的“现实生活美学”的视角看，柏拉图思想对西方整个美学传统的奠基性在于：

①将西方美学纳入形而上学的框架，纳入感性与超感性的二分的框架，从理念的超升层面来规定美，开了欧洲美学“自上而下”的运思理路之先河。

②感性的现实要素则被倾轧在底层，审美是超现实生活的，超验的理念阻断了美回归生活之途，尤其在绘画作为“摹本的摹本”论中更是如此。

③自柏拉图始，真、善、美这三种人类基本的理性(及其关于它们的观念)雏形得以出现，并在理念论中得到了至高的统一。

亚里士多德的主张则奠定了从古希腊到中世纪的美善关系的主流：“美是一种善，其所以引起快感正因为它是善。”[②]这与柏拉图的思想也并不背离，因为，柏拉图是主张善是高于美的，至善是最终的理念根源。在这里，亚里士多德对柏拉图的批判尤为重要。“柏拉图在美的理念本身中看到了关于自我和世界的先验原则，看到了永恒的范本，看到了一种纯外在的形式，即外在于孕育了该形式的理智的形式。亚里士多德则在美的理念中只看到人类精神所固有的一种典型。这种典型的对象不能从我们之外去寻找，不存在人类之外的或山那一边的理念，一切都在我们之中。理念在人自身，亚里士多德说：‘人们仅仅是为了美才探求有用和必然。’(《政治学》Ⅶ，12，8)而这种美和人类理智是合而为一的。这位柏拉图学园的贰臣逆子还说：‘艺术是一种由真知引导的生产技能。’

---

① [法]于斯曼：《美学》，栾栋、关宝艳译，11页，北京，商务印书馆，1995。

② [古希腊]亚里士多德：《政治学》，吴寿彭译，418页，北京，商务印书馆，1997。

(《伦理学》Ⅵ，3)。”[①]

一方面，亚里士多德反对与事物分离的理念，他批判了柏拉图的理念世界的虚妄，要求从“个别具体事物”的“第一实体”出发来研究问题(这对我们的启示是很大的)；但另一方面，他认定艺术的典型不能从“当前的现实中或永恒的现实的偶然性中寻找”，因为“美是高于现实的”，这两方面似乎有相悖之处。在这里，就需要将亚里士多德的哲学原则彻底贯彻到美学思考之中，从现实生活出发来看待美的活动问题。

较早明确区分出美与善的是在中世纪神学思想的内部，虽然其思想主流还是主张善的绝对地位。托马斯·阿奎那指出，“凡是只是满足欲念的东西叫做善，凡是单凭认识到就立刻使人愉快的东西就叫做美”，但二者仍是统一的。[②] 直至文艺复兴时代，随着神的隐退和人的发现，人们逐渐意识到美在人间而不在天国，善和美的相合更多地在现世实现了。再看16世纪和17世纪的空想社会主义者，他们认定美与善统一于自由的国度，“乌托邦宪法规定：在公共需要不受损害的范围内，所有公民应该除了从事体力劳动，还有尽可能充裕的时间用于精神上的自由及开拓，他们认为这才是人生的快乐”[③]。在他们的想象里，能过上这种合乎自然的生活，乃是至善，乃是幸福，而美与艺术正是“精神上的自由及开拓”而享受“人生的快乐”的重要途径。17世纪和18世纪的法国古典主义美学的主流，也主张将真和善与趣味融成一片，这便与英国经

① [法]于斯曼：《美学》，栾栋、关宝艳译，20～21页，北京，商务印书馆，1995。

② 北京大学哲学系美学教研室编：《西方美学家论美与美感》，67页，北京，商务印书馆，1980。

③ [英]托马斯·莫尔：《乌托邦》，戴镏龄译，60页，北京，商务印书馆，1982。

验主义的实证作风形成对照。18 世纪以来法国启蒙主义美学里，狄德罗这样的大家还是致力追求真善美统一的王国。

在德国古典美学那里，美与善的关联得到了最为充分的表达，更为重要的是德国古典美学提出连接二者的中介就是——自由。可以说，德国古典美学的核心概念是“自由”，其“目标就是要把感性和理性集合起来去寻找自由。可以说，自由——这就是德国古典哲学和美学的纲领、精髓和社会理想”①。

在此之前，人们尚未将自由和美相互联通起来，自由更多的是与伦理相连的。在历史的视野中，美与自由、艺术与自由的汇合，的确是晚近时代的事，“伦理自由”的确是出现在“美的自由”或“艺术自由”之先的。这种道理是可以理解的，因为自由是先就人的行为和思想而言的，美的自由则是延伸出来的进一步规定，二者还是有差异的。历史发展的顺序也大致如此，经历了从“意志自由”到“艺术自由”或“美的自由”的移置和转变，从中可以见到伦理与美学相通的桥梁。

在德国古典哲学思潮中，康德开门见山地说，“道德法则却是自由的认识理由”，② 黑格尔则总结道：“自由是意志的根本规定，正如重量是物体的根本规定一样……同时，自由只有作为意志，作为主体，才是现实的。”③由此可见，自由本是归属于伦理意志的，这是德国古典哲学的普遍的观点。

---

① 李醒尘：《西方美学史教程》，297 页，北京，北京大学出版社，1994。

② [德]康德：《实践理性批判》，韩水法译，2 页注脚，北京，商务印书馆，1999。

③ [德]黑格尔：《法哲学原理》，范扬、张企泰译，11～12 页，北京，商务印书馆，1961。

但是，美也是自由的，美会给人带来解放的性质。康德始终在寻求“自然界的必然性”与“道德自由”之间的统一的根基。因为在他的哲学领域里，“在自然概念的领域，作为感觉界和自由概念的领域，作为超感觉界之间虽然固定存在着一个不可逾越的鸿沟”，但“自由概念应该把它的规律所赋予的目的在感性世界里实现出来”，[①] 而这种统一的重任就压在了审美判断的身上。照此看来，“美的自由”理应是建立在“道德自由”基础上的一种更高的自由。但是，康德自己却始终没有明确将自由作为美的基本规定，当他谈及“自由的美”时，更多的是视之为不依凭任何概念为前提的纯粹美(这事实上并不存在)，这与其后继者的思想是明显不同的。

康德对西方美学思想的重要影响之一，就在于启发了人们将自由概念引入了美的领域。然而，必须区分出康德与其后继者的思想差异，他的后继者沿着他的思路才做出这样宣称——“只有通过美才能达到自由!”同时，这些论者将审美之途作为走向伦理的中介，并认定这种中介的实现是自由的，从而形成了“伦理——自由——美”的逻辑构架。

最能表现出这种影响的，首先就是席勒，他要在必然与自由、特殊与普遍、感性与理性之间寻求统一，并把这种统一归结为美的使命。他的美学思想的核心就是认为：美的形象，或活的形象，是感性与形式(理性)的，主观与客观在审美的人那里得到了统一。在《论美书简》(*Kallias*，1793)里，席勒认定“现象中的自由与美是相同的”，“只有自

---

① Immanuel Kant，*Critique of Judgment*，Indianapolis：Hackett Publishing Company，1987，pp. 14-15.

由是美的根据，技艺只是我们关于自由的表象的根据，因此前者是美的直接根据，而后者只是美的间接条件”。① 他在《审美教育书简》(*Über die Asthetische Erziehung des Menschen in einer Reihe von Briefen*，1793/1794)里经过诸多论证，最终认定：“要使感性的人成为理性的人，除了首先使他成为审美的人以外，别无其他途径。”②如此看来，席勒不仅较早地将自由提升为美的基本规定，而且，将美的自由作为到达道德人的中介，确立了在他之后美与善关联思想的基调。

但也有哲学家意识到伦理自由对美学的这种“侵犯”，其实并不能真正地解决美学问题。施莱尔玛赫的观点更为明晰，他直接认为美学的第一大难题就是：确立艺术在伦理学中的地位。从以往的历史来看，美学往往以伦理学和形而上学为基础，但意志自由与美并不能化约为同一事物，“如果说艺术活动是人类的一种自由活动，而且是由意志出发的，那么，人们一定会说，这是不正确的，因为，并非所有人类活动都可以从伦理学角度去把握”③。因此，关键是找到美学所依据的伦理学究竟是什么伦理学，进而从伦理学中跳出来，从更高的角度上去寻找美学的根据。但是，这种怀疑并不能阻断西方美学的主流，并不能由此否定美的自由与伦理自由的本质关联，尽管二者的表现形式是不同的。

进一步来看，如果将自由视为美的基本规定的话，那么，必然导致

---

① ［德］席勒：《论美书简》，见《十九世纪西方美学名著选(德国卷)》，李醒尘主编，146页，上海，复旦大学出版社，1990。

② ［德］席勒：《审美教育书简》，冯至、范大灿译，8页，上海，上海人民出版社，2022。

③ ［德］施莱尔玛赫：《美学讲演录》，见《十九世纪西方美学名著选(德国卷)》，李醒尘主编，328页，上海，复旦大学出版社，1990。

对康德思想这样的理解：康德的审美判断力作为批判是其哲学体系的核心和顶峰。海德格尔对康德思想的“误读”就在于：他将康德的审美判断力作为“三大批判”的核心和顶峰。这种观念产生于海德格尔作于1929年的《康德和形而上学问题》(*Kant und das Problem der Metaphysik*，1929)。将审美功能置于康德哲学思想体系的核心，这显然是一种破天荒的论证。① 马尔库塞继承了这种想法：“在《判断力批判》中，审美方面及其相应的快乐感不只是心灵的一个第三方面和第三功能，而且是它的核心，是使自由影响自然、自律影响必然的中介……在康德体系中，道德是自由领域，在这里，实践理性在自身的规律支配下实现着自我。美，就其直觉地证明了自由的实在性而言，也象征着这个领域。”②这样，一方面，“审美评价总是联系着道德评价”，马尔库塞要建立的“新感性”，其实也是要建构起一套新的伦理观念；另一方面，他所要走向的是审美的解放或“与理性秩序相反的感性秩序”，实际上也是一种自由的诉求。

总之，近代以来的西方哲学史证明，美与善、美学与伦理是以“自由”为中介联系起来的。可以说，伦理自由与美的自由、意志自由与艺术自由本来就是相互接近的。通过来自伦理的意志自由规定，西方哲学家们打通了伦理与审美之自由的内在通道，最终将自由作为了美的基本规定。

---

① “按海德格尔的理解，想象力居于感性直观和知性统觉之间的这种中间地位乃是‘结构性的’。这也就是说，它在这三种认识能力中占据了实质性的‘中心’地位，是其他两者所从出的本源”，参见张祥龙：《海德格尔思想与中国天道：终极视域的开启与交融》，77页，北京，生活·读书·新知三联书店，1996。

② ［美］赫伯特·马尔库塞：《爱欲与文明：对弗洛伊德思想的哲学探讨》，黄勇、薛民译，127—128页，上海，上海译文出版社，1987。

二、几种“伦理审美观”：康德·维特根斯坦·福柯

在西方思想史上，将美与善放在一起加以思考具有悠久的传统，但是，要形成独树一帜的“伦理审美观”，则并不是人人所能为之的了。康德以其深邃的思想体系为基础，以主客二分和美善分离的视角来阐释了他的“伦理审美观”，他思想的关键词是“自由”。维特根斯坦则视传统形而上学为虚妄，要求回到语言分析的层面来重构哲学，在生活幸福的意义上把美学和伦理看作一回事，他思想的关键词是“幸福”。福柯晚年的关于“生存美学”的伦理沉思，则要求将一个人的生活构建为美的事物或艺术品，他思想的关键词则是“生存”。

(一)“美是道德善的象征”

康德提出著名的“美是道德善的象征”的观念，① 这众人皆知。但其中包孕的蕴含，却是仁者见仁、智者见智。有一点却是无疑的，那就是康德提升了美的地位，而在他之前很长的历史时期美仍主要从属于善。从历史发展的总体趋势来看正是如此，乃至有论者认为“康德最终还是主张道德意识高于审美意识，有道德才有理想的美，道德是美的根据”②。这种美善关联的思想，奠定了德国古典哲学和美学基调，席勒、费希特、谢林、黑格尔都深受其影响。

康德开拓性地指出：“美是道德善的象征；并且也只有在这种考虑

---

① Immanuel Kant, *Critique of Judgment*, Indianapolis: Hackett Publishing Company, 1987, p. 228.

② 张世英：《哲学导论》，247 页，北京，北京大学出版社，2002。

中(这对每个人是自然的，也要求着每个人作为义务这样为之)，美使人愉悦并提出人人赞同的要求，人内心同时意识到某种程度的高贵化，超越了单纯对于感官印象的愉快感受，并对别人也按照判断力的类似准则来被评价。”①

可见，康德并没有一如既往地运用——判断形式和概念图式——来勾画出美与善的关联，而是提出美与善的“象征”与“被象征”的关联。这其实就是“把‘象征’理解为一种可见的符号，并相应地把德性象征理解为一种感性直观”②。这种“象征”，意味着一方面将道德牵涉到与其内容无类似的可见物身上，另一方面又将美的直观迁移到道德概念身上，而这种迁移是“反思中的迁移”，而非内容上的。那么，康德在伦理审美观上又具有哪些特质呢?

首先，康德是在将美与善割裂之后，再来寻找它们的关联，亦即它们之间的象征性关联的。在真善美分界规范的基础上，康德更多地看到了美与道德的差异。这种差异被康德归纳为四个方面：①美直接使人愉悦，并且只在“反味着的直观里”，不像道德在“概念”里面那样；②美的愉悦没有任何“利益兴趣”，道德的善则通过与之联结着的兴趣才生起的；③在美的判定中，想象力的自由与悟性的规律性相一致，而在道德判断里，意志的自由则被思考为意志与自身的协调；④美的评定的主观的原理对每个人有效，也就是被表象为普遍的，而道德的客观原理之表

---

① Immanuel Kant, *Critique of Judgment*, Indianapolis: Hackett Publishing Company, 1987, p. 228.

② [德]W. 沃森库尔:《美作为德性的象征——论康德伦理学和美学的共同根源》，载《世界哲学》，1993(2)。

象为普遍的，则是通过“普遍的概念”实现的。[1] 总之，在康德的视角之中，道德是按照“普遍的理性规则”来运作的，而美则遵循着人类机能的“感性规律”。

其次，康德是在“合目的性”的基础上，来论述美善相互关联的，这就难逃主客二分的思维框定。所谓“合目的性”，简言之，就是事物形式(结果)与概念(原因)相一致对主体所显示出的状态，这显然先在地设定了“合目的性”仍是客观对主观的符合，在主客两分基础上的符合。但这种合目的性又可分为“主观的合目的性”与“客观的合目的性”，而审美判断则显而易见地属于“主观的形式的合目的性”。在康德最著名的“审美四契机”的分析中，这种“主观合目的性”又被称为“无目的的合目的性”。审美判断摒除了实用的利害感，因而并不带有主观的意图和要求；同时，审美判断又没有客观目的，也就是没有同“客观的目的表象”相连。相反，鉴赏判断要想成为审美判断必须“基于主观的根据，它的规定根据不可能是概念，因此也不可能是一定的目的概念……审美判断只把一个对象的表象联系于主体，并且不让我们注意到对象的性质，而只让我们注意到那决定与对象有关的表象诸种能力的合目的的形式”[2]。

再次，康德是从“美的理想”的角度提出这一象征性关联的，这就必须回溯到康德的以人为本的观念。在他看来，“理想”只能是建基在理性根基上的，它要涉及整个的对象和整个的人(主体)。因此，康德所说的“自由美”(即无生命的、无内容的纯形式美)并不能成为理想美，而只有

---

① Immanuel Kant, *Critique of Judgment*, Indianapolis: Hackett Publishing Company, 1987, p. 229.

② Ibid., p. 75.

那些具有既定目的的“依存美”才能构成理想美。这里就浸渍着德国古典哲学的人本主义思想：“只有人，他本身才具有他的生存目的，他凭借理性规定着自己的目的……所以只有‘人’独具美的理想。”①由此，只有人，才能结合理性的纯粹力量和想象力，才能把理性和道德的善在“最高合目的性”之联系中结合起来。

实际上，这诸多特质从另一角度反映出的是康德美学的内在矛盾。“美是道德善的象征”的观念，虽然洞悉了美与善存在本质关联，但是，却在真善美的割裂、主客二分的模式、主体性哲学的缺憾等方面陷入不能自拔的境地。这就需要我们去继续探求：真与善的共同根基是什么？

真与善是否有共同根源，这在学界也还有争论。但如 W. 布洛克和 B. 杜夫林格这样的学者都认为，康德虽没有明确的阐明，但是按照康德所设想的自然和道德“超感性基质”的一致性则暗示了这种联系，因此他们本着康德的意思把“自然之超感性基质”说成伦理学和美学的共同根源。②

事实上，康德也的确将“理性和判断力的自我立法”称为美善象征性关联的基础：“在一个这样纯粹的愉悦的诸对象的关系里赋予自己以规律，类似理性在欲求机能的关系里那样做的。并且见到自己由于这种主

---

① Immanuel Kant, *Critique of Judgment*, Indianapolis: Hackett Publishing Company, 1987, p. 81.

② 这种关联的启示，主要来自《判断力批判》第 57 节的一段话：“所以人们看出，审美判断力里二律背反解决的道路是和纯粹理论理性里的二律背反解决的道路是相似的。并且同样像在这里，在实践理性批判里的诸二律背反违反着意愿迫使人眺望到感性界以上去，在超感性界里寻找我们一切先验机能的结合归之一点：因为没有别的出路可以使理性和它自己协合一致。”(Immanuel Kant, *Critique of Judgment*, Indianapolis: Hackett Publishing Company, 1987, p. 214)。

体内的内在可能性，也由于一个以此和它相协合一致的大自然的外在可能性，和那在主体内部以及外部的某物相关涉——这某物不是自然，也不是自由，却仍是和自由的根柢，即那超感性的，相结合着。在这里面，理论的机能和实践的在共同的和不可识知的方式里结合成为统一体。”[①]但这样一来，无论是康德的本意还是学者的阐释，都将真善相互联系的根源提升到先验领域之中去了。因为，康德所谓“超感性”的东西，仍是处于我们认识的彼岸，这就使人们不能回到现实来看待美和善的问题。

而 W. 沃森库尔这样学者的看法还是现实的，伦理学和美学的根源就是“美学判断和道德判断之间结构上的共性。两类判断都是以判断中的自我规定能力为基础的。这种能力在美学判断中得到训练和习惯化。这个习惯化了的美学的自我规定促进道德的自我规定”[②]。既然美善共同以人类的现实能力为基础，真善能力还是相互促动和交互影响的，那么，这种“自我规定能力”又来自何方呢？问题的进展不得不使我们到现实生活中寻找答案，这恰恰是仰视星空的康德所忽视的；但康德还是看到了善与美的关联是一种“理想性”的联系，这又关涉“生活理想”的问题。

(二)“伦理与美学是一回事”

关于美与善的关系，维特根斯坦早期也曾受到康德的影响，但他的

---

① Immanuel Kant, *Critique of Judgment*, Indianapolis: Hackett Publishing Company, 1987, p. 228.

② [德]W. 沃森库尔：《美作为德性的象征——论康德伦理学和美学的共同根源》，载《世界哲学》，1993(2)。

创建在于将这种联系放到“幸福”这种“生活理想”层面之中。当然，与康德“先验”地将美当作道德的象征并不同，早期维特根斯坦虽继承了其某些超验的维度，但却进一步推近了伦理和美学，使二者成为一回事。晚期维特根斯坦则回到“生活形式”与“语言游戏”来看待美与善，完全突破了对美善的传统的超验想法。

维特根斯坦在《逻辑哲学论》中的著名论断是：“显然，伦理是不可言传的。/伦理是超越的。/(伦理与美学是一回事)”[①]依此推论，既然美学与伦理是同一的，伦理又是超越的，那么，美也自然就是超越的了。

先来说超越的一面。按照早期维特根斯坦的观点，世界是由“事实”或“原子事实”构成的，而非“事物”的总和。每个基本的命题都是“原子事实”的一幅对应图像，哲学的功能就在于对命题进行逻辑分析，超出这个“语言的界限”的都是无意义的。这是由于，命题只能与事实世界相互对应。

如此一来，维特根斯坦将世界划分为二：“可说的”世界，哲学家们就对之加以分析，这是“事实世界”；“不可说的”世界，人们只能对之保持沉默，这是“神秘世界”。就此，维特根斯坦认为他的哲学使命完成了。属于“不可言说”的世界的有：世界本质、生命意义、宗教价值等。伦理与美学也都属于这一领域，但二者并不因此而成为同一的。这种基本共同点还在于：伦理与美学都出于语言的一种“误读”，都是超离“事

① ［奥］维特根斯坦：《逻辑哲学论》，贺绍甲译，北京，商务印书馆，1996，6.421。

实世界”而不可言说的，都是如逻辑学那般是“先验的”。

再来看伦理与美学相互同一的另一面。这受到了他的师长摩尔的很大启示，摩尔不仅认为善无法定义，而且美的享受和伦理的善同样是生命中最有价值的事。维特根斯坦正是将美的问题置于生活意义上来理解的，伦理问题也是一样。维特根斯坦也曾疑惑过：“以幸福的眼光观察世界，这是否就是以艺术的方式观察事物的实质？”①但他还是确定地发布这样的宣言：“艺术的目的是美，这个概念肯定是有道理的。而美是使人幸福的东西”。②

因而，在“幸福”的意义上，伦理与美学才是一回事。

如果说，对康德来说，道德与美的关联的根基在于“超感性”的话，那么，在维特根斯坦看来这种关联的母体则转换为“幸福”。维特根斯坦言道：“文学作品 X 增加我对世界的存在的如实的认识，它在同样的程度上也增加我对世界的接受；所以，在同样的程度上，它增加我生活中幸福的总和，我可以说 X 是美的，并相应地评价它；因为‘美是使人幸福的东西’。”③

那么，何为幸福呢？维特根斯坦写道：“托斯妥耶夫斯基说幸福的人正在实现人生的目的，就此而言，他是对的。为了生活得幸福，我必须同世界相一致。这就是‘幸福’的含义。宗教—科学—艺术都只是从对我的生活的独一无二的意识中阐释出来的。这种意识就是生活本身。”这

---

① ［奥］维特根斯坦：《1914—1916 年笔记》，参见《现代西方哲学论著选读》，陈启伟主编，86 页，北京，北京大学出版社，1992。

② 同上。

③ ［奥］维特根斯坦：《1914—1916 年笔记》，参见《现代西方哲学论著选读》，陈启伟主编，78 页，北京，北京大学出版社，1992。

里，从现实生活的视角看，维特根斯坦最主要的贡献就在于：回到生活本身来言说幸福问题，虽然早期的他将美与伦理都理解为是超越的，但他还是将美与善的关联置于生活理想的根基上来考察的。在他看来，对美的思考涉及幸福，这种终极关怀要求我们“不能使世界顺从我的意”，而必须“与世界相互一致”。

总之，维特根斯坦的观点可归纳为——“美是幸福”，对生活而言是“幸福地生活”或“幸福的生活”。正是基于这样的观念，美与伦理的目的是一致的，它们都是使人幸福的东西。

(三)“生存美学”：生活升华为人格化艺术品

福柯的晚年思想特别关系到了伦理学，但他的伦理主张却与美具有内在的关联，这对后人有着另一番启示。福柯到了晚年对古希腊—罗马伦理产生了巨大兴趣，他个人的优雅与古代伦理之间具有一种特殊的亲合力。“简而言之，古典式的优雅私下里作了福柯生活艺术的样板，一种可能的伦理学。”①

回到生活的根基来看待道德与美及其关联问题，这是福柯给我们的最大启示。

福柯批判性地反问道：“让我印象深刻的是，在我们的社会，艺术变成了一种只和对象有关，而和个体或生活均无关系的东西。艺术是艺术家这些专家所专门研究和从事的行业。但是人们的生活不能全都变成

---

① ［法]P. 维恩：《福柯的最后岁月和他的伦理学》，彭耘译，参见《重写现代性：当代西方学术话语》，杨雁斌、薛晓源选编，104 页，北京，社会科学文献出版社，2001。

艺术品吗？为什么一盏灯或一幢房子可以成为艺术品，而我们的生活就不行呢?”①

晚年福柯所皈依的其实就是一种“生存的美学”——“在我看来，把个人生活升华为一种人格化的艺术作品……是古代道德经验和道德意志的中心所在”②。然而，福柯主要还是从伦理角度出发来理解美与善的关联的，他并未要求这种古代伦理作为取代基督教伦理的另外选择，或者成为解决现代伦理难题的关键。但毋庸置疑，源自古希腊的“美善”(κάλοκάγαθός)合一的思想，的确成了福柯内心的道德典范和价值鹄的。“在古代，成为一个道德主体的意志和对一种生存伦理的追求主要是为了肯定个人的自由，赋予个人生活以某种形式，借此形式，人们可以确立自身并被他人所认可，甚至后代也可以引以为榜样。”③

这便涉及“主体的美学化”的问题。在这里，不能按照传统的主体性哲学来理解福柯的美学化，因为他赋予了“主体”以崭新的意义。再来看福柯对“主体”最明确的表态，“首先，我确实认为不存在至高无上的、作为根基的主体，即无所不在的、普遍性的主体。我非常怀疑此种主体，甚至非常敌视它。相反，我认为主体是通过一系列驯从的活动被构成的……当然，这是以文化环境中的规则、时尚和惯例为基础的”④。

---

① [法]米歇尔·福柯：《伦理学——福柯1954—1984年间主要作品集》，转引自[澳]J. 丹纳赫、T. 斯奇拉托、J. 韦伯：《理解福柯》，刘瑾译，172～173页，天津，百花文艺出版社，2002。

② [法]米歇尔·福柯：《生存的美学》，参见《重写现代性：当代西方学术话语》，杨雁斌、薛晓源编，116页，北京，社会科学文献出版社，2001。

③ 同上书，115～116页。

④ 同上书，117页。

显然，福柯消解了传统哲学的主体性，但是却走向了另一种权力结构的主体，这是我们所不能认同的。但他却注意从“一系列解放的、自由的活动”角度来规定主体，这与我们的生活论有一定的相近之处。

由此可见，福柯提出的主要是“一种‘生存的美学’，一种依据美和善的希腊思想，把一个人自身构建为道德主体、把一个人的生活构建为美的事物艺术。因此，自我把持的道德价值也是一种美学价值和真理或正直的价值”①。

总而言之，从康德的超验的“自由”，到维特根斯坦的生活的“幸福”，再到福柯的“生存美学”建构，展现的趋向是一步一步向现实生活的“逼近”。这些都促使我们从现实生活的视角，来对美与善的关系进行重新阐释，这便会导出一种具体的自由观。

三、审美伦理：走向一种具体自由观

虽然到了维特根斯坦那里，西方的伦理审美观达到了美善同一的极点，但是，人们也必须承认，美与善毕竟是不同的。欧洲传统哲学的主流，总是在划定美与善的边界，这种划界使人感觉到美与善、美学与伦理是如此的不同。

根据康德的基本哲学观念，审美判断与道德判断的结构差异特别明显，这其实在人类活动中也在某种程度上是现实存在的。然而，康德的

---

① 莫伟民：《主体的命运》，333页，上海，上海三联书店，1996。

划定却是建立在这样的潜在区分之上的，“为了把握审美判断的特性，康德力求将令人愉悦的东西与令人满足的东西区别开来，并且更一般地将非功利性——静观(contemplation)的特殊审美属性的唯一保证，与界定善(the good)的理性的利害感区别开来”①。但事实并非如此，美的活动并不能成为踢开理性的纯感性物，亦不能成为联通感性与理性的中介形式，而却是一种外披着感性表象的准理性结构，或暗伏着理性的感性结构。美的活动，本身就是“感性-理性”的混糅体，而不能从主客两分的角度把二者强行区分开来，甚至亡羊补牢式地让审美成为联通道德与知识的中介。

康德赋予了审美判断以普遍有效性，席勒把道德自律的“方法前提”转化为趣味的“内容前提”，从而又暗示了美与善之间的某种普遍联系。但是，在这种典型的主客二分视角看来，审美判断与道德判断都具有某种“普遍有效性”，不过前者是“主观而普遍有效”，而后者则是“客观普遍有效”。继续从这种典型的感性与理性二分的视角看，按照“绝对命令”模式的指示，主体意志和理性之间的协调一致被建立起来，这才是决定道德判断结构的普遍法则。相反，美学判断的结构却是一种“自由的法则性”或“法则的自由性”，这也就是康德所反复强调的“无目的的合目的性”的结构，用中国古典美学的话来说即“无法之法，乃为至法”②。这并不是说道德判断缺乏“自由”的底蕴，事实是，道德判断中的自由与法则性的关系是确定了的，想象力与知性之间的关系在概念上是不确定

① [法]皮埃尔·布迪厄：《区分：鉴赏判断的社会批判》，载《国外社会科学》，1994(5)。

② 道济：《石涛画语录》，4页，北京，人民美术出版社，1959。

的；审美判断中那种“想象力的自由”与“知性的法则性”则处于不确定的、自我调节的状态，理性和意志之间的关系在概念上也是确定的。

这样，一方面，在康德的某些当代阐释者的观念里面，“鉴于两类判断的法则上的和概念上的确定性，我们可以断言：道德判断就其结构而言都是美学判断的特例”①；另一方面，更多的论者仍将审美的规范性基础立于伦理根基之上。甚至更有诸如哈贝马斯这样的思想家，干脆就将审美话语从规范论证之中排除出去，他著名的交往活动理论并不在根本上涉及审美话语。这是由于他的观念与康德的正相反，认定审美论证本身因其只是涉及个人知觉和情趣，因而，并不具有普遍性的要求，而其他话语则必须以普遍认同的规范为论证基础。

针对这一观点，德国学者齐默尔曼指出哈贝马斯并未意识到在审美话语中需要论证的是关于经验的论证（而并非经验本身），他反驳道：“不但审美论证，而且道德论证都必须设置一种规范前提，体现规范性内容，承担规范的后果。”②其实，无论是在道德话语还是审美话语之中，都存在“批判性的规范论证”的问题，也就是说，二者是具有相通的根基的。

但这种共同根基的观念，首先便要求对西方学者的思想进行清理：美学判断不能包容伦理判断这种特例，伦理亦不能成为美学的规范基石，二者实质上是共同拥有同一基础的。然而，这种共同基础究竟是现

---

① ［德］W. 沃森库尔：《美作为德性的象征——论康德伦理学和美学的共同根源》，载《世界哲学》，1993(2)。

② ［德］得特勒夫·霍尔斯特：《哈贝马斯传》，章国锋译，106页，上海，东方出版中心，2000。

实的，还是超现实的呢？

在西方学者的阐释里，康德“所设想的自然和道德‘超感性基质’的一致性暗示了”伦理与美学的联系，“有些解释者因此本着康德的意思把‘自然之超感性基质’说成伦理学和美学的共同根源，但这种说法只是提出而并没有阐明这种联系”。① 的确，康德在字面上并没有勾勒出二者联系的最终根源，但根据他的整体哲学观念，他仍要到超越的世界里面——“理性和判断力的自我立法”——去实现这种最终诉求。在我们看来，这种目光向上的求索早已飞离了现实的土地，超感性只能处于我们所能认知的东西的彼岸。同时，这的确也是在感性世界与超感性世界的割裂上的跨越，尽管这种从前者到后者的跨越是非现实的。正如我们所证明的，美与善的活动作为人类活动的主要样态，其实都是在现实生活中实现着的而并不脱离于现实生活。因而，在人们找寻这种美善关联的时候，只能回归到现实生活世界。

美与善、伦理与美学的共同根基是现实生活——这是我们回到现实生活来看待美的活动和善的活动之时所能得出的必然结论。既然美的活动是来自现实生活又复归于现实生活的，善的活动也是如此，那么，二者的关联及其根基就不能到现实生活世界之外去寻找。问题的关键是，现实生活只是提供了这种联系的底层根基，那么，美与善、伦理与美学的在此基础上的关联中介又是什么呢？

从现实生活来看，“自由的人们……是另一种人，他们为之奋斗的

---

① ［德］W. 沃森库尔：《美作为德性的象征——论康德伦理学和美学的共同根源》，载《世界哲学》，1993(2)。

绝非在他们之外超越他们的法则，而是在他们之中的生命的源泉和方式。他们对自由的信仰就是他们对自身的信仰”，“因此，屡见意志自由与艺术自由表现出无差别的特征”。[①] 可见，作为美与善之关联的自由，并非是超越现实的，它其实是一种植根于现实生活的东西。换言之，自由只能在现实生活中实现着“内在的超逾”。

康德虽然为我们提供的答案也是“自由”，但是他所理解的自由其实是一种“超验的自由”，而非“经验的自由”。我们已指出，自由的观念对于美学来说是舶来品，最初是经由了意志自由的规定才得以在美的观念中占据主导的。以“自由”为中介，将美与善、美学与伦理联系起来的思想，是近代以来欧洲哲学史的突出贡献。然而，问题的关键，还是聚焦于“何为自由”的问题。

从现实生活的角度说，人类的自由就是一种现实生活的自由，而不能超出现实领域而成为诸如“物自体”“真实界”“天国”等观念。回归现实生活世界，正是要将这些本来高高在上的超感性观念翻转过来，只认定现实的自由才是真正实存的自由，而超出现实世界的自由只能是人头脑中的虚构之物。黑格尔曾为我们区分出了“抽象的自由”和“具体的自由”，但他主要还是从前者的角度来看待自由的，自由只有在其思辨体系内才能获得生命。但是，从具体的人类存在或人类活动出发，活动的主体只能是马克思意义上的“现实的个人”。这种“现实的个人”正是“人类活动中最为具体的主体，而以往哲学统统未能达到对这一具体主体的理

---

① ［美］H. M. 卡伦：《艺术与自由》，张超金等译，17 页，北京，工人出版社，1989。

解”。①

从这种现实个人出发，现实生活就成为“人生活于其中”的世界，人类不仅置身于“生活世界”的“场域”之内，而且，人类的实际活动是与“生活世界”交互规定着的。人类生活实践就成为活动及其结果的统一，同时，这种现实生活的发展就成了一种历史的过程。从这种现实生活的角度看，现实生活着的人，从来就不是抽象的存在，而是一种感性的现实存在，不断历史生成着的社会性存在。如此一来，自由只有在现实生活内才是实存的，人类的自由其实就是一种“具体的自由”。

对于美的活动而言，它所能达到的自由更是“具体自由”的典范。为什么这么说呢？道理很明显，抽象的美或纯粹的美是并不存在的。哪怕是那些声称拒绝形象化的“观念艺术”，也不能等同于抽象思辨，它还是承载着某种具体形象性的。这便与一般人类活动之中的自由区分开来，美所呈现的自由的确是“最”具体的，因为美要直接诉诸感人的形象。因此，下面这句老生常谈的话还是对的——“美永远是具体的”。或者说，美永远只能在个别的具体事物中得以呈现，一旦抽象起来就无所谓美了。德国古典哲学和美学的所置身的两难状态正是：一方面，从康德、谢林、黑格尔到费尔巴哈的哲学家都不否定美的具体特性，并将之视作美的基本特质；但另一方面，他们又都对美所包孕的自由采取了一贯的抽象理解，致使美的“具体自由”最终为“抽象自由”所同化。这就导致后来者也总是在抽象地说美是自由的实现，而其实并没有深入自由的本义来观照。这样，既然美的活动是一种具体的人类活动，那么，它所能达

① 王南湜：《人类活动论导引》，269页，天津，南开大学出版社，1993。

到的自由状态也是一种最具体的自由状态。

由此而得出的结论只能是：美的活动所呈现的是一种“具体的自由”，而且是最为“具体”的自由。同时，在现实生活的基础上，这种“具体自由”正是联通美与善、美学与伦理的现实中介，尽管双方对自由的理解是不同的。

从逻辑上说，“自由”其实是被置于“必然”的另一极上。诚如谢林所言，“一切行动只有通过自由与必然的原始统一才能理解”①，这的确是找到了问题的实质，尤其是“原始统一”的理解使得自由与必然并未割裂开来。事实也正是如此，一切人类活动都是自由与必然的辩证统一，而非先行割裂自由与必然再来弥合二者，自由与必然在人类活动中是整合为一的。但紧接着，谢林提供给我们的证明却是不尽如人意的，“任何行动，无论是个人的还是整个族类的，作为行动都必须被设想为自由的，作为客观结果则都必须被设想为服从自然规律的。因此，从主观方面看，我们是为表现内心而行动的；从客观方面看，则绝不是我们在行动，而是另一种东西仿佛通过我们而行动着”②。但是，谢林显然并没有对自由做出彻底的现实理解，而是最终倒向对“另一种东西”的崇拜。这种玄虚的东西在谢林那里又被称为“天意”，它是一种无意识的、盲目的必然性。显然，这种解释只能走向泛神论的神秘，而并未真正地解决自由与必然的矛盾。

自由与必然，作为人类存在的本原性结构，实际上是不可避免地贯

---

① ［德］谢林：《先验唯心论体系》，梁志学、石泉译，254页，北京，商务印书馆，1976。

② 同上。

通于全部人类生活之中的，而人类的全部活动都不可避免地要以解决这一矛盾为鹄的。如果从中介论的角度出发，可以将人类活动依据其中介特质区分为三种基本样式：实践活动、理论活动和艺术活动(即美的活动)。实践活动以物质生产工具为中介，理论活动以抽象语言为中介，而艺术活动或美的活动则以形象语言为中介。这样，实践活动既然以物质性工具为中介，那么它就是一种实在性的活动了；而理论活动和艺术活动则以语言符号为中介，那么它就是一种广义的象征性活动了。从这两种不同方面，它们分别对自由与必然的问题进行把握和解决。“一方面，实在的解决方式提供象征的解决方式的存在条件和基础，另一方面，象征的解决方式亦构成了实在的解决方式存在和发展的条件。人的物质性的实践活动……不是一种纯粹的物质过程，而是一种为象征性活动所渗透、所中介了的物质过程，即有意识、有目的的活动过程。”①

美的活动，是在解决必然与自由矛盾方式中比较特殊的一类。这种特殊性不仅在于它的解决方式是“具体的”，是以形象来激发人类情感来实现的；而且，更在于美的活动或艺术活动的“象征方式的根本特征则是其理想性，即试图在理想的状态中扬弃必然与自由的对立”。② 这便与理论活动持一种摒弃欲念对待事物的静观方式迥异，也与实践活动那种以功利为主要目的而不同。如上所述，在现实生活的根基上，美的活动的确就是在理想性与现实性、可能性与现实性的张力之中，来把握和解决必然与自由的矛盾的，并趋于一种最为“具体的自由”的。

---

① 陈晏清、王南湜、李淑梅：《现代唯物主义导引》，22～23页，天津，南开大学出版社，1996。

② 同上书，23页。

那么，这种具体的自由，与其他的自由类型比较，究竟具有哪些特质呢？我们知道，英国政治学家赛亚·柏林(Isaiah Berlin)的《两种自由概念》中提出了著名的区分：“消极自由”(Negative Liberty)和“积极自由”(Positive Liberty)。其实，这种来源于政治哲学的思考也有助于元哲学观念的发展。按照柏林的意思，所谓“消极自由”就是在一定范围之内不受干涉的自由。换言之，这种自由就是“免于……”的自由，即免于干涉、免于限制、免于强迫、免于奴役等的自由。相对而言，“积极自由”则主张“我是自己的主人”，我拥有“作为向导”，设定自己的目标和决策，并且去实现它们的自由。①

如果从更高的层面来解析，消极自由是一种外部免除式的自由，而积极自由则是一种内部自我实现的自由。美的活动所呈现的自由兼具这两种自由的特质，或者说，它是介于消极自由与积极自由之间的一种自由类型。一方面，美的自由给人以一种不受任何功利因素浸渍的感受(尽管功利因素暗伏其间)，在美的创造和接受活动之中，人们通常体会到的自由正是“免于……”的自由；另一方面，美的自由的产生也是创作者和接受者自我实现的结果，这就难怪美的问题往往与人类的潜意识结构相连，它为人类的美的活动提供了原动力。然而，这种自由的最终实现，却是在美的活动理想状态之中完成的，而并非任何一种实践活动或理论活动所能达到的自由。

进而，有学者又将这两种自由类型进一步推演，将“现代性的基本

① [英]赛亚·柏林:《两种自由概念》，参见刘军宁编:《市场逻辑与国家观念》，北京，生活·读书·新知三联书店，1995。

特点概括为看似相反的两种倾向：顺应自然与征服自然。所谓顺应自然指的是近代以来本体下调至感性、个体，从而下移至大众……‘控制自然’却与这一崇拜自然的态度似乎正相反对，是对自然的‘去魅’，是‘主体性精神’……是要‘人化’自然。……顺应自然与个体自由或消极自由有关，控制自然与‘消除异化’之自主性积极自由有关”①。同理可证，美的自由，亦是处于这两种人与自然关系之间的中介形态。

按照通常的理解，一种是把美视作“消极自由”式的，比如大多数学者将中国哲学中的“天人合一”作为美的特质；一种是把美看作“积极自由”式的，比如当代中国实践论美学从“人化自然”的角度来解释美的基本问题。但是，从现实生活的视角来看，这两种观念都失之偏颇，因为美的活动可以说兼具这两方面的特质。美的活动既包孕着人对自然的创造的方面，例如，艺术创造其实也是人对自然的“人化”过程；同时，美的活动也在人与自然之间保持了一种和谐状态。美的自由这种特殊形态，一方面改造自然，体现了人类的创造力和想象力，亦即“自然的人化”；另一方面又顺应自然，顺应人的自然属性，但又有所提升，亦即“人的自然化”。

美的自由，是一种以生活为本质的具体自由，因而是在根本上回归到现实生活的本质直观的自由。这种自由观，首先把现实生活理解为构成这一世界的个人的活生生的和感性的活动，因而是脱离了主客二分模式的自由观。

---

① 包利民、[美]M. 斯戴克豪思：《现代性价值辩证论：规范伦理的形态学及其资源》，30～31页，上海，学林出版社，2000。

在黑格尔辩证法意义上，“自由的真义在于没有绝对的外物与我对立”，但是德国古典哲学这种自由观实际上是建立在物我两分基础上的统一。这种传统自由观是先行预设了主体与客体的分离后，再来寻求二者的相互结合的。这种后天“补救”的做法，并不能深入地阐释和解决美的问题。至于中国古代哲学家所憧憬的那种“天地与我并生，而万物与我为一”[①]的审美意境，也不过是要在“民胞物与”的中国古代哲学框架内实现的，并不能适应对现时代对美的问题的理解。回到了现实生活，再来看待美的活动，就可以发现，正是美的生活本源决定了美的活动的自由特质。

质言之，美的自由，就是一种在现实生活内得以呈现的“具体自由”，它本身就置身于“消极自由”与“积极自由”之间，是“人化自然”与“天人合一”两种自由观的和谐统一。

既然美与善以具体自由为中介，那么，美与善究竟是如何联通的呢？我们还是从日常生活与非日常生活的两极结构开始分析。我们知道，美的活动一方面与日常生活具有本然的连续性，另一方面则与非日常生活形成必要的张力。首先，从美与日常生活连续性来看，美构成了善的先知者。在人类文明的发展史上，“人类之道德先知总是诗人，尽管他们以自由的诗篇或寓言的形式出现”[②]。在逻辑上亦是如此，美是作为善之前的“准备”而存在的。“美不告诉我们善是什么，因为，作为绝对的善只能被实现，不能被设想。但是，美可以向我们暗示。而

---

① 《庄子・齐物论》，31页，北京，中华书局，2010。

② John Dewey，*Art as Experience*，New York：The Van Recs Press，1934，p. 348.

且，美特别指出：我们能够实现善，因为审美愉悦所固有的无利害性就是我们道德使命的标志，审美情感表示和准备了道德情感。”[①]这种美在善之先的观念，其实是在日常生活内实现的，审美情感不可能进入非日常生活来预设道德情感。因为，善的实现和美的暗示都是在日常生活中完成的。但是，美与善的关联并不局限于此，还有非日常生活的一面。

从美与非日常生活的张力来看，美与善的关系便涉及“生活理想”的问题。在这一领域，维特根斯坦的“幸福”观念给予我们的启示很大，还有他的“生活形式”哲学观也是如此。在他看来，“美是使人幸福的东西”，正是基于这样的观念，美与伦理的目的是一致的。而这“幸福的生活”正是人们常说的“生活理想”。

追本溯源，按照亚里士多德的看法，“ethics 是人的个性完善发展之学(ethos)，更是生活理想——幸福之学”[②]。可见，古希腊的“伦理”(ethics)观就是“幸福之学”，它所追寻的正是人们的生活理想。维特根斯坦正是在接近这一意义，回到了生活形式的世界，来最终锁定美学与伦理的同一性的。杜威也从现实经验的视角看到：“艺术在人类联合中是一种知的力量……它是对经验里形成的价值每一方面确证的伦理理解，艺术与伦理关系的‘问题’并不存在。”[③]然而，正如事实所证明的，

---

① [法]米盖尔·杜夫海纳：《美学与哲学》，孙非译，16页，北京，中国社会科学出版社，1985。

② 包利民：《生命与逻各斯：希腊伦理思想史论》，216页，北京，东方出版社，1996。

③ John Dewey, *Art as Experience*, New York: The Van Recs Press, 1934, p. 348.

美与善并不相同，它们都是植根于现实生活的，但却内在相通。在这方面，福柯的“生存美学”的理念更接近我们的现实生活观。

的确，从现实生活的视角看，“幸福是一种存在方式，一种我们希望它延续不断，或者我们愿意在它之中长久生存下去的存在方式”①。离开了幸福的渴望，人类将失去一种有意义的生活。这种生活也是与人们的欲念潜在相连的，这便不同于康德意义上的将(令人愉悦的)美与(令人满足的)善的断然割裂。人类活动(包括美的活动)都不能完全摆脱功利因素的渗透，可以说，“任何一种可贵的幸福都是以美的感觉和享乐为主要成分”②。而且，康德始终“只是求助于在他认为在道德生活中实际上可以实现的道德秩序。只有这个——作为理性和自然会合点的道德生活，这种生活在行为中表现理性和自然的相容性——我们才应称之为实在”③。如此一来，康德由于其道德生活关怀，只能看到美与善的象征性关系，只能看到审美生活植根于道德生活，而忽略了问题的另一面。

实质上，在人类幸福的意义上，美构成了“善的理想”。或者说，从“生活理想”的角度看，伦理学的逻辑归宿正是美学。高尔基的著名美学宣言所言极是——“美学是未来的伦理学”。④

这是由于，善和伦理所能达到的终极理想状态，其实就是一种美的

---

① ［法］霍尔巴赫：《自然的体系》上卷，管士滨译，121页，北京，商务印书馆，1964。

② ［美］杜威：《哲学的改造》，许崇清译，107页，北京，商务印书馆，1958。

③ ［英］鲍桑葵：《美学史》，张今译，338页，北京，商务印书馆，1985。

④ 中国社会科学院哲学所美学室编：《美学译文》第1辑，2页，北京，中国社会科学出版社，1980。

状态。既然人的活动就本真状态而言是一种自由的活动、全面的活动（也以自由为追求鹄的善的活动只是其中一维），那么，它们最终都指向人的全面自由的发展。在这种本真的生活里面，人将获得全面的发展和解放，实现其全面的本质力量。而这种生活本身，就是一种马克思意义上“按照美的规律”而进行的生活，因而在本质上就成为一种美的活动。美的活动要求人们既要在所创造的世界之中直观自身，又要在人与自然之间保持一种和谐状态。

总之，这种人类的审美解放，也就是伦理自由的最终目标。

那么，反过来看，美的活动本身也具有一种“解放和联合的力量”。审美的解放还会促进人与人之间的交往，从而达到一种高度的“内在团结”。个体的单个解放并不是目的，“每一个单独的个人的解放的程度是与历史完全转变为世界历史的程度一致的”[①]。在每个个体纵向解放的同时，他们之间还要形成一种横向的联合，也就是在审美解放的高度上达到彼此的深度交往和辩证对话。

在这一意义上，审美解放也是一种走向交往和对话的解放。正如杜威所看到，“正是由于艺术……表现的是深层调节的基本思想态度，表现出一般人类态度之理想，因而，某种文明特征的艺术也就变成了一种工具，通过艺术，能在共鸣中进入到遥远与异己文明经验中深层要素之内”[②]。在这种“一般人类态度的理想”层面上，人与人之间通过美的活动达到了相互的“共鸣”，达到了一种理想的交往。这便自然涉及美的活

① 《马克思恩格斯全集》第3卷，42页，北京，人民出版社，1960。

② John Dewey, *Art as Experience*, New York: The Van Recs Press, 1934, p. 332.

动之“可普遍化”的问题。

四、从“审美共通感”到“情感共同体”

美的活动具有一种“可普遍化”的力量，同时，这种力量是建立在“主观认同”的基础上的。美的普遍性与特殊性、共通性与个别性、社会性与随机性的两分都是在言说这种关系。

康德在解决这一问题的时候，以“主观的普遍性”来形容之，并提出了“共通感”(Gemeinsinn，i. e. common sense)的问题。我们认为，“审美共通感”是有其现实基础的，现实生活的“情感共同体”即是这种“共通感”的社会基础。

所谓“共通感”，顾名思义，就是人与人之间的一种共同的和相通的感觉力。进而观之，“审美共通感”则是人类的共通感的子系统。一方面它是不能置于任何概念之上的，而只是“根据情感”而获得的共通感受；另一方面，它所根据的这类情感并不是某种私人的“小我”的情感，而是一种共同的“大我”的情感。但当我们继续探究这种情感共同性之时，就难免牵扯到伦理的问题，因为审美判断所期待的“普遍赞同”与道德判断所要求的“普遍认同”竟是如此的接近，以至于人们到此往往难辨出——究竟是伦理共通感以“审美共通感”为根基，还是“审美共通感”仅是伦理共通感的一种特例?

在欧洲哲学史和美学史上，康德试图完善地解答“审美共通感”这道难题，并将之与其伦理观深深地契合在一起。在康德看来，审美判断既具有“普遍性”，又具有“必然性”，这都与“审美共通感”密切相关。可见，“审美共通感”是康德审美判断的内在根基之一。众所周知，在康德著名的“审美判断四契机”的阐述中，有两个契机从不同角度涉及“审美共通感”。康德审美判断力的“第二契机”便是“美是那不凭借概念而普遍令人愉快的”，这是“普遍性”；而“第四契机”则是“美是不依赖概念而被当作一种必然的愉快的对象”，这是“必然性”。

先来看“普遍性”的角度。

当康德从“量”的方面来阐述审美契机的时候，他认定审美判断这种“主观的量”（它并不含有客观的量）是具有一种特殊的“共同有效性”（Gemeingueltigkeit）的。这种“共同有效性”或“有效的共同性”，其实在标识这样一种意识：美虽然是个别的，但却是有普遍性或普遍可传达性的。“在这里可以看出，在鉴赏判断里除掉了不经概念媒介的愉悦方面的这种普遍赞同以外，就不设定什么；这就是一个审美判断的可能性，能视为同时对于每个人都有效。鉴赏判断本身并不假定每个人的同意（只有逻辑的普遍判断才能这样做，因它能举出理由来）；鉴赏判断只设想每个人的同意，照它所期望的常理来说，这不是由概念来确定的，而是期待别人的赞同。”①事实也是如此，虽然每个人对同一对象的美都具有不同的感受，但却都在期待着普遍的认同，这可以说是“心同此感”。这种共同的感觉力，实际上，是在要求在人与人交往中实现一种“审美共通感”，这就是“普遍性”的诉求。

---

① Immanuel Kant，*Critique of Judgment*，Indianapolis：Hackett Publishing Company，1987，p. 60.

然而，康德却是在这样的前提疑问中来引出共通感的：究竟是快感在审美判断之先，还是审美判断在快感之先？这一被视为解决审美判断力的“钥匙”的难题，在康德那里的答案当然是后者。因为，假如快感出现在审美判断之先，那么，就只因生理感官上的满足而愉悦，从而导致一种“个人有效性”。相反，如果审美判断在快感之先，那么，“人同此心，心同此理”，不同个体的审美判断才能导向一种普遍的可传达性。这都是基于康德的这样的假定：个人都具有共同的心理功能，都能引发想象力和知解力之间和谐的不确定的“自由游戏”(freiesspiel)。

然而，在我们看来，其一，康德在逻辑上割裂了快感与审美判断的血肉联系，假设了何者在先的假问题，其实二者在发生过程中是相互纠缠在一起的；其二，康德的这种共通感的假定，最终是建基在先验结构的基础上(审美在快感之先必然导致对理性的推崇和先验的假设)，而没有落实在现实生活的真正根基之上，从而成了沙上建塔。但康德还是在一定程度上说明了：为什么审美判断总是个人的、感性的，而又具有社会性和一定的理性内容，尽管他的解决方式是脱离现实的玄思。

再来看“必然性”的角度。

如果说，在第二契机的分析之中，康德还是将信将疑地设定共通感的可能存在的话，那么，到了第四契机的分析里面，这种可能性则走向了必然性，他正面宣称了“审美共通感”必然存在。“但是在共通感这一名词之下人们必须理解为一个共同的感觉的理念，这就是一种评判机能的理念，这评判机能在它的反思里顾到每个别人在思想里先验的表象样式，以便把他的判断似乎紧密地靠拢着全人类理性。”①

在此，我们来关注一下康德这段话的关键词：他将共通的这种感觉视为“理念”，看作是“先验的”，甚至与“全人类理性”相通，这不能不说是一种“不得已而为之”的超验的解决道路。这是由于，在康德的思想谱系里，共通感只能被“逼”到先验的高度，才能实现审美判断那种所谓绝对的“范例”的必然性，绝对的“一切人对于一个判断的赞同的必然性”。② 其实，这不仅不可能，而且也不必要，因为审美判断中总有特例，审美判断也总宽容特例的存在。审美判断所形成的共通感，并不能要求一切人的全体认同，而其实是由一个个不同的共通感群体共组而成的。

显而易见，康德的这种“必然性”角度，把“审美共通感”提升到了现实经验之外。在“主观的普遍性”的审美判断分析中，如果说康德还是有着一定的现实根底的话，那么，在“无概念的必然性”分析里面，康德的思想开始“飞升”了。他为此而假定的共通感，经验的气息始终并不浓重，他眼中的共通感并不是一种“现实的必须”，而是在内部赋予了其一种强权的“应当”！这其实是在授予审美判断以一类“特权”：这并不是说，在审美判断之中，每个人都“将要”同意我们共同的判断，而是“应该”对它同意。

这种设定的虚妄性自不待言，而这种判断又涉及伦理的问题，伦理学要解决的就是这个“应当”的问题。甚至“在 18 世纪，共通感才被整合

---

① Immanuel Kant，*Critique of Judgment*，Indianapolis：Hackett Publishing Company，1987，p. 160.

② Ibid.，p. 85.

入判断的理性，判断力在传统中被视为基本的智力优势，但在英国伦理学家那里，则宣称伦理与美学都是为(善的)趣味所标识的而不是智力”[①]。如此一来，在西方的许多学者都认定，康德的“审美共通感”其实是建基在伦理规范判断的基石上的，“审美共通感”就结构而言只是伦理共通感的变体，当然，也有学者反过来认为“道德判断就其结构而言是美学判断的特例”的。这便涉及美与善、美学与伦理的深层关联。

我们始终认为，美与善并不是相互割裂的，而是内在相通的，这种相通的根基就在于现实生活。而且，人类的“审美共通感”亦是现实存在着的，但并不能存在于康德的先验哲学谱系之内，它是人们现实生活的一种组成部分。

这样，我们就回答了这样争论不休的问题：被康德所“假定”了的“审美共通感”，究竟是一种理论的设定，还是现实的存在呢？答案显然是现实的。更为重要的是，“审美共通感”究竟是以人类伦理为基础的，还是以文化自身为根基的呢？这也是个难题。这就需要进一步去考察人类“审美共通感”的现实基础——“情感共同体”的问题。其实，审美判断所具有的(一定程度的)普遍性和(并不能绝对化的)必然性，正是现实生活的这种“情感共同体”使然。

究其实质，“情感共同体”就是一种人类现实生活的共通结构，它是现实存在着的。这就好似在人与人之间里面做出了群体的划分一样，不同的共同体对同一审美对象具有大致可以区分开来的趣味趋向，因而人

---

① Herman Parret, *The Aesthetics of Communication*, London: Kluwer Academic Publishers, 1993, p. 166.

类社会形成了一个个相互交织和彼此叠合的“情感共同体”群落。

由此返观康德的“审美共通感”思想可以发现，这一思想起码是与两种深层观念息息相关的：

一是传统的“欧洲中心主义”的看法，由此出发，以欧洲文化的共通性取代了全人类文化的共通性，从而没有看到 19 世纪以后文化人类学所揭示出的文化多样性：非洲处于原始状态的文明与欧罗巴文明之间的趣味沟壑显然是存在的，两种文明的“情感共同体”之间的差异也是大于双方的相似之处的。

二是“贵族式的精英趣味”立场，这使得康德采取了一种对低级趣味加以强力压制的路线，试图走出一条超越的、否定平庸生活的精英道路，从而将“审美共通感”建基于文化分隔与趣味批判的基础之上。由此，伽达默尔才批判地认为所谓“普遍的和共有的感觉”，其实正是“教化”的本质的一种表述。[①] 用西方学者反思的话来说，“康德的建构提供出一条决定合法化理性观点中的贵族之路。美学，作为康德的中心篇章，持一种彼此分离的观点：伦理理解的条件与共同体中的好的和正当的生活正是在这一基础上产生出来的。美学这一枢纽位置是围绕着共通感的中心的。对于康德，没有什么比共通感更理性”[②]。如此可见，康德这种理性合法化之路只能导出那些先验的结论，这是必然的，因为他从理论建构之初便已背弃了现实生活。

---

① [德]伽达默尔：《真理与方法》，王才勇译，22 页，沈阳，辽宁人民出版社，1987。

② Herman Parret, *The Aesthetics of Communication*, London: Kluwer Academic Publishers, 1993, p. 151.

还是回归到现实生活来看待人类的“情感共同体”吧！追本溯源，早在卢梭那里，就已经将意志与情感作为共同体的纽带，并在共同体之中做出了笼统的划分。人类的共同体虽然还有“科学共同体”等诸多类型，但最基本的，一类是涉及意志方面的“伦理共同体”，一类则是涉及审美的“情感共同体”，而“审美共通感”所依据的共同体仅是“情感共同体”的一部分。但是，二者确实是不可决然分开的，在审美判断的深层也隐含着伦理要素。

只要跳出一定的“情感共同体”，从外部来看待这一观念，人们会发现，任何一个群体、阶层、民族的趣味差异，都是在一种内在的伦理力量及其他要素的共同作用下形成的。正如夏夫兹博里把社会意义的认可称为“共通感”一样，“如果共通感几乎如同一种社会交往品性般地表现出来，那么，共通感中实际就包含有一种道德的，也就是一种形而上学的根基”。① 假如我们剔除掉这位经验主义者思想内的形而上学因素，可以看到，任何一种共同体都是在交往中建立起来的，只要人与人交往，那么任何共同体之中都必然包含伦理要素，即便是以“情感共同体”为基石的“审美共通感”亦不能例外。

从人类交往的角度来看，“审美共通感”作为一种感觉共通性（普遍性），实质上就是一种与他人“共在”的情感。

由此观之，审美判断可以说就是袪除了反思概念的普遍交往性的判断。一个审美判断，必然是建基在共通感的共享功能之上的。这种共通

---

① ［德］伽达默尔：《真理与方法》，王才勇译，33页，沈阳，辽宁人民出版社，1987。

感的形成则有赖于人与人之间的交往，它是在历史中形成的整个群体、整个阶层、整个民族乃至整个人类所固有那种“不假以思索”的判断。显然，“审美共通感”是拒绝概念化的，而接近于群体无意识的。因而，更加与人类情感流动的日常生活相契，它最终带来的是一种“具体的普遍性”。伽达默尔的定义与我们很接近：“共通感在此显然不仅仅是指那种存在于一切人之中的普遍能力，而且它同时是指导致共同性的感觉。维柯认为，他的思想赋予人类意志的东西不是理性的抽象普遍性，而是具体的普遍性，这个普遍性就描述了一个集团、一个民族、一个国家或整个人类的共同性，因此，这种普遍感觉的造就对生命来说就具有了决定性意义。”①

更为重要的是，既然“审美共通感”是人类交往活动的产物，那么，它所背靠的基础必然是由交往而形成的“情感共同体”。在这一意义上，“情感共同体，实质上是非主体性的共在”②，是一种由情感来维系的“内在团结”。

“作为一个个人活着就是生活在社会的框架之中，在其中，我和我们都一同生活在一个共同体之中，这个共同体作为一个视域而为我们所拥有。”③交往的取消，也就意味着社会沟通网络的崩溃，作为社会关系总和的人亦将不复存在。可以说，人类社会本身就是人们交互作用的产

---

① ［德］伽达默尔：《真理与方法》，王才勇译，27页，沈阳，辽宁人民出版社，1987。

② Herman Parret, *The Aesthetics of Communication*, London: Kluwer Academic Publishers, 1993, p. 169.

③ ［德］胡塞尔：《胡塞尔选集》(下卷)，倪梁康选编，942页，上海，上海三联书店，1997。

物。由此看来，交往是由实践中“现实的个人”相互联系和互动而成的，他们的行动及结果便构成了一个个“主体间性”的共同体。这种交往世界是历史形成的，它具有一种客观的历史先在性。换言之，对每个置身于生活的人而言，由交往所构造的共同体都是先于个体存在的，它在塑造每个交往主体的同时，也在被不同的交往主体所塑造。

那么，我们要继续追问，这种共同体的现实基础又在何处呢？是自然还是文化？是继续到所谓的“元伦理”学那里，还是到现实生活中去寻找呢？

按照西方学者的意见，这种共同体的“合法化的基础”“既不在文化，也不在自然。进而言之，没有伦理能够从内部使自身合法化；所有的伦理关系都需要元伦理，从而使得伦理中的判断得以合法化。其实，这就是关于每一伦理的前提条件，这些前提是使在共同体之中统治伦理生活的先验判断成为可能的条件”①。这完全还是康德的先验哲学的论调，这一论调要表述的是：元伦理学才是共同体中审美和道德判断得以成立的超验前提，这便与现实生活割断了血肉联系，从而没有将共同体建基在生活的坚实基础上。

关键是如何理解“日常生活”。“情感共同体”正是在人们的生活中逐渐得以形成的。在这种日常生活之中，“情感共同体”既不能脱离人们的自然因素，也同时是人类文化基因塑造的结果，这种共同体的确是人们的自然性与文化性的统一，或者说是后天文化对先天自然地濡化和铸就

---

① Herman Parret，*The Aesthetics of Communication*，London：Kluwer Academic Publishers，1993，p. 151.

的结果。

日常生活世界是这样一种现实存在，“我发现自己一直处于历史给予的世界之中，这既是一个自然世界，也是社会文化世界，它在我生前存在而且在我死后仍将继续。这意味着这世界不仅是我的而且是同代人；进而，这些同代人是我自身情境的因素，正像我是他们中的一员一样。作用于他人与为他人所作用，我知道这种交互关系，这种知识也暗示着他们，其他人，所经验的日常世界基本与我相似”①。正是基于这种现实性——其他人所获得生活经验基本上与我相似——共同体和共通感才是得以可能的，从而，许茨所谓的“视角的互易性”②才有形成的可能。包括“情感共同体”在内的任何共同体的基本要求，正是要在一种“互易的”视角交往中取得普遍赞同。只不过，建基于“情感共同体”之上的“审美共通感”还具有自身的特殊规定。

“情感共同体”并不能像“科学共同体”那样强求常识或定理的一致，或如“伦理共同体”那般要求行为与思想的趋同，而是一种对普遍性的“积极期待”。这种期待获得的结果，近似于康德意义上的“理想的范例”，关键是不能从先验的角度来理解这种“范例的有效性”，而是视这种期待为一种“理想的应当”，而非“现实的必须”。既然美的活动本身就是理想性同现实性的会通，就说明它本身就包孕着理想性的维度，“审美共通感”正是这一理想意义上的共通感，这便与其他类型的共通感区别开来。

---

① Alfred Schutz，*Alfred Schutz on Phenomenology and Social Relation*，Chicago and London：The University of Chicago Press，1970，p. 164.

② Ibid.，p. 212.

相应地，“审美共通感”要求在共通的审美语境之中，人们都能从自身的审美能力出发积极地参与美的活动。“如果你想得到艺术的享受，那你就必须是一个有艺术修养的人。如果你想感化别人，那你就必须是一个实际上能鼓舞和推动别人前进的人。”[①]这种共同体的语境里面，每个人都获得了一种平等对话的权利，从而形成了人与人相互交往的理想情境。以艺术作品的创造和欣赏活动为例，它就是一个典型的理想话语情境，让我们来看其中的交往是如何形成的。其中，艺术活动就形成一种理想的“交往系统”：“生活世界——创作者——艺术作品——接受者”。在这种看似循环的交往系统内，“作品是交互主体性的纽带”，[②]每个人都在参与艺术活动的进程。

这种对话是如此的平等而自由，以至于美的活动被视为最理想的交往活动。难怪维柯将人类的共通感上溯到远古的“林间隙地”(Lucus)，其实，将这种原初的公共空间比喻为审美情境更为合适。这不仅让人想起海德格尔将存在的本真状态喻为“林中空地”，在那明与暗的相互映照之中对存在的“真理”的发现，正是对积极生活的一种显露观照。由此而得出的真理，正是一种“共识”的真理，“审美共通感”其实也是与“真理共识”内在相通的。

从胡塞尔“内在时间意识”出发，现象学家许茨所做的分析颇具典型意义。他认为在演奏者与交往者之间形成了一种“音乐交往”，这就是典型的美的交往。“这是表演者——包括歌唱家和演奏家——的内在社会

---

① 《马克思恩格斯全集》第3卷，364页，北京，人民出版社，2002。

② ［法］米·杜夫海纳：《审美经验现象学》，韩树站译，267页，北京，文化艺术出版社，1992。

功能，成了作曲家与聆听者的彼此中介。这种演奏者的音乐过程的再创造参与到了作曲家和聆听者的意识流之中去了……在所有此类环境中，演奏家与聆听者相互‘转化’，通过同一流而共同生活，在音乐持续的过程中共同成长……演奏家与聆听者共同建基在不同时间维度的共同生活的共同经验之上。”①如此一来，在这种审美的生活之中，作为内在时间中的两个系列的活动，一是作曲家的意识流，另一个是聆听者的意识流，他们在“同时性”中共同经历，这“同时性”被音乐的持续流动所创造。这种音乐活动与行为的两流相互交往的事实，在历次的音乐活动中不断发展，从而共同完成了艺术交往的过程，它亦是一种“共同生活”的过程。

五、结论：美学是未来的“生活伦理”学

善与美的关系是本章论述的主题。康德之后的西方近代哲学的贡献，就在于将善与美以“自由”为契合点联系起来。但是，问题的关键还是聚焦于这种自由是“何种自由”？这种自由究竟具有哪些特质？

康德所理解的自由其实是一种“超验的自由”，这便与他对美的理解形成悖论：虽然将美的具体特性视作特质，但却对美所包孕的自由采取了抽象化的理解。这样，势必造成美与生活的绝缘，由于“‘自由’的现

① Alfred Schutz, *Alfred Schutz on Phenomenology and Social Relation*, Chicago and London: The University of Chicago Press, 1970, p. 213.

实被归于艺术，对它的经验被归于审美态度，所以它是非强制性的，并且使人类生存不采取日常的生活方法。它是‘非现实的’”。[①]

然而，回归现实生活，不仅使我们放弃了康德式的先验结构，而且还能找到美的活动的真正的自由规定。

作为美与善之关联的自由，并非是超越现实的，它其实是一种植根于现实生活的东西。换言之，自由只能在现实生活中实现着“内在的超逾”，正是美的生活在本源上决定了美的活动的自由特质。实际上，既然美的活动是一种具体的人类活动，那么，它所能达到的自由状态也是一种最具体的自由状态。

因此，美的活动所呈现的是一种“具体的自由”，在现实生活的基础上，这种“具体自由”正是联通美与善、美学与伦理学的现实中介。

可见，美的自由是一种以生活为本源的具体自由，因而是在根本上回归到现实生活的“本质直观”的自由。这种自由观，首先把现实生活理解为构成这一世界的个人的活生生的现实活动，因而是脱离了主客二分模式的自由观。这种自由观本身就置身于“积极自由”与“消极自由”之间，是“人化自然”与“天人合一”两种自由观的和谐统一。在这一意义上，康德所谓的“审美的合目的性是判断力在它的自由中的合规律性”[②]才能得到现实的理解，这样，自然界必然性与道德自由才能在美的活动那里得到现实的(而非超验的)统一。

---

① [美]马尔库塞：《爱欲与文明：对弗洛伊德思想的哲学探讨》，黄勇、薛民译，135页，上海，上海译文出版社，1987。

② Immanuel Kant，*Critique of Judgment*，Indianapolis：Hackett Publishing Company，1987，p. 131.

同时，作为解决必然与自由矛盾方式中的较为特殊的一类，美的活动总是试图在理想的状态中扬弃必然与自由的对立。作为一种“解放和联合的力量”，美的活动还会促进人与人之间达到理想的交往状态，这种高度的“内在团结”的交往过程，实际上便是一种“共同生活”的过程。

于是，在人类幸福的意义上，美构成了“善的理想”。这正是由于，善和伦理所能达到的终极理想状态其实就是一种美的状态。因此，“考察美，绝不会只限于艺术方面。实际上，无疑往往是在考察人类的最高道德”①。

总之，本章的结论是——“美学是未来的生活伦理学”。

① ［日］今道友信：《关于美》，鲍显阳、王永丽译，176页，哈尔滨，黑龙江人民出版社，1983。

结　语 ｜ “现代审美精神”的重构

充满劳绩，

但人诗意地

栖居在大地之上

——荷尔德林《在可爱的蓝色中闪烁……》

启蒙时代以来，随着认知理性、伦理理性与审美理性的相互绝缘发展，真、善、美似乎被“现代性”割裂开来。然而，启蒙的一贯理想却是真、善、美的和谐统一，这就形成了一种理想与现实、统一与割裂之间的张力。“现代性”及“后现代”的思想资源，恰恰为审美精神的建构设置了基本的平台。在这种回归生活的基础上，让我们来探寻审美、道德、真理三者相互统合起来的理路，从而重构起一种“现代审美精神”吧！

从历史发展着眼，“审美精神”正是一种表征出“现代性”的人类精神的生活形态。作为“应当如此”生活象征的审美精神，它在人类生活理想世界里占据着重要的位置。古希腊的亚里士多德早就认定：理论是人类活动的最高形式，由此它也是最高的人类实践，崇尚思辨的“哲学精神”即被高举出来。整个中世纪神学时代，理论虽然也是最高的修行境界，但主要仍皈依为一种“宗教精神”。直至启蒙运动以降，“审美精神”才成为最高的境界，它是伴随着“现代性”思想而滋生并本来便具有“现代性”的特质的。这也意味着“情感的独立地位”是在启蒙运动中才被发见并得以最终确立的，它是“现代性”思想发展的结晶。

早在启蒙时代，人们就将人的活动分成知、情、意三个方面，并对这三者进行了分门别类的研究。研究“知”，即推理性认识的是逻辑学，研究“意志”的是伦理学，但那时唯独没有研究“情”，即感性认识、混乱认识的科学。受到莱布尼茨(Gottfried Wilhelm Leibniz)的关于混乱的认识的启发，鲍姆嘉通涉足这一人类尚未规范的领域，并将之命名为“Aesthetica”，这便是作为感性学的“美学”的诞生。到了康德奠基性的哲学著作那里，这种区分在1781年的《纯粹理性批判》(*Kritik der reinen Vernunft* 研究“知”的功能，解决的是“人的知识何以可能”的问题)、1788年的《实践理性批判》(*Kritik der Praktischen Vernunft* 研究“意志”的功能，解决的是“人应当以何种道德作为至高原则”的问题)、1790年的《判断力批判》(*Kritik der Urteilskraft* 研究“情”的问题，它包括美学和目的论两部分，解决的是“人心何以感觉到美和完善”的问题)等一系列专著中被最终得以确定了下来。

由此可见，按照西方传统的哲学观念，真、善、美是相互割裂的。一般看来，作为“思想使自身与之相符的东西”，“真”，主要是(规定思想的)逻辑学的对象；作为“人的品性和行为使自身与其相符合的东西”，“善”，主要是(规定着人的品性和行为的)伦理学的对象；而作为“人的感受使自身与其相符的东西”，“美”，则是(规定人的感受的)美学的研究对象。[①] 逻辑学、伦理学和美学在一起，即构成了哲学家冯特所谓的“规范科学”的三位一体，这种三分天下观念的影响至深至远。

然而，中国古代哲学始终在现实生活的阈限内来言说真、善、美，在天人合一的语境之中，中国古代哲人所憧憬的是“天地与我共生，万物与我为一”的境界。相比之下，从柏拉图到黑格尔这些西方哲人，或者只将真善美看作超验的“共有结构”，抑或仅视其为逻辑上的“合题”，但究其本质，却都是在一种对象化的思维中、在主客两分的形而上学框架内来言说的。

中国古代哲学那种“民胞物与”的思维方式，被认为与前苏格拉底哲学具有几分相像之处。这种具有原始特质的思维方式，其实在古希腊时代也没有完全泯灭而是时有闪光。在古希腊时代，也就是海德格尔所谓的“大艺术”(*Great Art*)时代，真、善、美还具有密切不分的全面性，感性与理性也是相互杂糅在一起的，而并没有像后代那样被明确地分裂开来。在当时，所谓的“理论”(θεωρ´ια)、“实践”(πρâξιS)与“诗意的作品”(πόιμα)三个方面本来就是混沌不分的。[②] 但到了德国古典哲学时代，

---

① Martin Heidegger, *Nietzsche*, *Volume* Ⅰ: *The Will to Power as Art*, Routledge & Kegan Paul, 1979, pp. 77-78.

② 叶秀山：《美的哲学》，前言 6 页，北京，人民出版社，1991。

形成了这样的明确观念：美或审美要成为搭建在理性与感性的裂痕之间的桥梁，是二者得以和谐统一的中介形式，康德正是这一观念的最终确定者。在感性与理性二分的思维框架下，先割裂了二者之后再重新加以弥合(美或审美恰恰成为弥补这一裂缝的替代品)，这仍难以逃脱欧洲哲学所构筑其上的主客两分的基石之外。

这是因为，美本应当是感性与理性的混糅未分的状态，或者说就是“感性—理性”的混糅体这一原本状态的保存形式之一。美的活动其实具有一种深层的准理性结构，它既与日常生活经验保持着一定的距离并以之为来源，又与非日常生活之间保持了一种“必要的张力”。美的活动很难以单纯的感性来加以规定，也并不是纯粹的理性结构。一方面，美的活动并不能成为无意识的活动的产物，因为它需要理性的内在组织，并且包孕着“准理性”的深层内涵；另一方面，美的活动也不能产生于纯粹的理性活动，它始终是一种最具体的存在，或者说它所实现的是另一种“准理性”结构。

于是，回归现实生活，西方哲学和美学所存留下来的这些缺憾，可能得到根本性的治疗。这是由于，西方美学走了一条否定现实生活的道路，其理论哲学的运思轨迹大致是：“首要而又最高的职责涉及美、艺术、风格的观念和概念，以及它们在一般概念体系中的地位，特别是它们同真和善的关系；而且总喜欢攀登上绝对、神、神的观念和创造活动，然后再从这个一般性的圣洁的高处下降到个别的美、一时一地的美这种世俗—经验的领域，并以一般为标准去衡量一切个别。”①然而，从这种理论哲学的视角回归到人类生活本身，也就是将传统的那种理论哲学的取向颠倒了过来，把生活实践、生活世界视为奠基性的、根本性的，将哲学及其一切理论活动(包括美学反思)反过来都视为生活世界的组成部分，那将会展开一个新的生活美学的视野。

由此出发，也就是从晚年胡塞尔意义上的“生活的构造”(Lebensgebilde)出发，一方面，审美才能试图从西方哲学和美学的“主体与客体二分”框定中摆脱出来，回归现实生活的“本质直观”来看待美的活动；另一方面，审美亦从“感性与理性二分”的羁绊解脱出来，从而找寻到美的活动对现实生活的“本真呈现”。自古希腊时代造就的感性与超感性(本质与现象)分离的理性思辨模式之中，不仅美的活动被置于对象化的物我对立关系之中，而且，本来混糅为一的感性和理性亦被无情割裂了。或许，美学作为“感性学”在鲍姆嘉通那里的诞生，或许就是一场历史的误会，是那场“非此即彼”的欧洲启蒙哲学运动的产物。

如前所见，美的活动，既不是主观和精神的，又不是客观的或物质的实体性存在，而是超越了主体与客体、精神与物质二元对立的“意向性”存在。这种“意向性”存在，不仅是非实体性的现象存在，而且也是一种蕴含着意义的关系性存在。美的活动在直观中才能达到本质，或者说，让本质呈现于审美直观之中，美的活动就是一种“本质直观”。因而，美的活动其实也就是现象学意义上“回到事物本身”的本真活动之

① [德]费希纳：《美学前导》，《十九世纪西方美学名著选(德国卷)》，李醒尘编，417页，上海，复旦大学出版社，1990。

一，其所形成的世界是“直接被直观到的世界”。

在这种思维范式翻转之后，美与真、美与善的两重关系才能得到现实的把握。一方面，虽然欧洲源远流长的“真理符合论”造成西方主流思潮对艺术与真理的内在关联的拒绝；但实际上，美却能显现事物的真理，这种真理是被“直观”地显现的。这种“美的真理”，就是生活真理的一种变异形态，它不仅离日常生活最为切近，而且能够显现出本真的生活，是一种能呈现真理的“本质直观”。同时，“美的真理”的本质乃是自由，它不仅要求达到自由交往的“共识”，而且它也是一种历史“解释性”的生活真理。

另一方面，既然近代以来的西方哲学史证明美与善是以“自由”为中介联系起来的，那么，从回归生活的视角看，这种自由就是一种“具体的自由”，而且是最为“具体”的自由。可以说，美的自由就是一种在现实生活内得以呈现的“具体自由”，它本身就置身于“消极自由”与“积极自由”之间，乃是“人化自然”与“天人合一”两种自由观的和谐统一。

这样，在现实生活的基础上，我们终于可以回到真、善、美“统一于何处”及其“如何统一”这个问题上。既然“美的活动”是一种以现实生活为本质规定的活动，那么，从这一视角所考察的真与美、善与美的关系则亦是不离于现实生活世界的。应当说，在本真生活的状态之中，真、善、美是同本属一体的，它们的差异的绝对化只是在西方理性思维方式下发展起来的。从古希腊时代开始，早期的自然哲学便侧重一种“知识论”的建构，苏格拉底则是“道德学”的最初完善者，亚里士多德建立了“诗学”，这种知识、道德、美学的分立在欧洲早已成为历史的必然，直至后来美学成了联通知识与道德的中介。但实际上，本真的生活意义是不能被概念化的，而只能是被现象性直观的。本真生活的目的和手段也是难以分开的，它同时是真，为善，亦是美。

即使在现实生活世界里，真、善、美也没有定义上的区别，除非我们做出主体性的强制性的界分，否则便不可能在实际生活中截然区分三者的绝对界限。但是，按照欧洲传统哲学的观念，真、善、美更多地被视为对等的范畴，它们之间是可以等量齐观的，并具有一种高低错落的层级结构。但事实是，在现实生活之中，美是实现在各个生活层面的依附性存在，并不是一种独立存在的形式。这一点近似于中国古典美学的观念，中国人的美学意识既存在于“停留在官能的美的感受、感性的愉悦和快乐阶段”，又能把成为“精神的、理性的愉悦”变成具有“社会伦理意义”的“善”之同义语，更能成为“真”的象征，即“净化了各种尘俗之心、使感性的悦乐和理性愉悦也浑然无别的……恍惚境地”①。可见，在中国古典智慧里面，真、善、美本具有相互会通的特质，形成了一种你中有我、我中有你的混合状态。

如是观之，真、善、美并不能加以割断开来加以理解，这是正是由于“美学……与知和行的规律、与善与真的法则、与行为和理智的规则环环相扣”②。既然我们已经找到了美与真的联系，并得出了“美是生活真理的直观显现”的结论，同时亦找到了美与善的关联，并得出了“美学是未来的生活伦理学”的结论；那么，这两种联系的共同点就彰显了出来：它们都是在“美的活动”中得以实现的。

---

① ［日］笠原仲二：《古代中国人的美意识》，魏常海译，37～38页，北京，北京大学出版社，1987。

② ［法］于斯曼：《美学》，栾栋、关宝艳译，1页，北京，商务印书馆，1995。

因此，真、善、美统一于“美的活动”，统一于以“本真生活”为原发状态的“美的活动”。

那么，在“美的活动”之中，真、善、美这种贯通的内在机制是什么呢？这就关涉这样的两个结论：“美的真理的本质乃是自由”和“美与善的联通中介是具体的自由”。由此可见，在“美的活动”中，只有自由，一种“具体的自由”，才能成为沟通真、善与美的真正力量。这是由于，在“本真生活”的自由状态中，真、善、美具有本然的同一性，这种原发状态在“美的活动”中被续存了下来。一方面，在美的“共识”真理之中，要求的是一种人与人之间的自由的交往；另一方面，美的活动本身也具有一种“解放和联合的力量”，审美的自由解放还会促进人们之间达到一种高度的“内在团结”。

我们知道，现实生活世界本身具有“奠基性”，而且，在这种奠基性的活动之中都存在美的身影。审美经验作为人类原初的经验形式，是一切人类文化赖以生长的根基之一。维柯(Govanni Battista Vico)在《新科学》(*Scienza Nueva*，1725/1944)里就意识到，原始人的一切生活都是“诗性的”；而科林伍德(Robin George Collingwood)特别强调无论从历史还是逻辑上说，“艺术生活”都位于人类精神生活中的根基地位。可以说，“在人类经历的各条道路的起点上，都可能找出审美经验：它开辟通向科学和行动的途径。原因是：它处于根源部位上，处于人类在与万物混杂中感受到自己与世界的亲密关系的这一点上：自然向人类显出真身，人类可以阅读自然献给他的这些伟大图像”①。

在这种坚实的基础之上，人类审美精神本然具有理想的维度。这是由于美的活动就是从“现实的”日常生活向“理想的”非日常生活的“内在的超逾”，是介于这两种状态之间的居中者。美的活动所呈现的世界，既是“理想的”却又同时是“现实的”生活世界。一方面，理想性显然是来自非日常生活的，是对日常生活的一种超拔和范导；另一方面，又由于美的活动是日常生活的延续，日常生活的经验是现实的，因此，美的活动仍是现实的。这样，现代审美精神的建构，也是处于日常生活与非日常生活间的张力之中的。作为比较，宗教活动否定了现实生活而寻求终极鹄的，而美的活动则是不离于有限生活的理想。

其实，人类的生活实践过程都具有某种理想性，或者说，都是“理想性”与“历史性”的统一。这是由于，“历史不过是追求着自己的目的的人的活动而已”②。这种理想性追求与历史必然道路的辩证统一，在“现代审美精神”中也得到了充分的表达。“现代审美精神”既不能脱离这种关系而存在，又被注入了“历史性”的维度。在这种“历史性”的审美精神思考中，马克思最重要的贡献就是高度总结了“全面发展的人”的思想，特别强调了人类感觉的解放的问题。同时，他将这种解放的潜能给了美的活动和艺术活动——“马克思主义美学理论的主流分享着共同的问题……它赋予了艺术以启蒙的能力：它们都尽力确立艺术作品的解放能

① [法]米盖尔·杜夫海纳：《美学与哲学》，孙非译，8页，北京，中国社会科学出版社，1985。

② 《马克思恩格斯全集》第2卷，118～119页，北京，人民出版社，1957。

力的基础。”[①]

所谓“人的全面发展”，就是指“人以一种全面的方式，也就是说，作为一个完整的人，占有自己的全面的本质……对人的现实性的占有，它同对象的关系，是人的现实性的实现，是人的能动和人的受动，因为按人的含义来理解的受动，是人的一种自我享受”。[②] 且看这段经典论述的关键词：“全面的方式”与“完整的人”其实在言说同一事物，只不过前者是后者的实现途径；而“自由的全面本质”则直接把“自由”与“全面本质”相连起来，它们都在强调人的本质力量的全面实现，这才是至关重要的方面。这样，在“美的活动”中，我们所说的“具体的自由”亦可成为“全面本质”实现的内在规定。只有全面本质的实现才能实现具体的自由，反之，具体自由的实现正是人的全面本质的实现。而且，马克思强调的是一种“现实性的实现”，而非任何一种宗教虚幻的、形而上学方式的实现，他真正的落脚点在于改变世界。植根于现实生活的“美的活动”，虽然看似不能直接改变世界，但却可以通过“改变世界”的人们的身心意识来间接地改造世界。

同时，在这种“自由的全面本质”得以实现之处，“人同世界的任何一种人的关系——视觉、听觉、嗅觉、味觉、触觉、思维、直观、感觉、愿望、活动、爱，——总之，他的个体的一切感官……通过自己的对象性关系，即通过自己同对象的关系而占有对象。”[③]在此，人的一切

---

① Pauline Johnson, *Marxist Aesthetics*, London: Routledge & Kengan Paul, 1984, p. 1.

② 《马克思恩格斯全集》第 42 卷，123～124 页，北京，人民出版社，1979。

③ 同上。

感觉的彻底解放又被凸显了出来，这一特性与人类的“美的活动”息息相关。这是由于，人的感觉和情感问题在很大程度上都关涉美的问题。实际上，这种“感觉的全面占有”思想的滥觞，早在古希腊时代就初现端倪。亚里士多德就曾指出：“一切感觉的实现活动都要指向一个被感觉的，处于良好状态的感觉是完整的，指向最美好的对象。”[①]可见，亚里士多德虽然构造的是一种将感觉活动与被感觉事物相互分离的思想，但是，他却将良好状态的感觉看作是“完整的”和“指向最美好的对象”的，这与后代哲人的观点其实并不遥远。

更为重要的是，“人的一切感觉和特性的彻底解放”之所以是“解放”，“正是因为这些感觉和特性无论在主体上还是在客体上都变成人的”。[②] 如此看来，人的“自由的全面本质”的实现，与“人的一切感觉和特性的解放”基本上为同义语，都是在主客双方弥合意义上向“全面的人”的复归。“解放”，按照字面的意思，就是从某种羁绊或阻挠的活动中获取自由，它首先就使人“感觉”到某种自由。但关键是如何理解“感觉的解放”及其与美的活动关系的问题。

感觉的解放就是“爱欲”本能的完全释放，这是马尔库塞的基本观点，他后来的“新感性”的哲学构想正是建基于此。早期马尔库塞就将“感性”作为“人的整个实存的特征”，进而作为界定人的本质的本体论概念。后来他将这一思想发展为“新感性”，将感性需要看作是一种达到新的生活方式的力量，从而指向消除现实异化的所谓“非压抑的目标”。马

---

① ［古希腊］亚里士多德：《尼各马科伦理学》，苗力田译，11747b15-20，北京，中国社会科学出版社，1990。

② 《马克思恩格斯全集》第42卷，124页，北京，人民出版社，1979。

尔库塞还将实现“新感性”的重任托付给了美，因为“美学的根基在其感性中。美的东西，首先是感性的，它诉情于感官，它是具有快感的东西，是尚未升华的冲动的对象”①。但是，马尔库塞不仅要通过对现实原则的否定，来最终实现解放的目标；而且，后来他还将与理性绝缘的“感性”加以本体化的理论阐释，从而背离了回归现实生活的本意。因为，他最终关注的乃是个体的本能解放，他认为“个人感觉的解放”应当成为普遍解放的基础，自由社会应当建立在新的本能需要的根基上。

但从现实生活出发，“解放”却始终是一种历史过程，感觉的形成其实是“以往全部世界历史的产物”。可以说，“全面发展的个人……不是自然的产物，而是历史的产物”。② 那种以其个体性、崇尚本能、拒绝生活为特质的“新感性”解放，恰恰背离了向现实生活回归的道路。在美的活动中，“个人的全面发展”也只是一个方面，因为“个人是社会的存在物”，社会是由个人及其交往构成的。因而，人的“活动和享受……是社会的活动和社会的享受。自然界的人的本质只有对社会的人说来才是存在的；因为只有在社会中，自然界……才是人的现实的生活要素”③。也就是说，只有在社会与自然的交互关系之中，个人才能实现全面本质的发展，社会也才能成为更加美好的所谓“新感性-理性社会”。

个人的全面发展，并不是无限地拓展自身，而是要与自然、与社会、与人类处于和谐统一的关系之中，也就是处于一种泛化的审美关系

① ［美］马尔库塞：《审美之维：马尔库塞美学论著集》，李小兵译，123页，北京，生活·读书·新知三联书店，1989。

② 《马克思恩格斯全集》第46卷（上），108页，北京，人民出版社，1979。

③ 《马克思恩格斯全集》第42卷，121～122页，北京，人民出版社，1979。

之中。所以，每一个社会发展虽要以个体的发展来实现，并以个人的幸福为目的；但同时又要通过社会的发展来完善自身，并且取得人与自身、人与自然、人与社会、人与人类的和谐共生和共同发展。这也就是“人向自身、向社会的人的复归”的真正内涵。在审美解放的过程之中，这种复归得到了最为具体的实现。实际上，“感觉的解放”只能标识人类最终解放的程度，并不能替代真正的现实解放。

“审美解放”虽然只是现实生活解放的一维，但它却能成为人的全面自由发展的测度仪。人的全面发展也正是一种统合真、善、美的活动，一种统合审美、道德、真理的活动。在那些“非美”的活动之中，人们只是一种“整个的”存在，也就是说，只是单方面发展了自己的本质力量，从而不能成为一个“整体的”存在。但在美的活动之中，“欣赏音乐的耳朵”和“感受形式美的眼睛”都得到了充分的完整发展，人的全面发展使人成为了“作为整体的人”。回归现实生活的“审美解放”，就是要把“整个的人”提升为“作为整体的人”，提升为“具有丰富的、全面而深刻的感觉的人”，这也就是以人的全面自由发展为宗旨。

综上所述，“美的活动”，就是一种具体自由的、实现全面本质的、实现完整丰富性的人类活动。“现代审美精神”正指向了这种人(人与人的)的全面自由的解放。它以一种象征性的表达方式，表达出了人们“应当如此”生活的解放程度。

按照“美的规律”来塑造，

人类才能立基于现实生活——植根于“大地”，

在时间性的现实活动之中——“充满劳绩”，

内在超逾在生活理想之中——“诗意的栖居”！

修订版后记 | 全球与地方："生活美学"二十年

这本《生活美学》的再版，算是对"生活美学"这20多年发展的一个纪念吧，一个开端性的纪念或者纪念性的开端。

该书是我的博士论文，它致力于从哲学根基上来建构出一套"生活美学"的本体论。当时就提出一种新的美学思路，似乎有点过于年轻了，但是回归"一个世界"的思想立场却是始终一贯不移的。没想到，"生活美学"就这样一路下来发展了这么多年，如今还算方兴未艾吧。今朝再翻过身来，首次修订这本作为我学术生涯起点的书，从龙年正月初三始就陷入与它的艰苦缠斗之中，历经矛盾攻防与自我博弈，确实深深地感到自己的"退步"与"进步"……起码现在的我，不会有以前那般大"胆"了吧，但"胆识"还真是要葆有下去，否则就会流于“空创”了。

其实，大家也许并不清楚，这篇论文初稿的完成时间为2001年，凭着一种“理论激情”草就此篇。在南开大学攻读硕士期间，我们创办了一本哲学刊物，我担任了首任主编并将之定名为《思路》，“生活美学”最早的萌芽思想就现身其中。2002年到2003年借调在中国文联期间，我就把这篇论文带在身边，一边工作一边修改，2003年以它获得了博士学位。我在非典肆虐那年顺利毕业，直接到中国社会科学院哲学研究所正式工作。其后，又经过两年的修订增删，2005年，这篇论文得到“中国社会科学院出版基金资助”得以正式出版。

有趣的是，国际学术界第一本关于生活美学的学术专著，同样也是在2005年出版的。那是在哥伦比亚大学出版社出版的文集《日常生活美学》(*Aesthetics of Everyday Life*)。有趣的是，两位主编安德鲁·莱特和乔纳森·史密斯，前者是致力于环境哲学研究的，后者则是地理学教授，但其中多数文章的撰写者皆为我所熟识的国际美学界的朋友们，既有与我进行商榷讨论的美国生活美学家汤姆·雷迪，也有我曾邀请来华的环境美学家阿诺德·伯林特和艾伦·卡尔松，他们分别来自美国和加拿大，还有那位被德国美学学会开除的激进美学家沃尔夫冈·韦尔施。另外，还有那位日裔美籍学者斋藤百合子，她几年前从年近90高龄的柏林特手里接管了《当代美学》国际刊物，还曾经约我写过几篇文章，其中最重要的文章发表于纪念“《当代美学》20周年”的特辑中。

我写的那本中文版的《生活美学》，大概也是这个方向上最早的著作之一。当然，我们所谓哲学美学意义上的“生活美学”，自然不同于那些美学实用化的非学术著作。记得我们研究室的老同人李泽厚先生在世的时候，我们之间有一段对话。我先说，可惜您的“实践美学”不是“美学的实践”；李先生反应非常快，马上回我说，实践的美学就该是美学的实践；我立马跟上了一句，生活的美学也就该是美学的生活。我一直说，“生活美学”既是知行合一的美学，也是体用不二的美学，而且，美学作为感性学的性质使得“生活美学”诉诸的乃是感行合一。我写了不少著作以丰富生活美学的体系，其中主要有：《审美即生活》《生活美学与艺术经验》《生活中的美学》《生活美学与当代艺术》《中国人的生活美学》《无边风月：中国古典生活美学》(与赵强合著)《世界又平又美：全球美学地图》《生活之美》《东方生活美学》(主编)《小镇大美：生活美学的乡村振兴》(主编)等。其中，很多的书获得了图书奖：《生活美学与艺术经验》获国家新闻出版总署第 2 届“三个一百”原创出版工程奖，《审美即生活》入选 2021 年商务印书馆月度“十大好书”，《中国人的生活美学》入选第 17 届国家图书馆“文津图书奖”推介图书并获搜狐文化年度好书奖。

《生活美学》自售罄以后，坊间便难以觅得此书，在旧书网上也成了溢价书，但国内学者们的以“生活美学”为主题的著作纷纷涌现，我这里就不一一列举了，从古典到近代，生活美学研究都成了热点，相关主题的博士论文就更多了。这 10 多年来，笔者除了在“生活美学”普及方面做了大量的社会引导工作之外(如在得到听书平台的“名家讲书”栏目开设了《刘悦笛谈生活美学》课程)，也做了不少教学工作：在超星网主讲的《美学导论》课程已有 60 多万人选课，并被 200 所高校纳入课程体系；在中国社会科学院给数百名在职研究生讲授了“生活美学概论”，这个招生方向一度还叫作“生活美学与文化产业”。给中国社会科学院全日制研究生与在职研究生上课所用教材基本上就是《生活美学与艺术经验》，因为这本书是对“生活美学体系”的拓展，在清华大学、中央美院等校外聘授课时也用过。这些年，很多朋友都向我索要最初的那本《生活美学》，我也曾到旧书网上去购买，结果发现收到的竟是盗版书。10余年前我就想，如果能有修订再版的机缘就好了。

感谢北京师范大学出版社，给我提供这次绝佳的再版机会，让作者可以重新审视当年的工作。尽管这本书并不是我的第一本著作，2002年，王南湜先生与我共同撰写了一本《复调文化时代的来临》，这本书是我在南开大学硕士三年级时参与写成的。当时被提前保送读博，这也是南开大学第一年开始保送文科博士，文史哲各保送一名，与我相熟的文学院友人就入了叶嘉莹先生的师门。我呢，从本科保送物理系后，又转到文科科系，从大二结识我的学术启蒙老师包晓光先生开始，从此就进入到哲学之门，硕士拜到童坦先生的门下，童老师给了我们自由发展的空间。博士毕业工作后，我曾到北京大学哲学系做博士后研究，合作导师是叶朗先生，那时就想在中国古典美学上做一些积极拓展，这就是我后来所做的中国古典生活美学的研究。

当然，我的研究方向始终是多元的，曾三次入选中国人民大学“复印报刊资料重要转载来源作者”，因为曾被人大复印资料《哲学原理》《中国哲学》《外国哲学》《伦理学》《美学》《中国现代史》《文化研究》《文艺研究》等全文转载五十篇，其中，最近的入选介绍里，还标注了我的学术方向：“哲学（情本哲学）、美学（生活美学论和分析美学史）、文化”。我觉得这个归纳是非常准确的，而“生活美学”与“情本哲学”无疑是我人生的两段主旋律。

我的前半生如此简单，正如《传记文学》邀约我写过那篇文字的开篇所写：也许我们这一代人，乃是没有故事的一代人，未经世事的大波折，但是每个人，却有不同的人生叙事，皆有自己的小曲折。德国哲学巨擘海德格尔曾用这句话——“他，生了，思了，写了，死了”——来评价古希腊伟大哲人亚里士多德的一生。这样的“四了”一生，也许就是一位学人的“标准人生”了。“生”，真是不由自主的；“思”，乃是哲学天职；“写”，即是要立言；但人生太多为“未书”的……最终，每个人皆要趋“死”，这本是不争的事实，但这位哲人却无视东方本然而成的人生态度，中国人的乐观主义则在“未知生焉知死”也。

每个人的生活史，才是鲜活的“属己”的历史。作为个体的我，此生便有个夙愿，那就是——“向美而生”；此世也有个根基，那则是——“不离情本”。上半生，上求于“美”；下半生，下溯在“情”。无论此生长短，皆在践履这“美法在人间，不离情本觉”！“美法在人间”，就是在生活中建美学，“不离情本觉”，乃是在情本里创哲思。这 10 个字，恰恰就成了我曾经践行的并正在施行的人生哲学。其实，这来自我对六祖慧能《坛经》经典话语的改写——“佛法在人间，不离世间觉；离世觅菩提，恰如求兔角”——离开了生活世界去寻求任何虚妄的形而上学都会遁入一种先验幻象吧。

这 10 多年来，“生活美学”倒是在民间愈演愈烈。君不见，越来越多的中国民众成为“生活美学”极为活跃的实践者与创新者，他们践行着“茶”“香”“花”“琴”“书”“画”“乐”“舞”“服”“妆”“饮”“食”“文”“居”“游”等各种“美之道”，云南的弘益大学堂就以“生活美学”为核心课程，距今已经培养出 10,000 多位茶道师、香道师、花道师……2016 年，“首届当代中国生活美学论坛”在云南省博物馆举办。那次论坛的嘉宾均为当代“生活美学"各领域的佼佼者，他们均以"生活美学"为生活方式，围绕衣、食、住、茶、香、花，回顾传统并有所新创，后来我们还举办过的"云茶之夜"雅集，以"普洱茶生活美学"为主题，竟有1,000多人参与，场面极为震撼。但"生活美学"的发展，不仅重量，更重质。

我就此曾提出，中国需要一个整体的"美学规划"，以弘扬那曾经伟大而生生不息的礼乐文明，因为美学乃是一个社会有质量和有品质发展的"高级尺度"。这股生活潮流，并没有像呼吁重建传统文化、国学、美育那种"自上而下"的政府号令，而恰恰是"自下而上"地自然生长出来的，其国民心理基础，大概就在于"爱美之心人皆有之"吧。自然而然地生长，那是好事，如此才能长久持续。中国的确需要整体的"美学规划"，既然曾是"礼仪之邦"，那将来也要成为"美善之国"，这才符合礼乐相济之华夏悠久传统。

"生活美学"不仅成了中国人的生活智慧之精华，如今也具有了全球性的价值。我在美国做富布莱特访问学者期间，结识了当今著名思想家亚历山大·内赫马斯。在彼此的思想交流中，这位曾撰写了名著《生活的艺术》(*Art of Living*)的普林斯顿大学荣休老教授曾惊叹道："不仅欧美有生活艺术智慧，以中国为代表的亚洲更具有生活美学传统!"2013年，我应邀赴雅典参加了再度回归希腊的第23届世界哲学大会，并参加特约圆桌会议，这3,000多人参与的哲学界奥林匹克大会的主题便是"哲学作为审问明辨与生活之道"(Philosophy as Inquiry and Way of Life)。审思是理性的，只有理性主义者才会说，没有经过反思的生活是不值得过的；但生活却是感性的，人们在生活中所追寻的幸福方式恰恰是"生活之道"，"生活美学"在此首当其冲，于是，"生活美学"就由此成为一种具有“全球价值”的观念和践行。

2012年，我在中国举办了一次国际美学会议“生活美学：东方与西方的对话”，会议邀请了国际上的重要美学家史蒂芬·戴维斯、阿伦·卡尔松、阿诺德·伯林特、苏姗·费根、玛丽·魏斯曼来共同来商讨“生活美学”这个全球美学的最新前沿问题。这个会议的成果，就是我后来邀请国际美学协会前主席柯提斯·卡特共同主编的英文文集。其中，时任国际美学界最重要的美学杂志《美学与艺术批评》(*Journal of* Aesthetics and Art Criticism)的主编费根，在第十八届世界美学大会期间接受采访时认定：“今天美学与艺术领域的一个主要发展趋势是美学与生活的重新结合。在我看来，这个发展趋势似乎更接近于东方传统，因为中国文化里面，人们的审美趣味是与人生理解、日常生活结合一体的”。

在全球共建的平台上，2014年，在英国剑桥学者出版社，我筹划主编出版的《生活美学：东方与西方》(*Aesthetics of Everyday Life：East and West*)，就是以国际化语言向西方告示：“生活美学”并不只是21世纪以来全球的美学新潮与主潮，而更是东方，特别是中国美学的原生形态。这是第一本东方学者参与其中的生活美学文集，被列入斯坦福哲学百科的“日常生活美学”(Aesthetics of Everyday Life)与“环境美学”(Environmental Aesthetics)两个词条当中，而这两个词条，恰恰是美学类最新增加的两个词条，因为“生活美学”是最前沿的国际美学新生点。2014年，该书被美国美学协会(American Society for Aesthetics)列为“亚洲美学”的重要参考书目，评价该书“通过聚焦于东西方比较美学，在使用日常生活与对象方面做出了重要的哲学贡献”，在《哲学评论》杂志(*Philosophy in Review*)等也有相应的英文书评。

2022年，在国际美学界的主流杂志《当代美学》发布的创刊20周的专刊当中，一共收录了10篇文章，在凯瑟琳. 希金斯的《当代美学：名字内有什么?》和本斯·纳内的《走向全球：一个谨慎客观的宣言》那两篇宏观之论的后面，就是我所写的《生活美学在中国：儒家美学作为新的方向》这篇文章。为了凸显"生活美学"在全球美学当今发展中作为参与者的主流力量，我想引用《当代美学》的主编为《当代美学二十年》所写的导言来加以呈现：

> 为了纪念《当代美学》20周年，我们推出本特辑。标题"《当代美学》20年"有意制造了一些模糊，因为本刊的历史与过去20年的美学讨论史相重叠。此外，"当代"是一个不确定的用语，这为美学视域的前瞻和后顾留下了空间。
>
> 围绕这个开放的主题，我们邀请了一些国际知名学者，他们将以其独到的阐释路径分享他们对于近20年当代美学的思考。由此产生的结集追溯了过去20年中不断变化的社会、文化和美学景观，以便将当代美学置于其历史和现状，并着眼于未来的发展。
>
> 首先，在过去的20年里，人们强烈地感受到美学话语的演变。各种运动，从后殖民主义和文化包容性到解放艺术实践和生活美学，都对欧洲中心主义和父权制美学传统所扮演的主导角色提出挑战。这些近来的发展批判性地质疑长期以来西方哲学对美学设定的框架。同样重要的是，这样的批判也在鼓励着以美学研究的不同方式来丰富美学话语。

其次，通过探索以前被忽视的观点、传统和实践强调文化的包容性，无论是非西方社会、殖民文化还是边缘化人群，这在当前的美学话语和艺术创作中都很明显。刘悦笛提出中国“生活美学”的传统，以及它的智慧如何在现代世界中仍然适用，其古老的根源与我们的今天发生了共鸣。本斯·纳内所做的，在于关注其他非西方的美学传统，这些传统本身就是多样化的，这有助于我们扩大我们的美学调色板，由此促进美学问题上的真正民主。

最后，“当代”美学不断发展的特征在这个世界快速变化的状态中清晰地显现出来。一个主要的转变是越来越多的虚拟环境。这些激进的变化既是挑战又是机遇，对此我们能否找到美学对人类未来的独特贡献方式？正如沃尔夫冈·韦尔施提醒我们的那样，美学在传统上被认为对于美好生活和集体福祉是不可或缺的。这意味着要回到美学话语的根源，重新获得治愈我们生活的力量。

因此，本辑所收录的作者远没有斩断与过去的联系。他们认为，“当代美学”可以在其遗产的基础上发展，恢复美学在人类繁荣中的作用，并将其范围和方向从不合时宜的限制和偏见中解放出来，使其适合于当代环境。回顾20年来美学话语的发展以及《当代美学》对它的贡献，我们可以共同期许美学的未来，它将会不断发展，更具包容性和扩张性，为真正意义上的人类繁荣贡献力。（张琪译）

由此可见，“生活美学”正是东西方美学家们当下的共同事业，一种“全球生活美学”正在成为可能。既然中国美学本然的就是“生活美学”，我们建构"生活美学"就需反本开新：反本土的"本"，开自新的"新"！在《生活美学：东方与西方》那本英文著作中，我把中国的"生活美学"叫做Aesthetics of Living，取Living这个进行时之活生生的"生活"之意，从而放弃了博士论文当中Live的用法。然而，欧美学界仍有人误解，觉得"中国的生活美学"就是西方那种"日常美学"(Everyday Aesthetics)，但"生活美学"尽管强调与日常生活的连续性，但同时亦强调审美超逾生活之维度，美国美学家雷迪也撰多文评说我的"生活美学"，并追问其中的living是否就是Life？中国学者也多有误解，说生活美学与"生命美学""人生美学"都是一回事，因为20世纪上半叶欧洲就有Life Aesthetics(即生命美学)之流派了，这必须要加以澄清。

英文"life"这个单词，如果我们借用意大利维罗纳大学美学教授阿甘本的划分，在古希腊语中，实际上包含两个泾渭分明的词：一个是zoē，指一切活着的存在(动物、人或神)，他(它)们所共有的简单存活事实，接近于汉语的"生命"之义；另一个则是bios，是指某一个体或群体的适合的生存方式或生活方式，接近于汉语的"生活"之义。然而，在现代语言当中，此种"生命"与"生活"之对立在词典中就消失了。我们的"生活美学"就是指后一意义，它指向了人们的生活如何活得有质量，如何活得幸福？在这个意义上，"生活美学"不只是西方的"感"学(感性之学)，更是本土的"觉"学(感性之智)，美学恰恰关乎对"幸福"的追求，并要致力于让人们的生活过得美好，翻过来说，幸福就是个美学问题。

记得在2005年《生活美学》首版的后记当中，我曾写下这样的文字："还记得若干年前的深秋，在我被借调到中国文联《美术》杂志工作期间，世界著名的列宾美术学院来华办画展，展览题记上，镌刻着隽永的圆体烫金俄文——‘美是生活’！这一看似已尘封了许久的美学思想，还跳跃着思想的火花，它之所以被本土文化那么容易地接近和接受，似乎自有其道理。也许，美与生活，在中国古典文化里向来具有‘妙在不即不离’的关联。来年的初春，与《美术》杂志同人拜访王朝闻老先生。有趣的是，王老精神矍铄地借用‘事实胜于雄辩’的话，来说明较之‘审美关系’更为重要的是——‘美的事实’的生活本身，这句话振聋发聩，给我的印象极为深刻，也让我更加坚定了建构一套中国化的‘生活美学’体系的信心。”

谈到深秋的那一年，让人记忆最深的还有：2002 年的那一场不算大的雪，几乎让首都全城都成了停车场，很多人都步行回家。就是在那天，我应邀参加了列宾美术学院展览的开幕式，又能得见“美是生活”的动人话语。21 年后又有机缘去莫斯科大学参加“第十一届奥夫相尼科夫国际美学会议”。会议名称里的这位米哈伊尔·费奥多罗维奇·奥夫相尼科夫是重建莫斯科大学哲学系的系主任，他不仅因重建了 1755 年建成的，拥有 200 年历史的哲学系而厥功至伟，而且其所编的五卷本《美学史、世界美学思想文献》至今仍是囊括性最广的美学文献大成之作。那次会议前，我先与莫斯科大学的哲学系主任科兹列夫、美学室主任康德拉季耶夫一众见面，再做全体会议首位主题发言人，发言主题为《儒家生活美学：以孔颜乐处为例》。美学学术负责人谢尔盖教授随后亲自做了近一小时的翻译，我在现场回答不少中国哲学问题，并在学生们带来的拙著和我也出任编委的《普遍美学》特刊上签名。令人感到惊奇的是，《莫斯科大学学报》上还有了从实践到生活美学发展的新文，从莫斯科大学到圣彼得堡大学，很多师生都开始研究“生活美学”。我那一周都住在莫斯科大学的主楼里，并与主楼前的车尔尼雪夫斯基塑像合了影。这位提出"美是生活"的俄罗斯革命民主主义者的思想，曾经一度在本土被遗忘了，拜谒的那一天也是细雪蒙蒙……

最后，再来为"生活美学"做个总结吧，中国美学不仅是中国的，而且是全球的，中国学者因其历史根基可以做出更为重要的贡献。我们所说的"生活美学"，既是追问审美生活的思想之学，更是追求美好生活的幸福之道，它让人人都成为自己的生活艺术家。作为知行合一的美学，美学的生活化就要以"美生活"去提升"好生活"；作为体用不二的美学，生活的美学化则落实在审美化的生活之中。华夏文化自本根上就具有"日日皆美日"的恒久传统，从而使得美学成了中国人的最高人生境界。

是为再版后记。

刘悦笛

2024年元宵节黄昏于中国社会科学院哲学所办公室

附 录 | # “实践美学”与“生活美学”对话录

李泽厚：我向来不喜欢打招牌。那个所谓“实践美学”，我从来没打过“实践美学”招牌，我不喜欢打招牌。

刘悦笛：嗯，“生活美学”也不是招牌，而是奠基在“一个世界”根基上的美学，这个世界就是所谓的“生活世界”。

……

李泽厚：你不是很关注我最近说的“有人美学”与“无人美学”？

刘悦笛：刚写过一篇文章，《以“有人美学”之道建构中国美学学派》，从“实践美学”到“生活美学”一脉相承，都属于“有人美学”一脉。

李泽厚：其实应该推论到“有人哲学”与“无人哲

学”上去。

刘悦笛：但以自然为中心，以生态为核心，是这些年的主流意识形态呀。人类中心主义者不该反思吗？

李泽厚：我就是人类中心论者，那又怎么样？

刘悦笛：您的理论是一脉相承的，从“主体性实践哲学”到“人类学历史本体论”！

……

刘悦笛：您在《60年代手稿》前后，还有一些什么样的手稿呢？

李泽厚：那个前面就有伦理学的，后面有美学的。我不记得了，但这是个很重要的手稿。我留的是讲认识论那部分。

刘悦笛：但认识论，恰恰最重要的就是实践嘛。

李泽厚：实践嘛，所以我只留了这些最基本的东西，前面的东西也很重要。

刘悦笛：这个手稿，要结合您在《1844年经济学哲学手稿》上的批注来看，这个笔记我都做好了。

李泽厚：我在1844手稿上有批注吗？我不记得了在上面批了什么。

刘悦笛：当然批了，用中英双语批的，您的很多东西还是从手稿里面化来的，比如您的实践论。再加上那时候您给我看的论心理学的小册子，18还是19世纪的那本小册子。

李泽厚：心理学的小册子？

刘悦笛：您那时读过的很薄的心理学小册子，您说当时对您很重要。您借给我看了，后来我还给您了。您的60年代的手稿，要结合这两本书来看，就会有点意思。这关系您思想的来源。

李泽厚：是啊，呵呵。所以，赵士林那个分类是不对的嘛，好像说我以前完全是苏化的，接受那个讨论。所以，他就没有这个能力，他就没有判断力。手稿他也看过呀，那个残稿不是经过他，后又传给他嘛，他就没注意嘛。

刘悦笛：就是您的那个 60 年代的手稿？

李泽厚：一开头我就跟他们不一样嘛，跟蔡仪他们不一样嘛。

刘悦笛：他们看“1844 手稿”很晚，刘丕坤那个本子出来，此外还有一个本子在集子里。

李泽厚：还有何思敬的译本吧，我就看莫斯科那本。

刘悦笛：对，莫斯科的英文版很好呀。

李泽厚：英文版很好嘛，是啊。

刘悦笛：所以，我这次去纽约的革命书店，我一看“1844 年手稿”是红皮的，因为那时候，第一个英文版是莫斯科出的，就是您在北京国际书店买的那本。

李泽厚：对，对啊。

刘悦笛：那时候苏联人做东西很好呀。后来，朱光潜在咱们的《美学》杂志上重译了。

李泽厚：对，他译过。

刘悦笛：我不知道他用了哪个版本，他好像参照苏联版本了，我就不知道了。

李泽厚：嗯。

刘悦笛：这是一个源。对美学来说是个源，对于中国的哲学也是，1844 年这个手稿，对于整个实践论而言，都是一个源。假如你把毛泽东的实践论，归到辩证唯物论的话，那么，这个手稿才是实践的历史唯物论的一个线索。

李泽厚：呵呵。

刘悦笛：您当时是阐释者，从马克思那里立论出来，这是很明显的。

李泽厚：是啊。

……

李泽厚：我听到了您的访谈视频(指第三届生命与国学高峰论坛的访谈)，不错，像个宣言，看来您再倒向牟宗三和当前主流派是较困难了。

刘悦笛：大陆的新生代学人很多得益于牟，并倒向了牟，却没意识到牟的根本性缺失。

李泽厚：30年前我说心性论走到牟宗三，已到极端到不可能再发展了，真不幸言中了。

刘悦笛：“道德形上学”之道、王学500年的发展逐渐走向末路，不如走“审美形而上学”之路……

李泽厚：回到访谈，您讲得最好一点是，生与活有别，动植物均有生，只人有活。

刘悦笛：“生”是自然的，但“活”是不自然的。如何把“生”“活”拼到一块，“生”“活”到“一个世界”里，这是更重要的话题。

李泽厚：许多讲生命哲学的人就不懂此道理，我在90年纪念冯友兰的会上(指1990年12月4日“冯友兰哲学思想国际研讨会”)提出哲学的首要问题便是人活着。

李泽厚：我看你那篇英文文章(指拙文 *From 'Practice' to 'Living': Main Trends of Chinese Aesthetics in the Past* 40 *Years*)，包括后来的后实践美学、新实践美学、生命美学，还有你的“生活美学”呀。

刘悦笛：在您看来?

李泽厚：我讲都是倒退！在根本理论上倒退到费尔巴哈，好像现在也没多大声息了？也许那现在西方流行的“生活美学”要红火一点?

刘悦笛：哈哈，“生活美学”绝不是倒退，乃是新世纪国际美学的最新主潮。

李泽厚：最近的主潮可以是时髦的，而不是前进的。2004 年，你开始大搞“生活美学”时，我就问过你：“什么是生活?”你一直没回答。

刘悦笛：哈哈。

李泽厚：又过了多少年了！生活首先是人的衣食住行嘛，衣食住行是建立在生产实践基础上的嘛，所以，我坚持狭义的实践概念不改，广义的实践、人的生命、生活必须以此为根本，“生活美学”也必须在这个基础上展开，如《美学四讲》中的社会美所讲的。

刘悦笛：还真是时光太快，但“生活美学”并不限于社会那部分，可以由此来看艺术和观自然。

李泽厚：艺术和观赏自然也是从社会发展中生长出来的嘛，我已在《美学四讲》中交代清楚了。

李泽厚：这证明我的工具本体的重要性。异化问题很复杂，我早说过，有些异化是必要的和重要的。为科学而科学，为艺术而艺术，为某建设而奉献一生，以及在商言商等，也就是这种必要的异化。马克思反对和要纠正的是不自由、非自愿的劳动异化。对这一问题还需要进一步研究。

刘悦笛：嗯。

李泽厚：回到工具本体吧，没有高铁，你能那么快吗，高铁对生活的改变多大！

刘悦笛：对！

李泽厚：手机、电器对生活方式改变极大，对人际关系、个体心理、观念、思想、情感、情绪的影响也很大，以后，工具本体还会有新的发明创造，还会对心理本体有极大的影响和改变。

刘悦笛：这是“生活美学”的问题。

李泽厚：所以“生活美学”必须建立在“实践美学”之上，它才能真正地展开和发展。“实践美学”不就是首先强调工具本体、强调生产—生活方式的演进和改变吗？“生活美学”是建立在“实践美学”基础上的，因为都是从日常生活现象的描述分析中讲美丑等，也可归属于杜威。

刘悦笛：我不接受您讲“生活美学”等同于“实践美学”。

李泽厚：当然不能等同。正如我当年开玩笑说，列维纳斯的伦理学是雷锋哲学的高级玄奥洋装板一样：为他人活嘛！“生活美学”如果停留在描述、分析、论说生活现象上，便与实用美学属于同一类型，只有建立在“实践美学”上，探究在高科技时代的人类生产—生活方式和过程的节奏、韵律、形式感的基础上的审美和美丑，从而对生命、生存和人生价值、意义、境界产生的新的领悟和快乐，“生活美学”才能有真正的前景和创新。

李泽厚：我的伦理学，比我的美学可能更简明清晰。

刘悦笛：看来您是更看重您的伦理学喽。

李泽厚：伦理学的现实性很强，对社会的直接影响更大。

刘悦笛：伦理高于美学？

李泽厚：您这“高”是什么意思？不清楚。您说自己受分析哲学的影响很深，我不这样看，我觉得您常用的概念便不很清楚，不是高不高的问题，伦理学的著作之所以远超美学，是因为与人类现实的关系太密切了。

刘悦笛：从学科看是如此，但广义的美学在中国很特殊，美学是未来的伦理学，我说的是价值论意义上的，美学高于伦理学。

李泽厚：总之，伦理学与人类现实生存的关系更密切。

刘悦笛：回到原来的问题，上面我还做了个批注：这个“情理结构”，与您后来讲的“美学是第一哲学”，是不也有一定的勾连？

李泽厚：我的整个东西都有勾连，不是哪个跟哪个有勾连。

刘悦笛：这就是为什么，西方如果讲“第一哲学”的话，绝对不会把感性论的东西，或者鲍姆嘉通的那种美学，当做第一哲学。当然，您所说的美学不是鲍姆嘉通意义上的那种作为“感性认知”的美学、“低级认识论”的美学。从更高的建构来说，这是您的“大美学”与西方美学不同的地方。

李泽厚：那当然。与西方不同。

刘悦笛：我做总评委的“小镇美学榜样”已经评到了第 2 届，又评出 10 座中国美学小镇。

李泽厚：不错！

刘悦笛：可惜呀，您的“实践的美学”不是“美学的实践”！

李泽厚：“实践的美学”就该是“美学的实践”！

刘悦笛：那么好，“生活的美学”也就该是“美学的生活”！

李泽厚：您要接着我的“实践美学”去做你的“生活美学”！

参考文献

1. [古希腊]柏拉图：《理想国》，吴献书译，北京，商务印书馆，1957。
2. [古希腊]柏拉图：《文艺对话集》，朱光潜译，北京，人民文学出版社，1963。
3. [古希腊]亚里士多德：《形而上学》，吴寿彭译，北京，商务印书馆，1997。
4. [古希腊]亚里士多德：《尼各马科伦理学》，苗力田译，北京，中国社会科学出版社，1999。
5. [古希腊]亚里士多德：《诗学》，罗念生译，北京，人民文学出版社，1962。
6. [法]卢梭：《论科学与艺术》，何兆武译，北京，商务印书馆，1963。
7. [法]狄德罗：《狄德罗美学论文选》，张冠尧、桂裕芳译，北京，人民文学出版社，1984。
8. [德]鲍姆嘉滕(今译鲍姆嘉通)：《美学》，简明、王旭晓译，北京，文化艺术出版社，1987。

9. [英]托马斯·莫尔：《乌托邦》，戴镏龄译，北京，商务印书馆，1982。

10. [法]霍尔巴赫：《自然的体系》，王太庆译，北京，商务印书馆，1964。

11. [法]休谟：《人性论》，关文运译，北京，商务印书馆，1980。

12. [德]康德：《未来形而上学导论》，庞景仁译，北京，商务印书馆，1997。

13. [德]康德：《实践理性批判》，韩水法译，北京，商务印书馆，1999。

14. [德]康德：《判断力批判》(上)，宗白华译，北京，商务印书馆，1964。

15. [德]康德：《历史理性批判文集》，何兆武译，北京，商务印书馆，1990。

16. [德]康德：《实用人类学》，邓晓芒译，重庆，重庆出版社，1987。

17. [德]席勒：《审美教育书简》，冯至、范大灿译，北京，北京大学出版社，1985。

18. [德]席勒：《论美书简》，见《十九世纪西方美学名著选(德国卷)》，李醒尘主编，上海，复旦大学出版社，1990。

19. [德]谢林：《先验唯心论体系》，梁志学、石泉译，北京，商务印书馆，1976。

20. [德]谢林：《艺术哲学》，魏庆征译，北京，中国社会出版社，1996。

21. [德]黑格尔：《小逻辑》，贺麟译，北京，商务印书馆，1980。

22. [德]黑格尔：《美学》，朱光潜译，北京，商务印书馆，1981。

23. [德]黑格尔：《历史哲学》，王造时译，北京，生活·读书·新知三联书店，1956。

24. [德]费尔巴哈：《费尔巴哈哲学著作选集》（上卷），荫庭等译，北京，商务印书馆，1959。

25.《马克思恩格斯选集》，第1、2卷，北京，人民出版社，1972。

26.《马克思恩格斯全集》，第1卷，北京，人民出版社，1956；第2卷，北京，人民出版社，1974；第3卷，北京，人民出版社，1960；第4卷，北京，人民出版社，1958；第24卷，北京，人民出版社，1979；第25卷，北京，人民出版社，1974；第40卷，北京，人民出版社，1982；第42卷，北京，人民出版社，1979；第46卷（上），北京，人民出版社，1979。

27.《1844年经济学—哲学手稿》，刘丕坤译，北京，人民出版社，1979。

28.《列宁全集》，第38卷，北京，人民出版社，1959；第二版第55卷，北京，人民出版社，1990。

29. [俄]车尔尼雪夫斯基：《艺术与现实的审美关系》，周扬译，北京，人民文学出版社，1979。

30. [俄]车尔尼雪夫斯基：《美学论文选》，缪灵珠译，北京，人民文学出版社，1957。

31. [德]威廉·狄尔泰：《历史中的意义》，艾彦译，南京，译林出版社，2002。

32. [德]施莱尔玛赫：《美学讲演录》，见《十九世纪西方美学名著选（德国卷）》，李醒尘主编，上海，复旦大学出版社，1990。

33. [英]王尔德：《谎言的衰落》，杨恒达译，见赵澧、徐京安主编：《唯美主义》，北京，中国人民大学出版社，1988。

34. [德]尼采：《悲剧的诞生：尼采美学文选》，周国平译，北京，生活·读书·新知三联书店，1986。

35. [德]尼采：《权力意志：重估一切价值的尝试》，张念东、凌素心译，北京，商务印书馆，1996。

36. [德]马克斯·韦伯：《经济与社会》，林荣远译，北京，商务印书馆，1997。

37. [德]齐美尔：《桥与门》，涯鸿、宇声译，上海，上海三联出版社，1991。

38. [德]卡西尔：《人论》，甘阳译，上海，上海译文出版社，1985。

39. [德]卡西勒(今译卡西尔)：《启蒙哲学》，顾伟铭等译，济南，山东人民出版社，1996。

40. [德]卡西尔：《卢梭·康德·歌德》，刘东译，北京，生活·读书·新知三联书店，2002。

41. [德]鲁道夫·奥伊肯：《生活的意义与价值》，万以译，上海，上海译文出版社，1997。

42. [德]胡塞尔：《胡塞尔选集》，倪梁康编，上海，上海三联出版社，1997。

43. [德]胡塞尔：《欧洲科学危机和超验现象学》，张庆熊译，上海，上海译文出版社，1988。

44. [德]莫里茨·盖格尔：《艺术的意味》，艾彦译，北京，华夏出版社，1999。

45. [匈]乔治·卢卡奇：《审美特性》，第2卷，徐恒醇译，北京，中国社会科学出版社，1991。

46. [德]布洛赫：《乌托邦的意义》，见《现代美学新维度：西方马克思主义美学论文精选》，董学文、宋伟编，北京，北京大学出版社，1990。

47. [德]霍克海默、阿多尔诺(今译阿多诺)：《启蒙辩证法》，洪佩郁、蔺月峰译，重庆，重庆出版社，1990。

48. [德]霍克海默：《批判理论》，李小兵等译，重庆，重庆出版社，1989。

49. [德]本雅明：《机械复制时代的艺术作品》，王才勇译，杭州，浙江摄影出版社，1993。

50. [德]本雅明：《历史哲学论纲》，张旭东译，载《文艺理论研究》，1997(4)。

51. [美]马尔库塞：《现代美学析疑》，绿原译，北京，文化艺术出版社，1987。

52. [美]马尔库塞：《审美之维》，李小兵译，北京，生活·读书·新知三联书店，1989。

53. [美]马尔库塞：《新感性》，《人类困境中的审美精神：哲人、诗人论美文选》，刘小枫主编，上海，东方出版中心，1994。

54. [美]杰姆逊(今译詹姆逊)：《后现代主义与文化理论》，唐小兵译，西安，陕西师范大学出版社，1987。

55. [英]怀特海：《科学与近代世界》，何钦译，北京，商务印书馆，1959。

56. [奥]维特根斯坦：《逻辑哲学论》，贺绍甲译，北京，商务印书馆，1996。

57. [奥]维特根斯坦：《哲学研究》，李步楼译，北京，商务印书馆，1996。

58. [奥]维特根斯坦：《文化与价值》，黄正东、唐少杰译，北京，清华大学出版社，1987。

59. [美]杜威：《经验与自然》，傅统先译，北京，商务印书馆，1960。

60. [美]杜威：《哲学的改造》，许崇清译，北京，商务印书馆，1997。

61. [德]海德格尔：《存在与时间》，陈嘉映、王庆节译，北京，生活·读书·新知三联出版社，1987。

62. [德]海德格尔：《在通向语言的途中》，孙周兴译，北京，商务印书馆，1997。

63. [德]伽达默尔：《真理与方法》，王才勇译，沈阳，辽宁人民出版社，1987。

64. [德]伽达默尔《美的现实性：作为游戏、象征、节日的艺术》，张志扬等译，北京，生活·读书·新知三联书店，1991。

65. [德]伽达默尔：《伽达默尔集》，严平选编，上海，上海远东出版社，1997。

66. [法]保罗·利科尔：《解释学与人文科学》，陶远华等译，石家庄，河北人民出版社，1987。

67. [英]卡尔·波普尔：《开放社会及其敌人》，陆衡等译，北京，中国社会科学出版社，1999。

68. [德]哈贝马斯：《公共领域的结构转型》，曹卫东等译，上海，学林出版社，1999。

69. [德]哈贝马斯：《后形而上学思想》，曹卫东、付德根译，南京，译林出版社，2001。

70. [德]哈贝马斯：《启发性的批判还是拯救性的批判》，见刘小枫主编《现代性中的审美精神：经典美学文选》，上海，学林出版社，1997。

71. [法]杜夫海纳：《美学与哲学》，孙非译，北京，中国社会科学出版社，1985。

72. [法]杜夫海纳：《审美经验现象学》，韩树站译，北京，文化艺术出版社，1992。

73. [波]英伽登：《对文学的艺术作品的认识》，陈燕谷、晓禾译，北京，中国文联出版社，1988。

74. [法]米歇尔·福柯：《性经验史》，佘碧平译，上海，上海人民出版社，2000。

75. [法]米歇尔·福柯：《生存的美学》，见《重写现代性：当代西方学术话语》，杨雁斌、薛晓源编，北京，社会科学文献出版社，2001。

76. [法]米歇尔·福柯：《福柯集》，杜小真编选，上海，上海远东出版社，1988。

77. [加拿大]查尔斯·泰勒：《现代性之隐忧》，程炼译，北京，中央编译出版社，2001。

78. [加拿大]查尔斯·泰勒：《自我的根源：现代认同的形成》，韩震等译，南京，译林出版社，2001。

79. [法]皮埃尔·布迪厄：《艺术的法则：文学场的生成和结构》，刘晖译，北京，中央编译出版社，2001。

80. [法]皮埃尔·布迪厄：《区分：鉴赏判断的社会批判》，黄伟等译，见《国外社会学》，1994(5)。

81. [法]布希亚(今译鲍德里亚)：《物体系》，林志明译，上海，上海世纪出版社集团，2001。

82. [德]克劳斯·黑尔德：《世界现象学》，孙周兴编，倪梁康等译，北京，生活·读书·新知三联书店，2003。

83. [德]沃尔夫冈·韦尔施：《我们的后现代的现代》，洪天富译，北京，商务印书馆，2004。

84. [德]阿尔布莱希特·维尔默：《论现代和后现代辩证法：遵循阿多诺的理性批判》，钦文译，北京，商务印书馆，2003。

85. [德]乌尔里希·贝克、[英]安东尼·吉登斯、[英]斯科特·拉什：《自反性现代化：现代社会秩序中的政治、传统与美学》，赵文书译，北京，商务印书馆，2001。

86. [英]安东尼·吉登斯：《现代性与自我认同》，北京，生活·读书·新知三联书店，1998。

87. [英]齐格蒙特·鲍曼：《流动的现代性》，欧阳景根译，上海，上海三联书店，2002。

88. [美]理查德·沃林：《文化批评的观念：法兰克福学派、存在主义和后结构主义》，张国清译，北京，商务印书馆，2000。

89. [英]赛亚·柏林：《两种自由概念》，见“公共论丛”第1辑《市场逻辑与国家观念》和第2辑《市场社会与公共秩序》，北京，生活·读书·新知三联书店，1995。

90. [美]怀特：《分析的时代：二十世纪的哲学家》，杜任之主译，北京，商务印书馆，1981。

91. [英]罗斯：《亚里士多德》，王路译，北京，商务印书馆，1997。

92. [美]马丁·杰：《法兰克福学派史》，单世联译，广州，广东人民出版社，1996。

93.《西方现代语言哲学》，车铭洲编、李连江译，天津，南开大学出版社，1989。

94. [德]迪尔克·克斯勒：《马克斯·韦伯的生平、著述及影响》，郭锋译，北京，法律出版社，2000。

95. [澳]丹纳赫、斯奇拉托、韦伯：《理解福柯》，刘瑾译，天津，百花文艺出版社，2002。

96. [英]路易丝·麦克尼：《福柯》，贾湜译，哈尔滨，黑龙江人民出版社，1999。

97. [德]得特勒夫·霍尔斯特：《哈贝马斯传》，章国锋译，上海，东方出版中心，2000。

98. [美]阿德勒：《六大观念》，陈珠泉、杨建国译，北京，团结出版社，1989。

99. [英]鲍桑葵：《美学史》，张今译，北京，商务印书馆，1964。

100. [意]贝尼季托·克罗奇：《作为表现的科学和一般语言学的美学的历史》，王天清译，北京，中国社会科学出版社，1984。

101. [德]贝格瑙：《论德国古典美学》，张玉能译，上海，上海译文出版社，1988。

102. [波]塔达基维奇：《西方美学概念史》，褚朔维译，北京，学苑出版社，1990。

103. [波]塔塔科维兹(今译塔答基维奇)：《古代美学》，杨力等译，北京，中国社会科学出版社，1990。

104. [俄]列夫・托尔斯泰：《艺术论》，豐陈宝译，北京，人民文学出版社，1958。

105. [美]艾布拉姆斯：《镜与灯：浪漫主义文论及批评传统》，郦稚牛等译，北京，北京大学出版社，1989。

106. [英]威廉・冈特：《美的历险》，肖聿、凌君译，北京，中国文联出版社，1987。

107. [英]特里・伊格尔顿：《审美意识形态》，王杰等译，桂林，广西师范大学出版社，1997。

108. [美]H. G. 布洛克：《艺术哲学》，滕守尧译，成都，四川人民出版社，1998。

109. [美]阿瑟・丹托：《艺术的终结》，欧阳英译，南京，江苏人民出版社，2001。

110. [德]汉斯・贝尔廷等：《艺术史终结了吗?》，常宁生编译，长沙，湖南美术出版社，1999。

111. [美]理查德・舒斯特曼：《实用主义美学》，彭锋译，北京，商务印书馆，2002。

112. [美]韦勒克、沃伦：《文学理论》，刘象愚等译，北京，生活・读书・新知三联书店，1984。

113. [美]R. 玛格欧纳：《文艺现象学》，王岳川、兰菲译，北京，文化艺术出版社，1992。

114. 北京大学哲学系美学教研室编：《西方美学家论美和美感》，北京，商务印书馆，1980。

115.《美学译文》第1辑，北京，中国社会科学出版社，1980。

116.《十九世纪西方美学名著选(德国卷)》，李醒尘编，上海，复旦大学出版社，1990。

117. [美]H. M. 卡伦：《艺术与自由》，北京，工人出版社，1989。

118. [美]欧文·埃德曼：《艺术与人》，任和译，北京，工人出版社，1988。

119. [匈]阿诺德·豪泽尔：《艺术社会学》，居延安译编，上海，学林出版社，1987。

120. [匈]阿格妮丝·赫勒：《日常生活》，衣俊卿译，重庆，重庆出版社，1990。

121. [捷克]卡莱尔·科西克：《具体的辩证法》，傅小平译，北京，社会科学文献出版社，1989。

122. [苏]里夫希茨：《马克思论艺术和社会理想》，吴元迈等译，北京，人民文学出版社，1983。

123. [苏]科恩：《自我论》，佟景韩译，北京，生活·读书·新知三联书店，1986。

124. [苏]苏霍金：《艺术与科学》，王仲宣、何纯良译，北京，生活·读书·新知三联书店，1986。

125. [苏]瓦·阿·古辛娜：《分析美学评析》，李昭时译，北京，东方出版社，1990。

126. [苏]列·尼·巴日特诺夫：《哲学中革命变革的起源》，刘丕坤译，北京，中国社会科学出版社，1981。

127. [德]埃哈德·约翰：《马克思列宁主义美学诸问题》，朱章才译，昆明，云南教育出版社，1999。

128.《世界艺术百科全书选译Ⅰ》，上海，上海人民美术出版社，1987。

129. [法]雷蒙·柯尼亚等：《现代绘画词典》，卫衍贤译，北京，人民美术出版社，1991。

130. [德]沃纳·霍夫曼：《现代艺术的激变》，薛华译，桂林，广西师范大学出版社，2002。

131. [美]萨姆·亨特：《二十世纪西方绘画》，平野译，北京，中国国际广播出版社，1988。

132. [英]雷金纳德·史密斯·布林德尔：《新音乐：1945 年以来的先锋派》，黄枕宇译，北京，人民音乐出版社，2001。

133. [美]杰伊·弗里曼：《当代西方舞蹈美学》，第 1 卷，欧建平、宁玲译，北京，光明日报出版社，1995。

134. [日]笠原仲二：《古代中国人的美意识》，魏常海译，北京，北京大学出版社，1987。

135. [日]今道友信：《关于美》，鲍显阳、王永丽译，哈尔滨，黑龙江人民出版社，1983。

136. [日]今道友信：《美的相位与艺术》，周浙平、王永丽译，北京，中国文联出版公司，1988。

137. [日]山本正男：《东西方艺术精神的传统和交流》，牛枝惠译，北京，中国人民大学，1992。

138. [日]大木武男：《设计的哲学》，见大智浩、佐口七朗合编：《设计概论》，张福昌译，杭州，浙江人民美术出版社，1991。

139.《论语》。

140.《中庸》。

141.《老子》。

142.《庄子》。

143. 刘勰：《文心雕龙》。

144. 司空图：《二十四诗品》。

145. 张载：《正蒙》。

146. 金圣叹：《鱼庭闻贯》。

147. 石涛：《画语录》。

148. 徐复观：《中国艺术精神》，沈阳，春风文艺出版社，1987。

149. 李泽厚：《华夏美学》，见《李泽厚十年集》第1卷，合肥，安徽文艺出版社，1994。

150. 李泽厚：《历史本体论》，北京，生活·读书·新知三联书店，2002。

151. 叶秀山：《思·史·诗》，北京，人民出版社，1988。

152. 叶秀山：《美的哲学》，北京，人民出版社，1991。

153. 张世英：《进入澄明之境》，北京，商务印书馆，1999。

154. 张世英：《哲学导论》，北京，北京大学出版社，2002。

155. 王南湜：《人类活动论导引》，天津，南开大学出版社，1993。

156. 杨国荣：《伦理与存在》，上海，上海人民出版社，2002。

157. 滕守尧：《文化的边缘》，北京，作家出版社，1997。

158. 聂振斌、滕守尧、章建刚：《艺术化生存：中西审美文化比较》，成都，四川人民出版社，1997。

159. 刘小枫：《诗化哲学》，济南，山东文艺出版社，1986。

160. 刘小枫：《现代性社会理论绪论》，上海，上海三联书店，1998。

161. 薛华：《黑格尔与艺术难题》，北京，中国社会科学出版社，1986。

162. 李醒尘：《西方美学史教程》，北京，北京大学出版社，1994。

163. 倪梁康：《现象学及其效应：胡塞尔与当代德国哲学》，北京，生活·读书·新知三联书店，1994。

164. 倪梁康：《胡塞尔现象学概念通释》，北京，生活·读书·新知三联出版社，1999。

165. 张祥龙：《海德格尔思想与中国天道：终极视域的开启与交融》，北京，生活·读书·新知三联书店，1996。

166. 张祥龙：《从现象学到孔夫子》，北京，商务印书馆，2001。

167. 包利民：《生命与逻各斯：希腊伦理思想史论》，北京，东方出版社，1996。

168. 包利民、[美]M·斯戴克豪思：《现代性价值辩证论》，上海，学林出版社，2000。

169. 江怡：《维特根斯坦：一种后哲学的文化》，北京，社会科学文献出版社，1996。

170. 宋祖良：《拯救地球与人类未来》，北京，中国社会科学出版社，1993。

171. 章国锋：《关于一个公正世界的'乌托邦'构想》，济南，山东人民出版，2001。

172. 徐贲：《走向后现代与后殖民》，北京，中国社会科学出版社，1996。

173. 莫伟民：《主体的命运》，上海，上海三联书店，1996。

174. 王南湜、刘悦笛：《复调文化时代的来临：市场社会下中国文化的走势》，石家庄，河北人民出版社，2002。

175. 刘悦笛：《生活美学与艺术经验》，南京，南京出版社，2007。

176. 刘悦笛：《生活美学与当代艺术》，北京，中国文联出版社，2018。

177. 刘悦笛：《审美即生活》，北京，商务印书馆，2021。

外文文献：

1. Adorno，T. W. *Aesthetic Theory*，London：Routledge & Kengan Paul，1984.

2. Adorno，*The Culture Industry*，Bernstein，J. M. ed.，Routledge，1991.

3. Adorno，Culture Industry Reconsidered，*New German Critique*，6，Fall，1975.

4. Baudrillard，Jean. *Symbolic Exchange and Death*，London：Sage Publications，1993

5. Adorno，*Simulacra and Simulation*，Ann Arber：University of Michigan Press，1994.

6. Adorno，*Transparency of Evil*，Verso，1993.

7. Bernsteis，J. M. *The Fate of Art*，The Pennsylvania State Unite Press. 1992.

8. Bowi，Andrewv，*Aesthetics and Subjectivity*，Manchester University Press，1990.

9. Cane，Mike. ed. *Jean Baudrillard*，Vo. 1，Sage Publications，2000.

10. Calinescu，M. *Faces of Modernity*，Bloomington and Indiapolis：Indiana University Press，1977.

11. Carroll，Noël. *Philosophy of Art*，Routledge，1999.

12. Culler, Jonathan. *Structuralist Poetics*, Ithaca: Cornell University Press, 1975.

13. Danto, Arthur C. *After the End of Art*, Princeton: Princeton University Press, 1997.

14. Danto, *The Wake of Art: Criticism, Philosophy, and the Ends of Taste*, The Netherlands, 1998.

15. Danto, *Philosophizing Art*, Berkeley: University of California Press, 1999.

16. Dewey, John. *Art as Experience*, New York: The Berkley Publishing Group, 1934.

17. Dickie, George. *Aesthetics: An Introduction*, New York: The Bobbs-Merrill Company, 1971.

18. Dickie, Geroge. and J. Sclafani, Richard. eds. *Aesthetics: A Critical Anthology*, ST. Martin's Press, New York, 1977.

19. Featherstone, Mike. *Consumer Culture and Postmodernism*, London: Sage Publications, 1991.

20. Fineberg, Jonathan. *Art Since* 1940: *Strategies of Being*, London: Laurence King Publishing 2000.

21. Forster, Hal. ed. *The Anti-Aesthetics: Essays on Postmodern Culture*, Washington: Bay press, 1983.

22. Fowler, Roger. ed. A Dictionary of Modern Critical Terms, London: Routledge & Kegan Paul, 1987.

23. Foucault, Michel. *The Order of Things*, Vintage Books, New

York，1970.

24. Frisby，D. ed.，*Critical Assessments*，Vol. 1，London：Routledge，1994.

25. Frisby，D. ed.，*Critical Assessments*，Vol. 3，London：Routledge，1994.

26. Gane，Nicholas. *Max Weber and Postmodern Theory*，London：Palgrave Publishers Ltd，2002.

27. Giddens，A. *Social Theory and Modern Sociology*，Cambridge：Polity Press，1987.

28. Habermas，Jürgen. *The Theory of Communication Action*，Vol. 1，Vol. 1，Cambridge：Polity Press，1989.

29. Habermas，Jürgen. *The Theory of Communication Action*，Vol. 1，Vol. 2，Cambridge：Polity Press，1989

30. Habermas，Jürgen. *The Philosophical Discourse of Modernity*，Cambridge：Polity Press，1987.

31. Habermas，Jürgen. *On the Pragmatics of Communication*，Cambridge：Cambridge Press，1998.

33. Habermas，Jürgen. *Modernity：An Incomplete Project*，in *The Anti-Aesthetics：Essays on Postmodern Culture*，Washington：Bay press，1983.

34. Hammermeister，Kai. *The German Aesthetic Tradition*，Cambridge：Cambridge University Press，2002.

35. Hapala，Arto，Levinson，Jerrold. and Rantala，Veikko. eds. *The*

End of Art and Beyond: Essays After Danto, New Jersey: Humanities Press, 1997.

36. Hassan, Ihab. *The Dismemberment of Orpheus: Toward to Postmodern Literature*, Oxford: Oxford University Press, 1982.

37. Heidegger, Martin. *Nietzsche, Volume Ⅰ: The Will to Power as Art*, London: Routledge & Kegan Paul, 1979.

38. Heidegger, Martin. *Poetry, Language, Thought*, New York: Harper & Row Publishers, Inc, 1975.

39. Husserl, Edmund. *The Crisis of European Sciences and Transcendental Phenomenology*, Evanston: Northwestern University Press, 1970.

40. Johnson, Pauline. *Marxist Aesthetics*, London: Routledge & Kengan Paul, 1984.

41. Kant, Immanuel. *Critique of Judgment*, trans. Werner S. Pluhar (Indianapolis: Hackett Publishing Company, 1987.

42. Lash, Scott. *Sociology of Postmodernism*, London: Rouledge, 1990.

43. Levinson, Jerrold ed. *Aesthetics and Ethics*, Cambridge: Cambridge University Press, 1998.

44. Lipman, Matthew. *Contemporary Aesthetics*, Boston: Allyn and Bacon, 1973.

45. Lucie-Smith, Edward. *Movements in Art since* 1945, London: Thames and Hudson L td. , 1995.

46. Parret, Herman *The Aesthetics of Communication*, London: Klu-

wer Academic Publishers，1993.

47. Plato，*Republic*，translated by Robin Waterfield，Oxford：Oxford University Press，1993.

48. Robbins，Derek. *The Work of Pierre Bourdieu Recognizing Society*，Boulder：Westview Press，1991.

49. Sandler，Irving. *Art of The Postmodern Era*：*From the Late* 1960*s to the Early* 1990*s*，New York：Icon Editions，1996.

50. Schutz，Alfred. *Life Form and Meaning Structure*，London：Routledge & Kengan Paul，1984.

51. Schutz，Alfred. *Alfred Schutz on Phenomenology and Social Relations*，edited by Helmut R. Wagner，1970. Chicago and London：The University of Chicago Press，1970

52. Shusterman，Richard. *Practicing Philosophy*：*Pragmatism and Philosophical Life*，London：Routledge，1997.

53. Shusterman，Richard. *Performing Live*：*Aesthetic Alternatives for the Ends of Art*，Ithaca：Cornell University Press，2000.

54. Simmel，Georg，*The Sociology of Georg Simmel*，K. H. Wolff ed.，New York：Free Press，1950.

55. Swingewood，Allen *Cultural Theory and the Problem of Modernity*，New York：St. Martins Press，1998.

56. Veeser，H. Aram. ed. *The New Historicism*，London：Routledge，1989.

57. Welsch，Wolfgang. *Undoing Aesthetics*，London：Sage Publications，1997.

图书在版编目（CIP）数据

生活美学/刘悦笛著．—北京：北京师范大学出版社，2024.7
ISBN 978-7-303-29516-6

Ⅰ.①生…　Ⅱ.①刘…　Ⅲ.①生活—美学　Ⅳ.①B834.3

中国国家版本馆 CIP 数据核字（2023）第 212735 号

营销中心电话　010-58805385
北京师范大学出版社
主题出版与重大项目策划部　http://www.bnupg.com

SHENGHUO MEIXUE：XIANDAIXING PIPAN YU CHONGGOU SHENMEI JINGSHEN

出版发行：北京师范大学出版社　www.bnupg.com
北京市西城区新街口外大街 12-3 号
邮政编码：100088
印　　刷：北京盛通印刷股份有限公司
经　　销：全国新华书店
开　　本：787 mm×1092 mm　1/16
印　　张：23.75
字　　数：283 千字
版　　次：2024 年 7 月第 1 版
印　　次：2024 年 7 月第 1 次印刷
定　　价：99.00 元

策划编辑：张雅哲　　责任编辑：张雅哲
美术编辑：王齐云　　装帧设计：王齐云
责任校对：陈　民　　责任印制：马　洁　赵　龙